全国高职高专计算机立体化系列规划教材

Java 程序设计项目化教程

主　编　徐义晗　史梦安　史志英

副主编　黄丽萍　王志勃

主　审　张洪斌

内 容 简 介

本书采用基于工作过程系统化的设计理念，全书分为3个项目案例，“基于命令行的应用系统开发——学生综合素质评定系统”、“基于Swing的应用系统开发——单机版五子棋游戏”、“基于JDBC的应用系统开发——超市进销存系统”，3个项目案例由简单到复杂，又各自自成体系，每一个项目案例都是一个完整的应用系统。根据3个项目案例将Java主要的知识点进行重构，内容涉及Java语言基础知识、类与对象的基本概念、数组、方法的重载与重写、面向对象的三大特征(封装、继承和多态)、抽象类和接口、内部类、异常处理、输入输出流、多线程、基于Swing的图形用户界面设计、JDBC与访问数据库等。读者通过学习本书，不仅可以全面掌握Java初级开发知识，而且可以了解更多的Java应用技巧。

本书可作为高职高专相关专业学生用书，也可作为Java开发基础培训和自学用书。

图书在版编目(CIP)数据

Java程序设计项目化教程/徐义晗，史梦安，史志英主编. —北京：北京大学出版社，2011.8

(全国高职高专计算机立体化系列规划教材)

ISBN 978-7-301-19348-8

Ⅰ. ①J…　Ⅱ. ①徐…②史…③史…　Ⅲ. ①JAVA语言—程序设计—高等职业教育—教材　Ⅳ. ①TP312

中国版本图书馆CIP数据核字(2011)第160435号

书　　　名：Java程序设计项目化教程
著作责任者：徐义晗　史梦安　史志英　主编
策 划 编 辑：李彦红　刘国明
责 任 编 辑：李彦红
标 准 书 号：ISBN 978-7-301-19348-8/TP・1181
出　版　者：北京大学出版社
地　　　址：北京市海淀区成府路205号　100871
网　　　址：http://www.pup.cn　http://www.pup6.com
电　　　话：邮购部62752015　发行部62750672　编辑部62750667　出版部62754962
电 子 邮 箱：pup_6@163.com
印　刷　者：三河市博文印刷厂
发　行　者：北京大学出版社
经　销　者：新华书店
787mm×1092mm　16开本　18.75印张　435千字
2011年8月第1版　2013年8月第2次印刷
定　　　价：36.00元

前　言

近年来，Java 技术以其独有的开放性、跨平台性和面向网络的交互性，受到了越来越多程序设计人员的追捧，并逐渐发展成为在 Internet 和多媒体相关产品方面应用最广泛的语言之一，Java 也已从最初的编程语言发展成为全球第二大软件开发平台，很多高等院校也将 Java 程序设计列为计算机专业学生的必修课程。

作为面向高职高专层次学生的教材，本书突出强调以下特点。

1. 采用基于工作过程系统化的设计理念

本书采用基于工作过程系统化的设计理念，全书分为 3 个项目案例，“基于命令行的应用系统开发”、“基于 Swing 的应用系统开发”、“基于 JDBC 的应用系统开发”，3 个项目案例由简单到复杂，又各自自成体系，每一个项目案例都是一个完整的应用系统，根据 3 个项目案例将 Java 主要的知识点进行重构。3 个项目案例的教学过程符合学生对知识的认识过程，也符合程序设计能力的培养过程，从“手把手”地教学生完成第一个项目案例，到“松开手”辅导学生完成第二个项目案例，提供主要的设计方案和示例代码，再到“放开手”，结合整周实训指导学生完成第三个项目，老师只提供项目需求和主要的设计思路，设计、开发过程完全由学生自主完成。通过 3 个项目案例使学生的 Java 程序设计能力在螺旋前进中不断上升。

2. 强调“必需、够用”原则

本书定位于易学、易懂、易掌握，强调知识体系的连续性，便于教师课堂讲解。重点讲解企业 80%的时间使用的核心技术，而对于不常用的技术则弱化讲解或没有讲解，学生通过本书入门后，可自行查阅参考书或 JDK 帮助文档。

3. 项目化教学

本书的特色体现：课程教学内容来源于项目，而教学过程中又让学生学习并参与实施项目。结合课程教学过程，培养学生的职业素质，培养学生自信心、自主性和自学能力。在教学过程中，可以实施“过程考核”与“成果评价”，以引导学生注重全面发展自己的综合能力。每个项目完成后，均设置学生的“成果展示”，交流与研讨促使学生能分享知识与经验，从而使学生的能力提升。

本书由淮安信息职业技术学院徐义晗、史梦安和无锡工艺美术职业技术学院的史志英担任主编，由张洪斌主任担任主审。徐义晗承担第 1、2、3 章的编写任务和全书的统搞审核工作，史梦安承担第 7、8 章的编写任务，史志英承担第 4、6 章的编写任务，黄丽萍承担第 5、9 章的编写任务，王志勃承担第 10 章的编写任务及实训案例的开发工作。在本书的编写过程中，还参考了相关文献，并引用了其中的一些例题和内容，在此也对这些文献的作者表示诚挚的谢意！

由于编者水平有限，书中的缺点和错误在所难免，恳请广大读者批评和指正。

编　者

2011 年 5 月

前 言

目　录

第1章 Java语言概述

本章要点

- Java语言的发展
- Java开发环境的构建
- 第一个Java应用程序
- Java的特点
- MyEclipse开发工具

任务描述

任务编号	任务名称	任务描述
任务1.1	Java开发环境构建	安装JDK并配置环境变量
任务1.2	第一个Java应用程序	在任务1.1完成Java开发环境的搭建，在此基础上编写第一个Java应用程序并运行正确
任务1.3	MyEclipse开发工具使用	在MyEclipse中创建一个项目，输入一段程序，编译运行，并了解简单的调试技巧

1.1 Java语言的发展

1.1.1 软件

软件(Software)是一系列按照特定顺序组织的计算机数据和指令的集合。一般来讲软件被划分为编程语言、系统软件、应用软件和介于这两者之间的中间件。其中系统软件为计算机使用提供最基本的功能，但是并不针对某一特定应用的领域。而应用软件则恰好相反，不同的应用软件根据读者和所服务的领域提供不同的功能。

系统软件是负责管理计算机系统中各种独立的硬件，使得它们可以协调工作。系统软件使得计算机使用者和其他软件将计算机当作一个整体而不需要顾及到底层每个硬件是如何工作的。系统软件可分为操作系统和支撑软件，其中操作系统是最基本的软件。

操作系统是管理计算机硬件与软件资源的程序，同时也是计算机系统的内核与基石。操作系统身负诸如管理与配置内存、决定系统资源供需的优先次序、控制输入与输出设备、操作网络与管理文件系统等基本事务。操作系统也提供一个让使用者与系统交互的操作接口。操作系统分为 BIOS、BSD、DOS、Linux、Mac OS、OS/2、QNX、UNIX、Windows 等。

支撑软件是支撑各种软件的开发与维护的软件，又称为软件开发环境(SDE)。它主要包括环境数据库、各种接口软件和工具组。著名的软件开发环境有 IBM 公司的 Web sphere，微软公司的 Studio.NET 等。它包括一系列基本的工具(比如编译器，数据库管理，存储器格式化，文件系统管理，读者身份验证，驱动管理，网络连接等方面的工具)。

应用软件是为了某种特定的用途而被开发的软件。它可以是一个特定的程序，比如一个图像浏览器，也可以是一组功能联系紧密，可以互相协作的程序的集合，比如微软的 Office 软件，也可以是一个由众多独立程序组成的庞大的软件系统，比如数据库管理系统。

软件开发是根据读者要求建造出软件系统或者系统中的软件部分的过程。软件开发是一项包括需求捕捉、需求分析、设计、实现和测试的系统工程。软件一般是用某种程序设计语言来实现的。

1.1.2　程序设计语言

程序设计语言，通常简称为编程语言，是一组用来定义计算机程序的语法规则。它是一种被标准化的交流技巧，用来向计算机发出指令。一种计算机语言让程序员能够准确地定义计算机所需要使用的数据，并精确地定义在不同情况下所应当采取的行动。

程序设计语言原本是被设计成专门使用在计算机上的，但它们也可以用来定义算法或者数据结构。正是因为如此，程序员才会试图使程序代码更容易阅读。

程序设计语言往往使程序员能够比使用机器语言更准确地表达他们所想表达的目的。对那些从事计算机科学的人来说，懂得程序设计语言是十分重要的，因为在当今所有的计算都需要程序设计语言才能完成。

可以从不同的角度对程序设计语言进行分类，从程序语言的本质来看，可以分为 3 类：机器语言、汇编语言和高级语言。

机器语言是特定计算机系统所固有的语言，用机器语言编写的程序可读性很差，程序员难以修改和维护。

汇编语言用助记符号来表示机器指令中操作码和操作数。汇编语言仍然是一种和计算机的机器语言十分接近的语言，其书写格式在很大程度上取决于特定计算机的机器指令。

高级程序设计语言(也称高级语言)的出现使得计算机程序设计语言不再过度地依赖某种特定的机器或环境。这是因为高级语言在不同的平台上会被编译成不同的机器语言，而不是直接被机器执行。

主流的软件开发语言主要有以下几种。

(1) Java。作为跨平台的语言，可以运行在 Windows 和 UNIX/Linux 下面，长期成为读者的首选。自 JDK6.0 以来，整体性能得到了极大的提高，市场使用率超过 20%。

(2) C 语言。它既具有高级语言的特点，又具有汇编语言的特点。它可以作为工作系统设计语言，编写系统应用程序，也可以作为应用程序设计语言，编写不依赖计算机硬件的应用程序。因此，它的应用范围广泛，不仅仅是在软件开发上，而且各类科研都需要用到 C 语言，具体应用比如单片机以及嵌入式系统开发。

(3) C++语言。C++语言是一种优秀的面向对象程序设计语言，它在 C 语言的基础上发展而来，但它比 C 语言更容易为人们学习和掌握。C++以其独特的语言机制在计算机科学的各个领域中得到了广泛的应用。

以上 2 个作为传统的语言，一直在效率第一的领域发挥着极大的影响力。像 Java 这类的语言，其核心都是用 C/C++写的。

(4) VB 语言。微软的看家法宝，实在是太好用了。

(5) PHP 语言。它同样是跨平台的脚本语言，在网站编程上成了读者的首选，支持 PHP 的主机非常便宜，Linux+Apache+MySQL+PHP(LAMP)的组合简单有效。

(6) Perl 语言。脚本语言的先驱，其优秀的文本处理能力，特别是正则表达式，成了以后许多基于网站开发语言(比如 PHP，Java，C#)的这方面的基础。

(7) Python 语言。它是一种面向对象的解释性的计算机程序设计语言，也是一种功能强大而完善的通用型语言，已经具有十多年的发展历史，成熟且稳定。Python 具有脚本语言中最丰富和强大的类库，足以支持绝大多数日常应用。

这种语言具有非常简捷而清晰的语法特点，适合完成各种高层任务，几乎可以在所有的操作系统中运行。目前，基于这种语言的相关技术正在飞速的发展，读者数量急剧扩大，相关的资源非常多。

(8) C#语言。它是微软公司发布的一种面向对象的、运行于.NET Framework 之上的高级程序设计语言，并定于在微软职业开发者论坛(PDC)上登台亮相。C#是微软公司研究员 Anders Hejlsberg 的最新成果。C#看起来与 Java 有着惊人的相似；它包括了诸如单一继承界面，与 Java 几乎同样的语法，和编译成中间代码再运行的过程。但是 C#与 Java 有着明显的不同，它借鉴了 Delphi 的一个特点，与 COM(组件对象模型)是直接集成的，而且它是微软公司.NET Windows 网络框架的主角。

(9) JavaScript 语言。JavaScript 是一种由 NetScape 的 LiveScript 发展而来的脚本语言，主要目的是为了解决服务器终端语言，比如 Perl 遗留的速度问题。当时服务端需要对数据进行验证，由于网络速度相当缓慢，只有 28.8Kbps，验证步骤浪费的时间太多。于是 NetScape 的浏览器 Navigator 加入了 JavaScript，提供了数据验证的基本功能。

(10) Ruby。一种为简单快捷面向对象编程(面向对象程序设计)而创的脚本语言，是一个语法像 Smalltalk 一样完全面向对象、脚本执行、又有 Perl 强大的文字处理功能的编程语言。

1.1.3 Java 的由来

Java，是由 Sun Microsystems 公司于 1995 年 5 月推出的 Java 程序设计语言和 Java 平台的总称。Java 平台由 Java 虚拟机(Java Virtual Machine)和 Java 应用编程接口(Application Programming Interface，API)构成。

1991 年，Sun 公司的 James Gosling、Bill Joe 等人，为电视、控制烤面包机等家用电器的交互操作开发了一个 Oak(一种橡树的名字)软件，它是 Java 的前身。

当时，Oak 并没有引起人们的注意，直到 1994 年，随着互联网和 3W 的飞速发展，他们用 Java 编制了 HotJava 浏览器，得到了 Sun 公司首席执行官 Scott McNealy 的支持，得以研发和发展。但 Oak 是另外一个注册公司的名字，为了促销和法律的原因，1995 年 Oak 更名为 Java。

Java 的得名还有段小插曲呢，一天，Java 小组成员正在喝咖啡时，议论给新语言起个什么名字的问题，有人提议用 Java(Java 是印度尼西亚盛产咖啡的一个岛屿)，这个提议得到了其他成员的赞同，于是就采用 Java 来命名此新语言。

Java 的最初推动力并不是因特网，而是源于对独立于平台(也就是体系结构中立)语言的需要，这种语言可创建能够嵌入微波炉、遥控器等各种家用电器设备的软件。用作控制器的 CPU 芯片是多种多样的，但 C 和 C++以及其他绝大多数语言的缺点是只能对特定目标进行编译，尽管为任何类型的 CPU 芯片编译 C++程序是可能的，但这样做需要一个完整的以该 CPU 为目标的 C++编译器，而创建编译器是一项既耗资巨大又耗时较长的工作。因此需要一种简单且经济的解决方案。为了找到这样一种方案，Gosling 和其他人开始一起致力于开发一种可移植、跨平台的语言，该语言能够生成运行于不同环境、不同 CPU 芯片上的代码。于是就设计出了一种面向对象的“可移植”的语言。在执行前生成一个“中间代码”，在任何机器上只要安装了特定的解释器，就可以运行这个“中间代码”，这样的“中间代码”特别小，解释器也不大，这就是 Java 的雏形。

随着 Internet 的出现，Java 被推到计算机语言设计的最前沿，因为 Internet 也需要可移植的程序。因特网由不同的、分布式的系统组成，其中包括各种类型的计算机、操作系统和 CPU。尽管许多类型的平台都可以与因特网连接，但读者仍希望他们能够运行同样的程序。Internet 使 Java 成为网上最流行的编程语言，同时 Java 对 Internet 的影响也意义深远。其版本历史如下。

1995 年 5 月 23 日，Java 语言诞生。

1996 年 1 月，第一个 JDK-JDK1.0 诞生。

1996 年 4 月，10 个最主要的操作系统供应商申明将在其产品中嵌入 Java 技术。

1996 年 9 月，约 8.3 万个网页应用了 Java 技术来制作。

1997 年 2 月 18 日，JDK1.1 发布。

1997 年 4 月 2 日，JavaOne 会议召开，参与者逾一万人，创当时全球同类会议规模之纪录。

1997 年 9 月，JavaDeveloperConnection 社区成员超过十万。

1998 年 2 月，JDK1.1 被下载超过 2 000 000 次。

1998 年 12 月 8 日，Java2 企业平台 J2EE 发布。

1999 年 6 月，Sun 公司发布 Java 的 3 个版本：标准版(J2SE)、企业版(J2EE)和微型版(J2ME)。

2000 年 5 月 8 日，JDK1.3 发布。

2000 年 5 月 29 日，JDK1.4 发布。

2001 年 6 月 5 日，NOKIA 宣布，到 2003 年将出售 1 亿部支持 Java 的手机。

2001 年 9 月 24 日，J2EE1.3 发布。

2002 年 2 月 26 日，J2SE1.4 发布，自此 Java 的计算能力有了大幅提升。

2004 年 9 月 30 日 18:00PM，J2SE1.5 发布，成为 Java 语言发展史上的又一里程碑。为了表示该版本的重要性，J2SE1.5 更名为 Java SE 5.0。

2005 年 6 月，JavaOne 大会召开，Sun 公司公开 Java SE 6。此时，Java 的各种版本已经更名，以取消其中的数字“2”，J2EE 更名为 Java EE，J2SE 更名为 Java SE，J2ME 更名为 Java ME。

2006 年 12 月，Sun 公司发布 JRE6.0。

2010 年 9 月 JDK7.0 已经发布，增加了简单闭包功能。

JAVA 2 平台针对不同的读者应用需要，发布了 3 种版本：即 JavaSE(Java2 Platform Standard Edition，java 平台标准版)，JavaEE(Java 2 Platform，Enterprise Edition，java 平台企业版)，

JavaME(Java 2 Platform Micro Edition，java 平台微型版)。

Java SE(Java Platform，Standard Edition)以前称为 J2SE。它允许开发和部署在桌面、服务器、嵌入式环境和实时环境中使用的 Java 应用程序。Java SE 包含了支持 Java Web 服务开发的类，并为 Java Platform，Enterprise Edition(Java EE)提供基础。图 1.1 为采用 Java 技术开发的 NetBeans 集成开发环境。

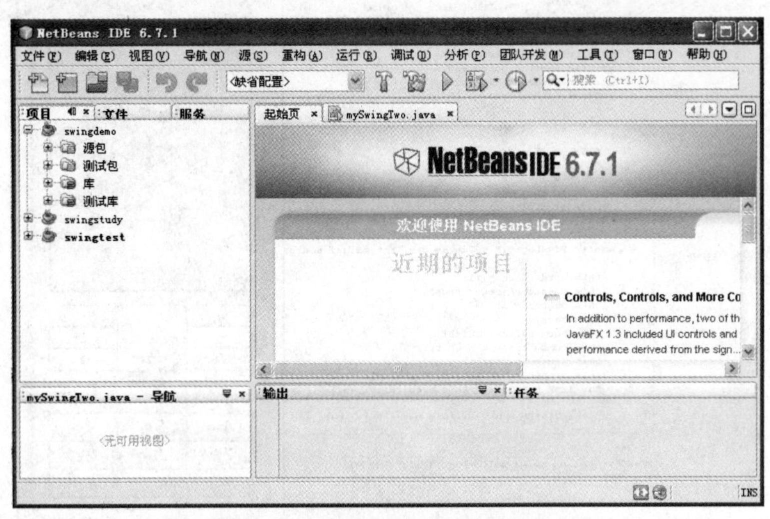

图 1.1　NetBeans 集成开发环境

Java EE(Java Platform，Enterprise Edition)这个版本以前称为 J2EE。企业版本帮助开发和部署可移植、健壮、可伸缩且安全的服务器端 Java 应用程序。Java EE 是在 Java SE 的基础上构建的，它提供 Web 服务、组件模型、管理和通信 API，可以用来实现企业级的面向服务体系结构(Service-Oriented Architecture，SOA)和 Web 2.0 应用程序。图 1.2 为采用 J2EE 技术开发的实训管理平台。

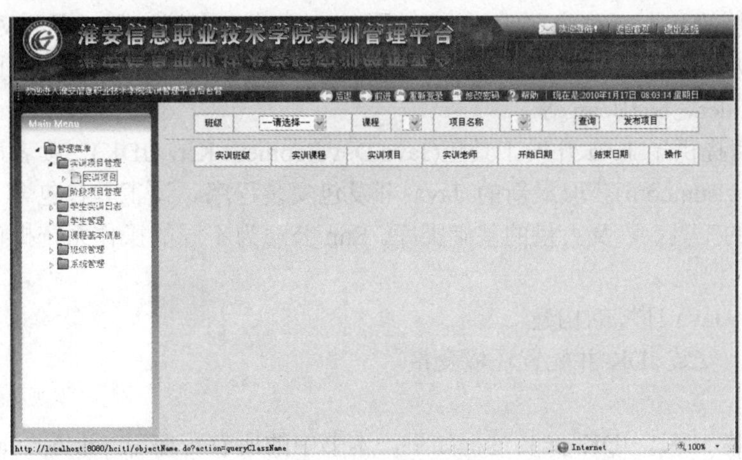

图 1.2　采用 J2EE 技术开发的实训管理平台

Java ME(Java Platform，Micro Edition)这个版本以前称为 J2ME。Java ME 为在移动设备和嵌入式设备(比如手机、PDA、电视机顶盒和打印机)上运行的应用程序提供一个健壮且灵活的环境。Java ME 包括灵活的读者界面、健壮的安全模型、许多内置的网络协议以及对可以动态下载的联网和离线应用程序的丰富支持。基于 Java ME 规范的应用程序只需编写一次，就可以用于许多设备，而且可以利用每个设备的本机功能。图 1.3 为采用 J2M2 进行手机游戏开发的界面。

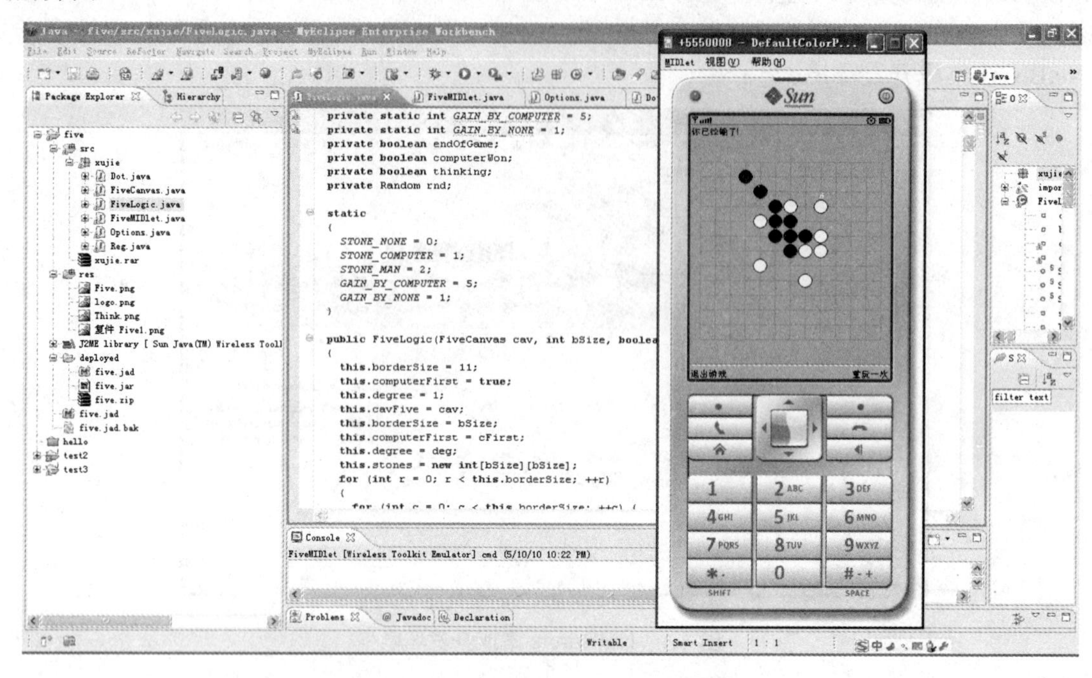

图 1.3　采用 J2M2 进行手机游戏开发

1.2　工作任务：Java 环境构建

Java 开发环境的基本要求非常低，只需一个 Java 开发包，再加上一个纯文本编辑器即可。当然为了提高开发效率，现在的程序都采用可视化的集成开发环境进行 Java 应用程序开发，如 Eclplise、JBuilder、NetBean 等。

Sun 公司免费提供了 Java 开发工具包(Java Development Kit，JDK)，读者可以登录 Sun 公司网站(http://www.sun.com)获取最新的 Java 开发包安装程序。该工具包包含了编译、运行及调试程序所需要的工具，以及大量的基础类库。Sun 公司为不同的操作系统提供了相应的 Java 开发安装程序。

【任 务 1.1】 Java 环境的构建

【任务描述】 安装 JDK 并配置环境变量

【任务实现】

第一步：安装 JDK。JDK 安装过程如下，本书中的所有程序以 jdk-6-beta2-windows-i586 版本为例。双击 Java 开发包安装程序，出现的安装界面如图 1.4 所示。

图 1.4　安装界面

安装程序检查完系统环境后自动跳到许可证协议阅读画面，如图 1.5 所示。单击【接受】按钮继续安装。

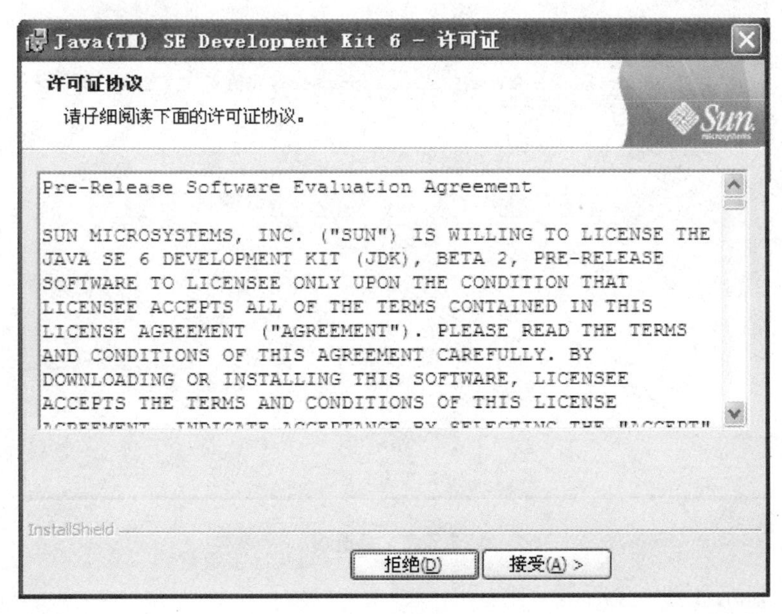

图 1.5　接受协议画面

选择安装开发包的部分或是全部，如图 1.6 所示。同时可以单击【更改】按钮选择安装路径。

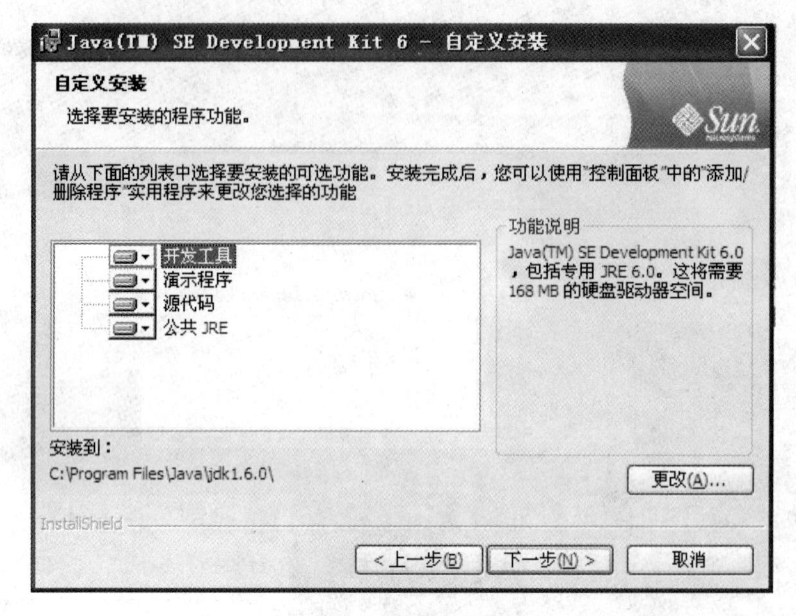

图 1.6　选择安装内容

一般可以默认选择，单击【下一步】按钮，显示安装进度，如图 1.7 所示。

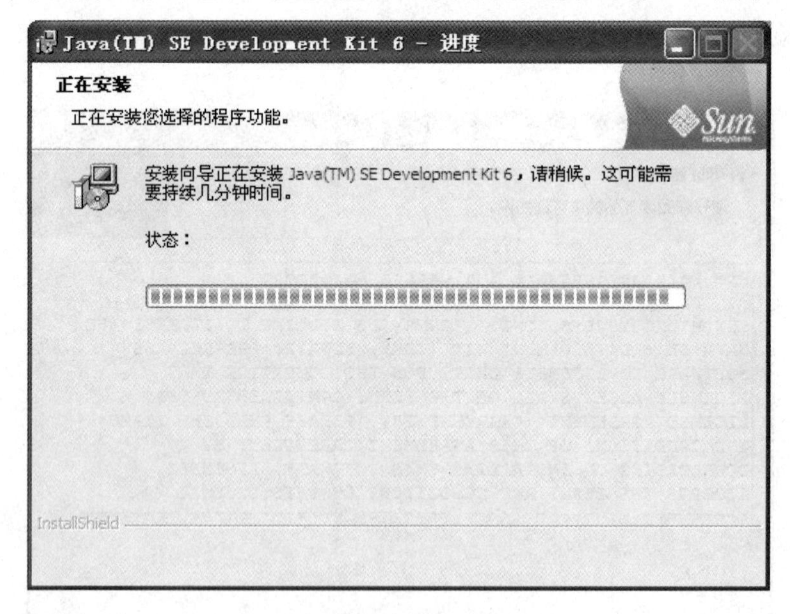

图 1.7　安装进度

安装结束，显示如图 1.8 所示。

JDK 目录结构分为 jdk1.6.0 和 jre1.6.0，jdk1.6.0 中包含编译和运行 Java 程序所需要的所有命令和类库，jre1.6.0 中仅包含运行 Java 程序即字节码所需的命令和类库，如图 1.9 所示。

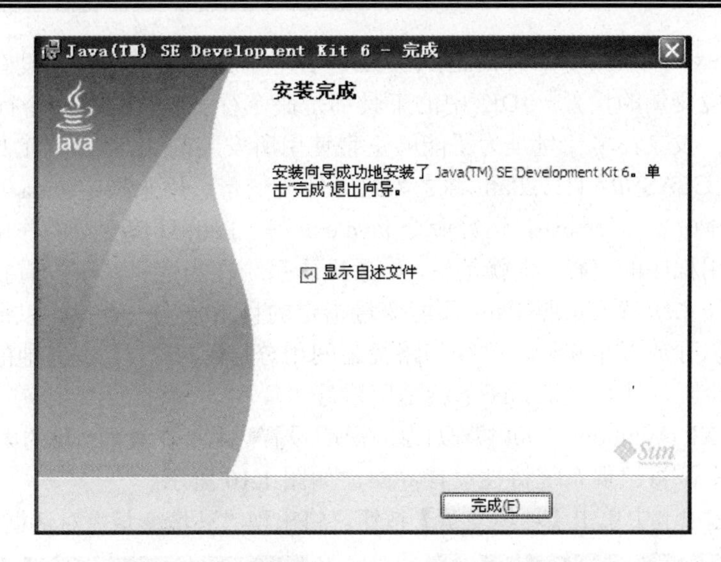

图 1.8 安装成功

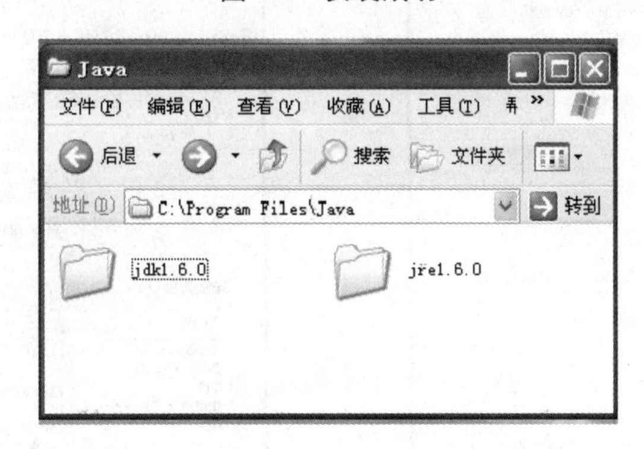

图 1.9 安装目录

下面简要地介绍一下 JDK 的重要目录和这些目录所包含的文件。需要注意的是，JRE 的文件结构与 JDK 中 jre 目录的结构是相同的。以 JDK 安装在默认路径 C:\Program Files\Java 为例。

C:\Program Files\Java\jdk1.6.0 是 JDK 安装的根目录。它包括 COPYRIGHT、LICENSE 和 README 文件，还包括了 src.zip，这是 Java 平台源代码的压缩包。

C:\Program Files\Java\jdk1.6.0\bin 是 Java 开发工具集(Java Development Kit)中用于开发工具的可执行文件。系统的 PATH 环境变量应该包含这个目录项。

C:\Program Files\Java\jdk1.6.0\lib 是开发工具所使用的文件。其中的 tools.jar 包含了在 JDK 中工具和实用工具支持的非核心类库。

C:\Program Files\Java\jdk1.6.0\jre 是 JDK 开发工具所使用的 Java 运行环境的根目录。这个运行环境是一个 Java 平台的实现。

C:\Program Files\Java\jdk1.6.0\jre\bin 是 Java 平台所使用工具和类库的可执行文件和 DLL 文件。可执行文件与 C:\Program Files\Java\jdk1.6.0\bin 中的文件是相同的。这个 Java 载入工具服务作为一个应用程序加载器(用于替换在 JDK1.1 版本发布旧的 jre 工具)。

C:\Program Files\Java\jdk1.6.0\jre\lib 是 Java 运行环境所使用的核心类库、属性设置和资源文件。例如，rt.jar——引导类(运行时(RunTime)的类，包含了 Java 平台的核心 API。charsets.jar——

字符转换类除了 ext 子目录(下面有描述)外，还有若干个其他的资源目录没有描述。

第二步：环境变量的设置。JDK 中的工具都是命令行工具，要从命令行即 MS－DOS 提示符下运行它们。设置环境变量是为了能够正常使用所安装的 JDK 中的工具，主要包括两个环境变量 Path 和 CLASSPATH。Path 称之为路径环境变量，用来指定 Java 开发包中的一些可执行程序，如编译命令 javac.exe，运行命令 java.exe 等。Path 环境变量的作用是设置供操作系统寻找和执行应用程序的路径，也就是说，如果操作系统在当前目录下没有找到想要执行的程序和命令时，操作系统就会按照 Path 环境变量指定的目录依次去查找，以最先找到的为准。Path 环境变量可以存放多个路径，路径和路径之间用分号(；)隔开。在其他的操作系统下可能是用其他的符号分隔，比如在 Linux 下就是用冒号“：”。

以 Windows XP (Windows 2000 类似)为例说明设置过程。在桌面“我的电脑”图标上右击，选择【属性】命令，将出现系统特性设置界面，如图 1.10 所示。

在【高级】选项卡中单击【环境变量】按钮。将出现“环境变量”对话框，如图 1.11 所示。

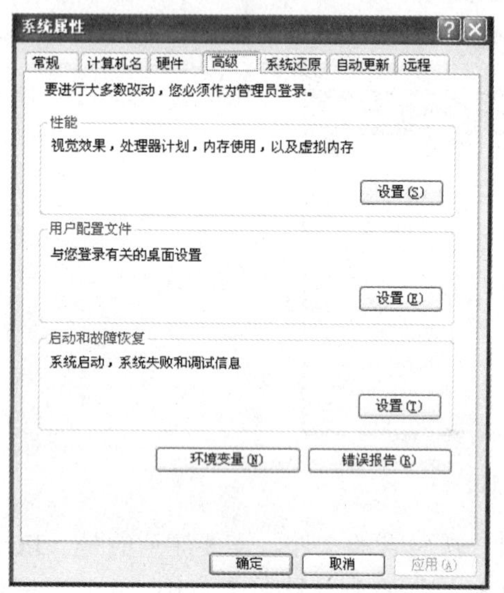

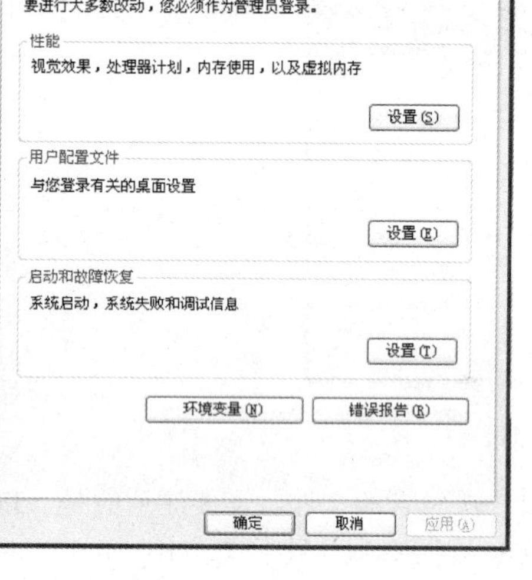

图 1.10　系统特性

图 1.11　环境变量

在【系统变量】框中选择 Path，然后单击【编辑】按钮，在出现的【编辑系统变量】对话框中，在【变量值】栏的命令前添加 JDK 中工具命令集所在的目录，即\bin 目录。如 C:\Program Files\Java\jdk1.6.0\bin，如图 1.12 所示。各个环境变量间用“；”号相隔。

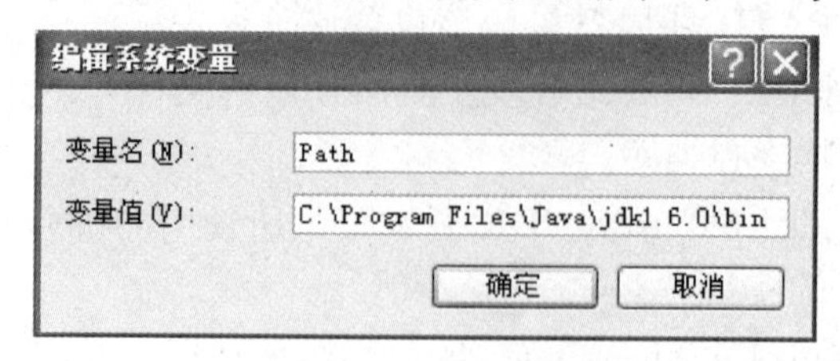

图 1.12　PATH 环境变量

设置完成后，执行【开始】|【所有程序】|【附件】|【命令提示符】命令，打开 DOS 窗口，在命令提示符下输入 java 或 javac，按 Enter 键后，如果出现其用法参数提示信息，则安装正确，如图 1.13 所示。

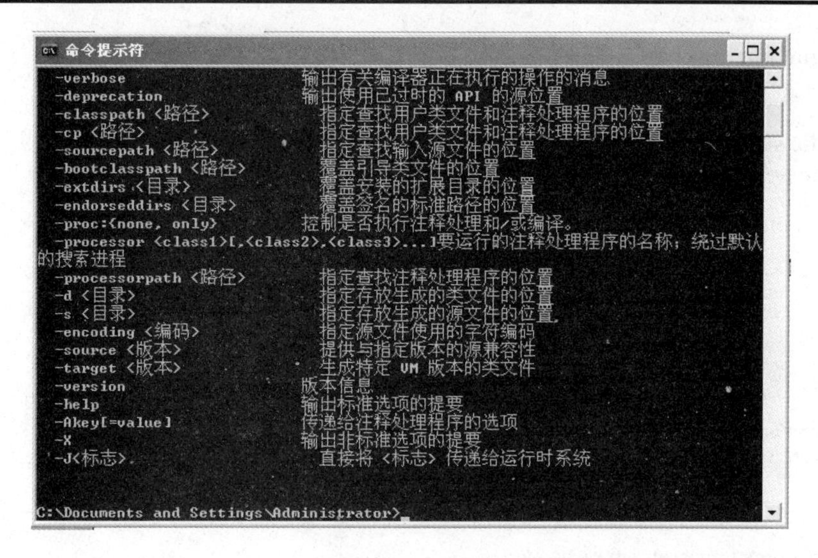

图 1.13　命令行

环境变量 CLASSPATH，是 Java 虚拟机寻找类文件的路径，比如程序需要调用的类库文件等。当编译器在编译时，会自动在以下位置查找需要用到地类文件。

① 当前目录。

② 系统环境变量 CLASSPATH 指定的目录，称之为类路径。

③ JDK 运行库 rt.jar，在 JDK 安装目录的 jre\lib 子目录中。

事实上 JDK 5.0 就会默认到当前工作目录，以及 JDK 的 lib 目录(C:\Program Files\Java\jdk1.6.0\lib)中寻找 Java 程序。所以如果 Java 程序是在这两个目录中，则不必设置 CLASSPATH 变量也可以找得到，将来如果 Java 程序不是放置在这两个目录时，则可以按上述设置 CLASSPATH。所以读者在命令行状态运行 Java 程序时，一定要在当前目录下运行或是设置 CLASSPATH 参数为类文件所在路径，否则会报错。

1.3　第一个 Java 应用程序

1.3.1　工作任务：编写第一个 Java 应用程序

【任 务 1.2】 编写第一个 Java 应用程序

【任务描述】 在任务 1.1 完成 Java 开发环境的搭建，在此基础上编写第一个 Java 应用程序并运行正确。

【任务实现】

用文本编辑器(Windows 系统的“记事本”)编辑源代码 HelloWorld.java，保存到指定目录，如 D:\javaStudy ，录入如下程序代码(注意行号不用录入)。

```
(1)  /*
(2)  * 这是我的第一个 Java 应用程序
(3)  */
(4)  public class HelloWorld {
(5)  /**
```

(6) * **@param** args 主方法 main 入口字符串数据组参数

(7) */

(8) **public static void** main(String args[]) {

(9) //通过控制台输出信息

(10) System.out.println("世界真美好！！！");

(11) }

(12) }

注意:

① java 源程序名一定要和主类名相同，并加“.java”扩展名。

② java 严格区分大小写。

③ 在用记事本编辑保存 java 源方件时，保存类型一定要选择“所有文件”，这样才能保证是 java 属性的源文件。文件保存成功后可以看到在 D:\javaStudy 目录中有一个 Java 源文件即 HelloWorld.java，如图 1.14 所示。

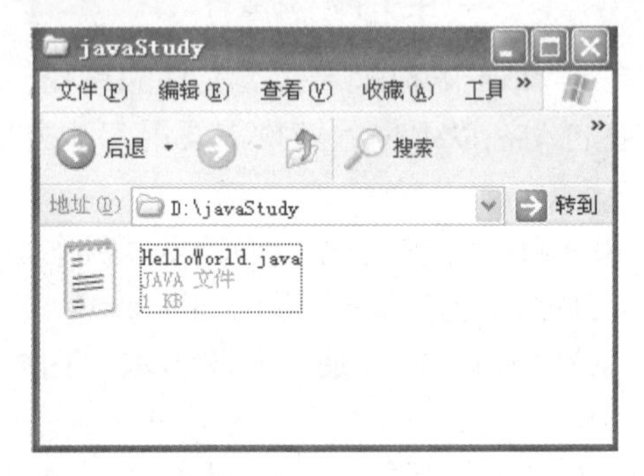

图 1.14 Java 源文件

在命令行状态下进行源文件保存目录，即当前目录 D:\javaStudy。运行编译命令“javac HelloWorld.java”，进行编译，没有报错，则表明编译正常结束，如图 1.15 所示。

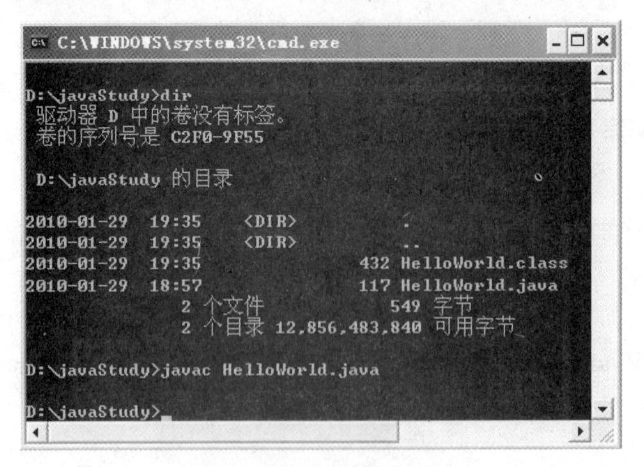

图 1.15 编译 Java 源文件

这时 D:\javaStudy 目录出现一个 HelloWorld.class 文件，如图 1.16 所示，这就是所谓的字节码，Java 语言的平台无关性均是因为这个字节码文件的存在。这个字节码文件可以在任何操作系统环境下运行，只要该操作系统上有 Java 运行环境。

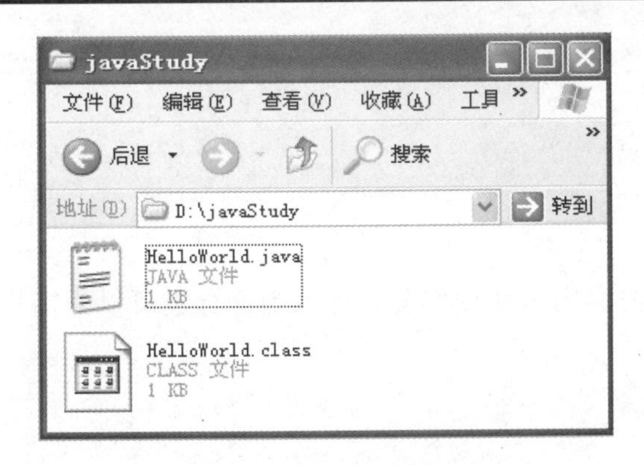

图 1.16　Java 字节码文件

再回到命令行，开始运行 Java 程序。在当前目录下，输入命令“java HelloWorld”，程序运行结果如图 1.17 所示。

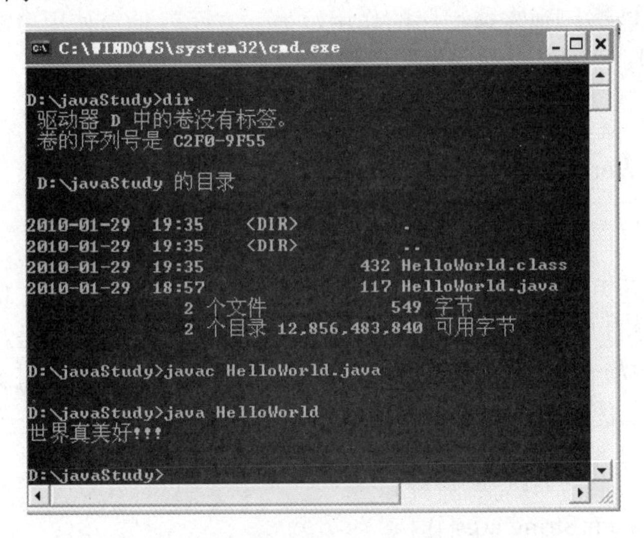

图 1.17　执行 Java 程序

注意：① 编译命令为 javac，运行命令为 java。

② 编译时需要带有文件扩展名.java，在运行时不需要带文件扩展名。

③ Java 严格区别大小写。

1.3.2　代码分析

接下来分析一下第一个应用程序 HelloWorld.java，以加深读者对 Java 程序的理解。

1. 注释

在程序中的第(1)至第(3)、第(5)至第(7)以及第(9)行为注释，作为一名程序员一定要养成写注释的习惯。Java 语言有 3 种类型的注释，分别如下。

1) 单行注释

// comments

从//至行结束的内容是注释部分，编译器在编译时不作处理。一般在方法体内部注释一段或一行代码，如上例中的第(9)行。

2) 多行注释

```
/*
* comments
* comments
 */
```

在/*和*/之间的所有内容均为注释部分，可以为一行也可以为多行。

3) 文档注释

```
/**
 *   comment1
 *   …
 *   commentn
 */
```

文档注释一方面能够起到注释程序的作用，另一方面就是当使用 JDK 的文档生成工具 javadoc.exe 进行处理时，可以自动产生应用程序的文档。

2. 理解类的定义

```
public class HelloWorld{
…
}
```

以上的代码块称之为类，类是 Java 程序的最基本的单位，也是构成 Java 程序最基本的条件，只有有了类，才可以在类中定义变量和方法。public 代表这个类是一个公有的类，class 是类定关键字，表示开始定义一个类，HelloWorld 是类的名字。类的概念也是面向对象程序设计中一个基本概念，读者也有一个感性的认识，在后续的章节中将进一步讨论。

3. 理解程序的入口方法 main( )

```
public static void main(String args[]) {
        ……
    }
```

以上代码定义了 main 方法，public 代表该方法是一个公有的方法，static 是代明该方法是一个静态的方法，void 代表该方法没有返回值，main 为方法名，string args[]是该方法形式参数。在后续的章节中将会详细论述。

一个实际的应用程序(软件系统)往往由多个类，甚至成百上千个类构成，应用程序要运行必顺指定一个起点，即从哪一个类的哪一个点(方法)开始执行。这个 main( )方法就是程序的入口，带有 main( )方法的 Java 程序称为 Java 应用程序。main( )方法的定义形式固定，public static void main(String args[])读者不可以修改，否则程序运行不起来，读者要劳记 main( )方法的定义格式。

Java 程序分为两大类：Java 应用程序(Application)和 Java 小程序(Applet)。Java 应用程序(Application)是能独立运行的 Java 程序，程序中有且只有一个 main( )方法，它是程序运行的唯一入口。Java 小程序(Applet)是不能独立运行的程序，必须将其嵌入网页，通过支持 Java 的浏览器加载和运行。本书以讲授 Java 应用程序(Application)为主，也将开设专门的章节讲授 Java 小程序(Applet)。

4. 理解输出语句

语句 System.out.println("世界真美好！！！"); 是通过控制台输出字符串“世界真美好！！！”。

1.3.3　Java 程序的运行方式

Java 编译程序将 Java 源程序编译为可执行代码——Java 字节码。比如刚才通过运行“javac HelloWorld.java”命令将“HelloWorld.java”编译成“HelloWorld.class”。这一编译过程同 C/C++的编译有些不同。当 C/C++编译器编译生成一个可执行代码时，该代码是为在某一特定硬件平台和操作系统运行而产生的。因此，在编译过程中，编译程序将所有对符号的引用转换为特定的内存偏移量，以保证程序运行。但是这样造成的结果是编译过的 C/C++程序只能在特定的系统环境下运行。

Java 编译器却不将对变量和方法的引用编译为数值引用，也不确定程序执行过程中的内存布局，而是将这些符号引用信息保存在字节码中由解释器在运行过程中创立内存布局，采用边解释边执行方式。这样就有效地保证了 Java 的可移植性和安全性。

运行 Java 字节码的工作是由解释器来完成的。解释执行过程分 3 步进行：代码的装入、代码的校验和代码的执行。装入代码的工作有“类装载器”(class loader)完成。类装载器负责装入运行一个程序需要的所有代码，这也包括程序代码中的类所继承的类和被其调用的类。当装入了运行程序需要的所有类后，解释器便可确定整个可执行程序的内存布局。解释器为符号引用与特定的地址空间建立对应关系及查询表。随后，被装入的代码由字节码校验器进行检查。校验器可发现操作数栈溢出、非法数据型转换等多种错误。通过校验后，代码便开始执行了。

Java 字节码的执行有两种方式。

及时编译方式：解释器先将字节码编译成机器码，然后再执行该机器码。

解释执行方式：解释器通过每次解释并执行一小段代码来完成 Java 字节码程序的所有操作。

通常采用的是第 2 种方法，对于那些对运行速度要求较高的应用程序，解释器可将 Java 字节码即时编译为机器码，从而很好地保证了 Java 代码的可移植性和高性能。

为了便于读者更加容易的理解，用如图 1.18 来概括 Java 程序的编译和运行过程。

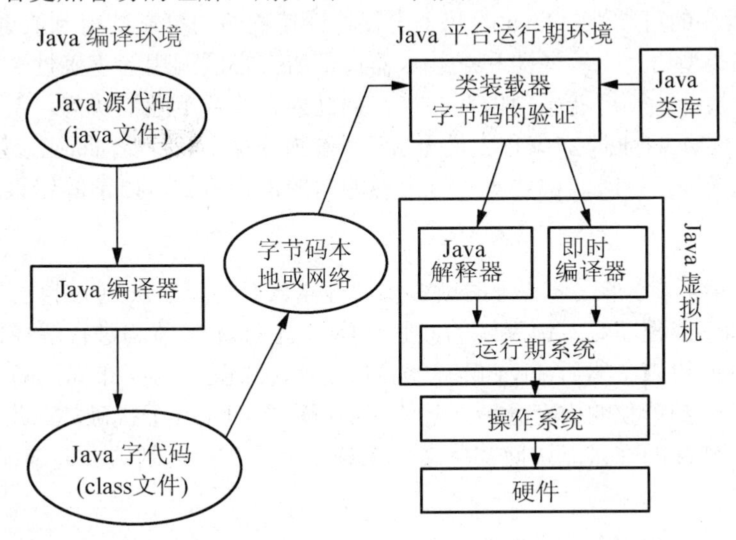

图 1.18　Java 程序执行

1.4 Java 的特点

有了前面一些感性的认识以后，再来讨论 Java 语言的一些特点。Sun 在 Java“白皮书”中指出：Java 是一种“简单、面向对象、分布式、解释型、健壮、安全、体系结构中立、可移植、高性能和动态”的编程语言。这句话就是对 Java 语言特点一个概括。

1. 简单

Java 的设计目的是让专业程序员觉得既易学又好用。假设你有编程经历，你将不觉得 Java 难掌握，如果你已经理解面向对象编程的基本概念，学习 Java 将更容易，如果你是一个经验丰富的 C++程序员，那就最好了，学习 Java 简直不费吹灰之力。因为 Java 继承 C/C++语法和许多 C++面向对象的特性，大多数程序员在学习 Java 时都不会觉得太难。另外，C++中许多容易混淆的概念，或者被 Java 弃之不用了，或者以一种更清楚、更易理解的方式实现。

2. 面向对象

面向对象是现代编程语言的重要特征之一，面向对象技术极大地提高了人们的软件开发能力。Java 语言是一种纯面向对象语言，编程的重点在于产生对象、操作对象以及如何使用对象能一起协调工作，以实现程序的功能。

3. 分布式

分布式包括数据分布和操作分布。数据分布是指数据可以分散在网络的不同主机上，操作分布是指把一个计算分散在不同主机上进行。Java 支持客户机/服务器计算模式，因此它支持这两种分布性。对于数据分布，Java 提供了一个叫做 URL 的对象，利用这个对象，可以打开并访问具有相同 URL 地址上的对象，访问方式与访问本地文件系统相同；对于操作分布，Java 的 Applet 小程序可以从服务器下载到客户端，即部分计算在客户端进行，提高系统执行效率。

4. 健壮性

健壮性反映程序的可靠性。Java 的几个内置特性使程序的可靠性得到改进。

(1) Java 是强类型语言。编译器和类载入器保证所有方法调用的正确性。

(2) Java 没有指针，不可能引用内存指针，搞乱内存或数组越界访问。

(3) Java 进行自动内存回收，编程人员无法意外释放内存，不需要判断应该在何处释放内存。

(4) Java 在编译和运行时，都要对可能出现的问题进行检查，以消除错误的产生。

5. 安全性

当 Java 用于网络、分布式环境下时就必须要注重安全性。Java 通过自己的安全机制防止病毒程序的产生和下载程序对本地系统的威胁破坏。当 Java 字节码进行解释器时，首先必须经过字节码检验器的检查，然后 Java 解释器将决定程序中类的内存布局，随后类装载器负责把来自网络的类装载到单独的内存区域，避免应用程序之间相互干扰破坏。此外，客户端读者还可以限制从网上装载的类只能访问某些文件系统。上述几种机制结合起来使得 Java 成为安全的编程语言。

6. 体系结构中立、可移植性

读者一定还记得前面提到的平台中心字节码。Java 不是被编译成依附于平台的二进制码，而是字节码。只要有 Java 运行环境的机器都能执行这个字节码。结合前面所讲的 Java 程序的运行方式，Java 主要依靠 Java 虚拟机在目标代码级别上实现了平台无关性，它使得编程人员 write once、run anywhere(开发一次软件在任意平台上运行)成为现实，保证了软件的可移植性。

7. 高性能和解释型

前面已提到，通过把程序编译为 Java 字节码这样一个中间过程，Java 可以产生跨平台运行的程序。字节码可以在提供 Java 虚拟机(JVM)的任何一种系统上被解释执行。早先的许多尝试解决跨平台的方案对性能要求都很高。其他解释执行的语言系统，如 Basic，Tcl，Perl 都有无法克服的性能缺陷。然而，Java 却可以在非常低档的 CPU 上顺利运行。前面已解释过，Java 确实是一种解释性语言，Java 的字节码经过仔细设计，因而很容易便能使用 JIT 编译技术将字节码直接转换成高性能的本机代码。Java 运行时系统在提供这个特性的同时仍具有平台独立性，因而"高效且跨平台"对 Java 来说不再矛盾。

8. 动态

Java 是个动态语言，这里指的是类库。Java 的设计使用它适合于一个不断发展的环境，在类库中可以自由地加入新的方法和实例变量而不会影响读者程序的执行，并且 Java 通过接口来支持多重继承，使之比严格的类继承具有更灵活的方式和扩展。

1.5 工作任务：集成开发工具的使用

刚才的第一个应用程序是采用记事本进行编写的，读者一定会觉得很不方便，在实际的软件开发过程是没有人用记事本进行程序编写的，而且采用集成开发环境。当前比较流行的 Java 集成开发环境有 Eclipse、MyEclipse、Jbuilder、NetBeans 等，本书以 MyEclipse6.0.1 作为开发工具，JDK 版本为 JDK6.0。以下以 HelloWorld.java 为例说明使用 MyEclipse 进行 Java 程序开发的过程。

【任 务 1.3】 MyEclipse 开发工具使用

【任务描述】 在 MyEclipse 中创建一个项目，输入一段程序，编译运行，并了解简单的调试技巧。

【任务实现】

启动 MyEclipse 进入工作目录选择画面，如图 1.19 所示，选择自己的工作目录，工作目录选定后在 MyEclipse 中所作的操作都将保存在这个目录中。

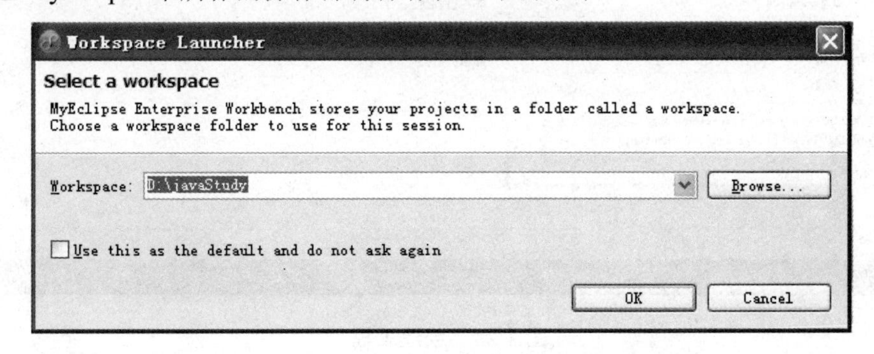

图 1.19 选择工作空间

单击 OK 按钮进入主界面，如图 1.20 所示。

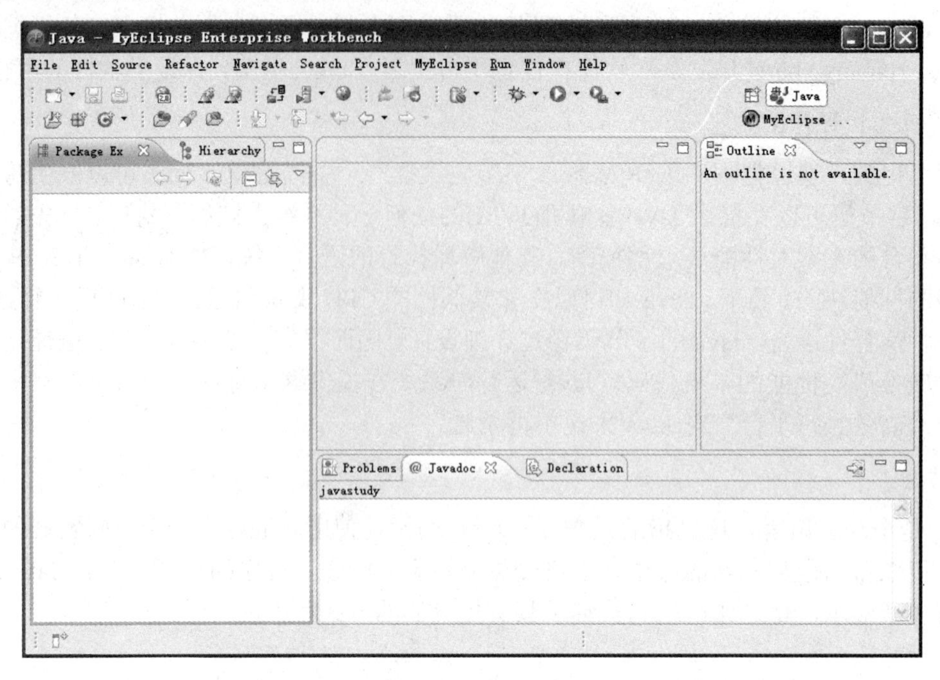

图 1.20　主界面

要想编译运行程序，必须先创建一个工程，执行 File | New | Java project 命令进行创建工程，创建一个 Java 工程，如图 1.21 所示。

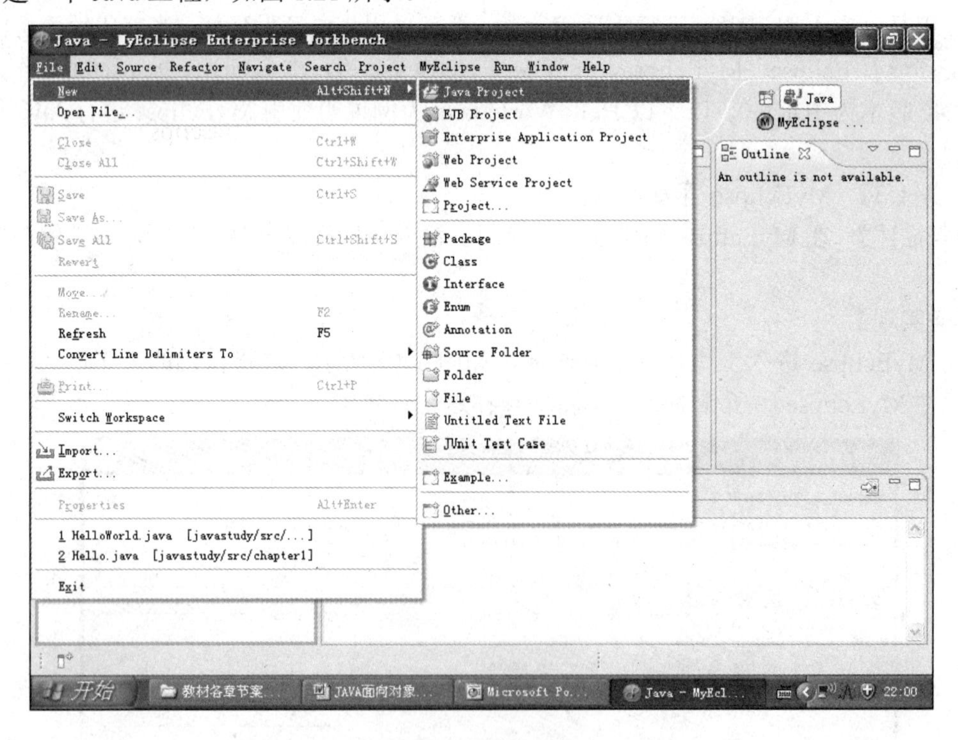

图 1.21　创建工程

接下来进入工程创建参数画面，指定工程名字，别的都可以不填，如图 1.22 所示。

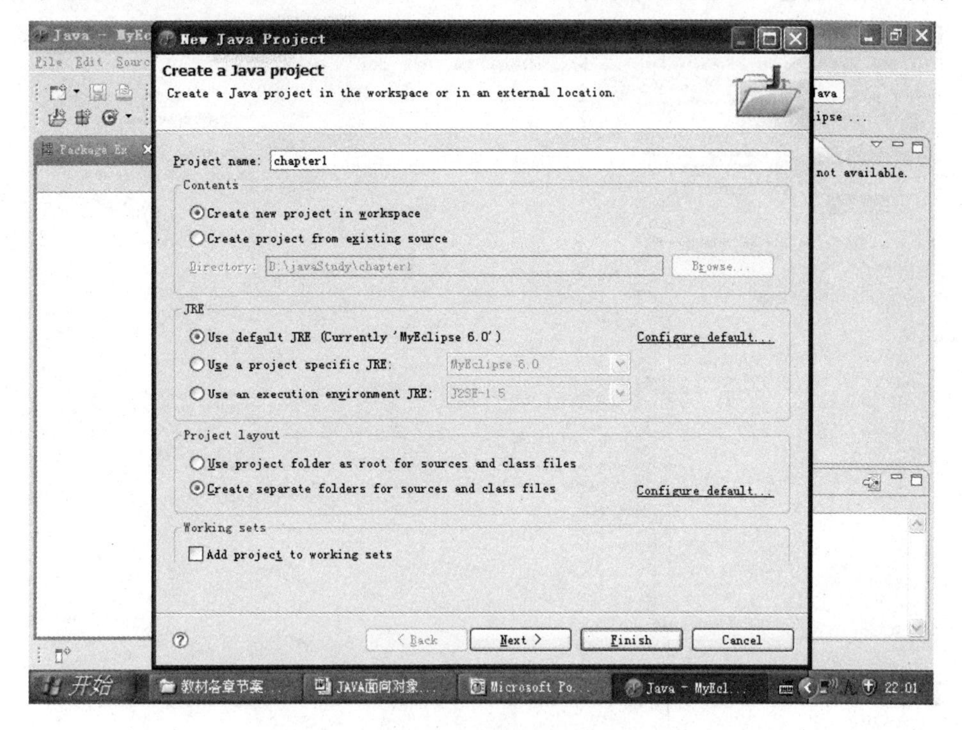

图 1.22 指定工程名字

单击 Next 按钮进入 Java 工程编译参数设置画面，可以不用修改，如图 1.23 所示。

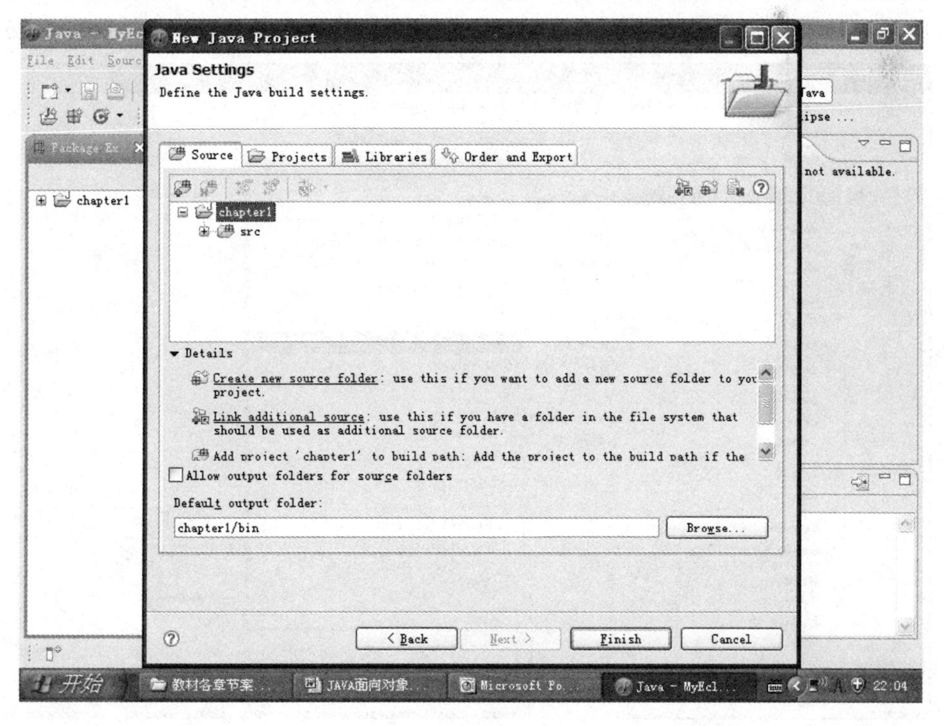

图 1.23 工程参数

单击 Finish 按钮进入主界面，如图 1.24 所示。

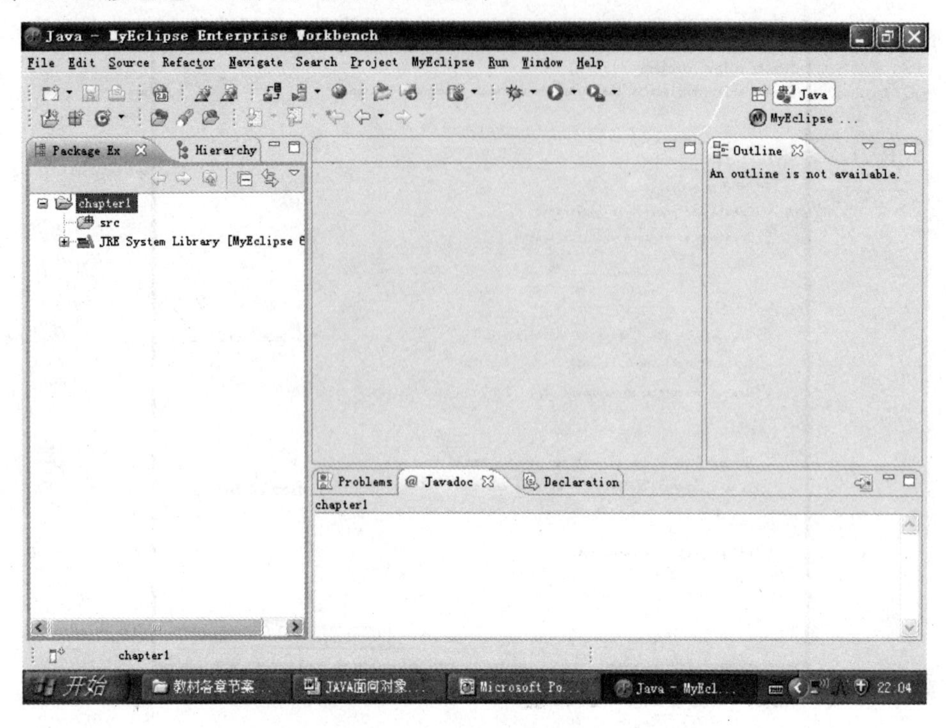

图 1.24　工程创建完成

所编写的 Java 源文件保存在 src 目录下，一般情况下还要创建一个包，相当于一个文件目录，所写的源文件就保存在该包下面。在 src 上右击，创建一个包 chapter1，如图 1.25 所示。

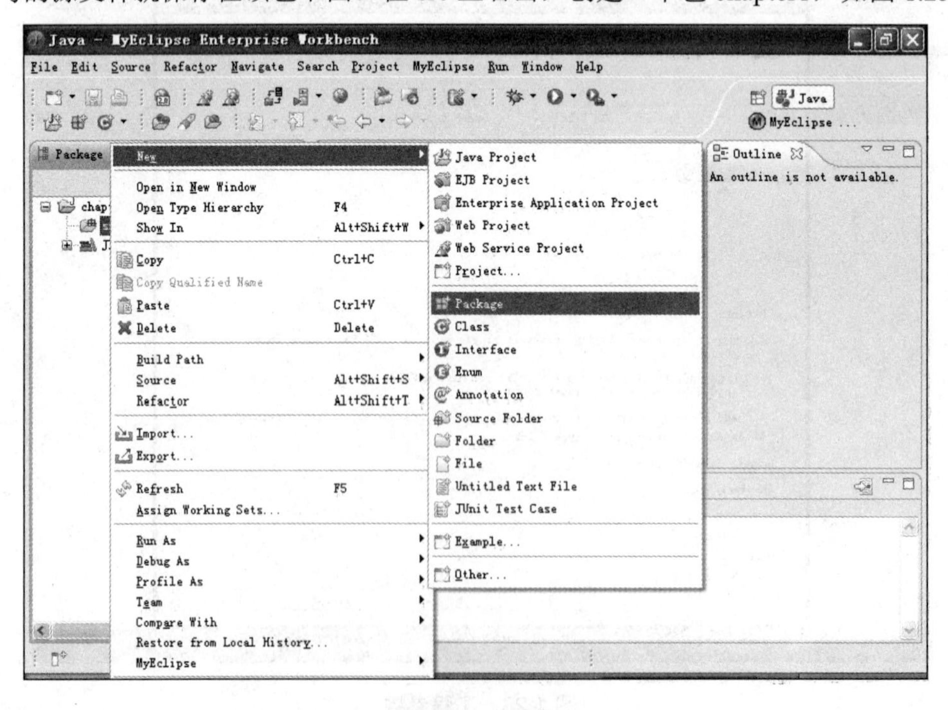

图 1.25　创建包

指定包名：chapter1，如图 1.26 所示。

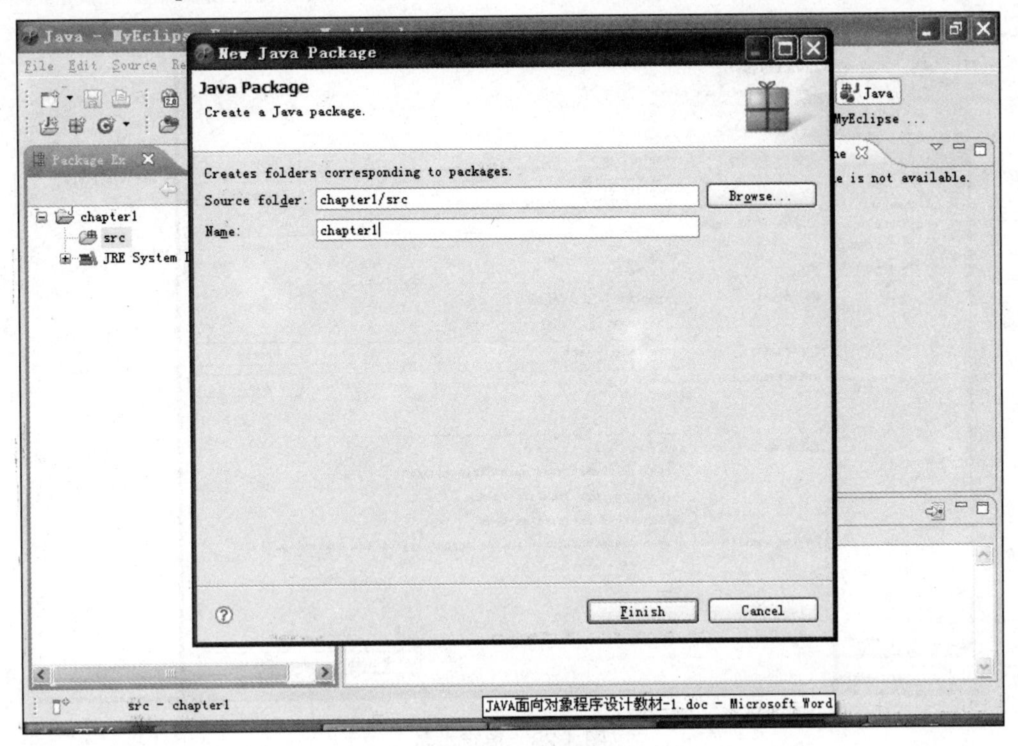

图 1.26　指定包名

在 chapter1 的包上右击，创建一个类，如图 1.27 所示。

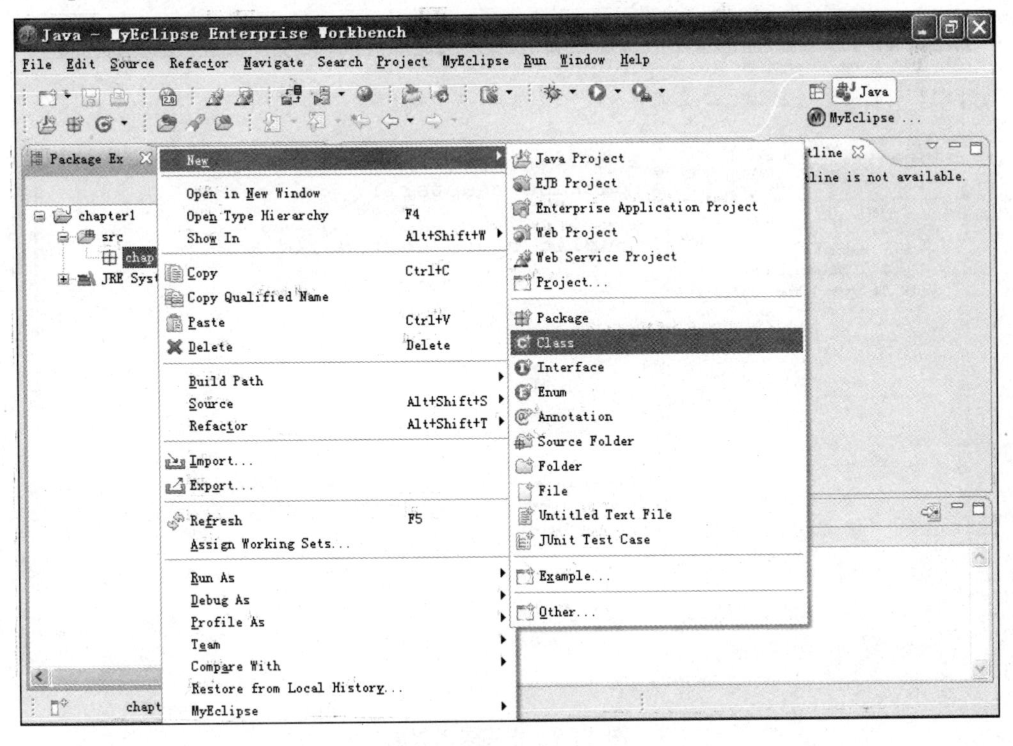

图 1.27　新建类

指定类名：HelloWorld，如图 1.28 所示。

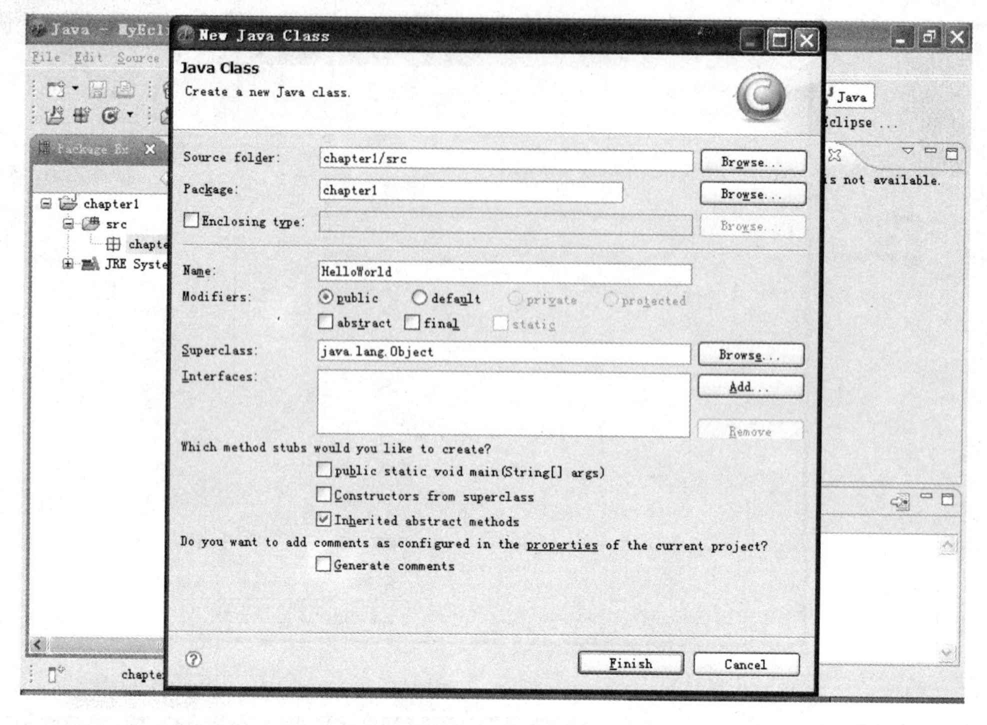

图 1.28　指定类名

单击 Finish 按钮后进入主界面可以进行程序录入了。系统已经创建好了类的框架，如图 1.29 所示。

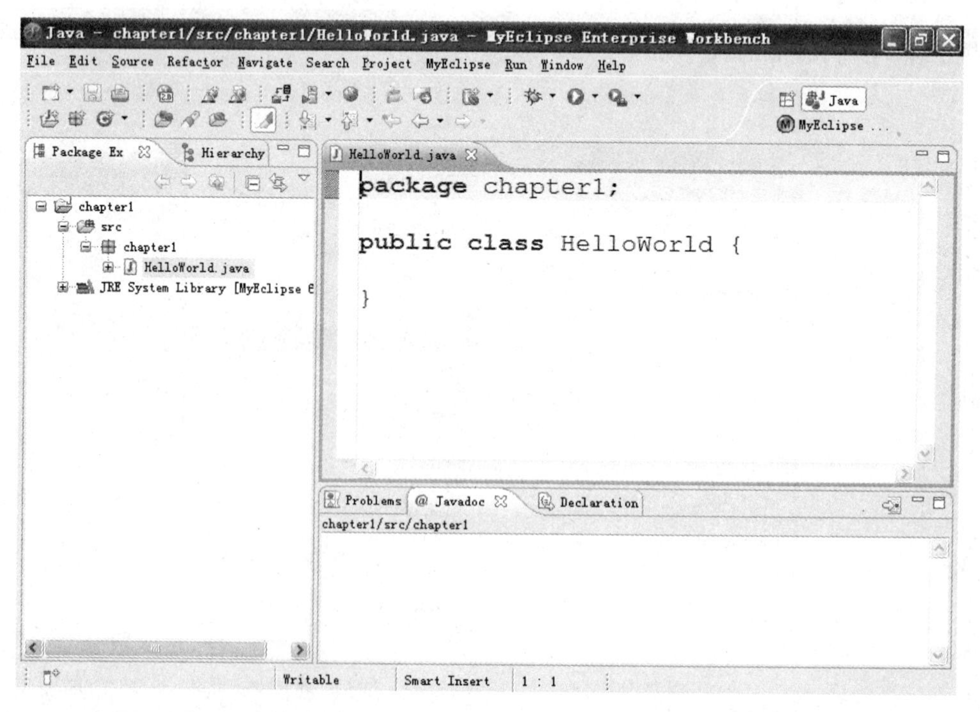

图 1.29　程序录入界面

录入 HelloWorld.java 源程序，如图 1.30 所示。

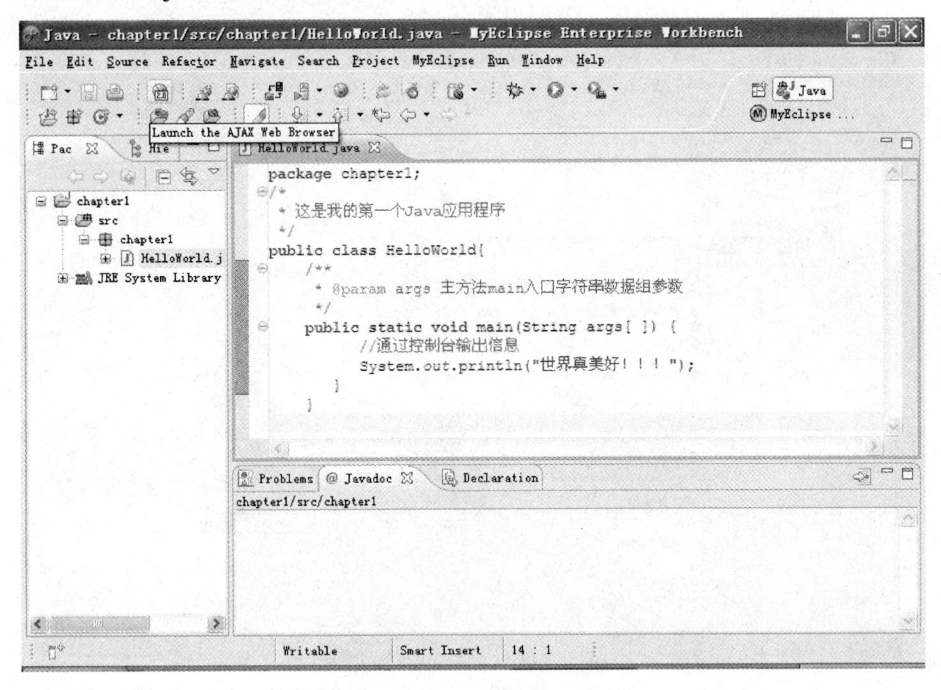

图 1.30　录入程序

程序录入后，MyEclipse 会进行语法校验，如果有错误会有红色波浪线提示。没有错误就可以运行了。在 HelloWorld 上右击，选择 Run As|Java Application 命令运行 Java 程序，如图 1.31 所示。

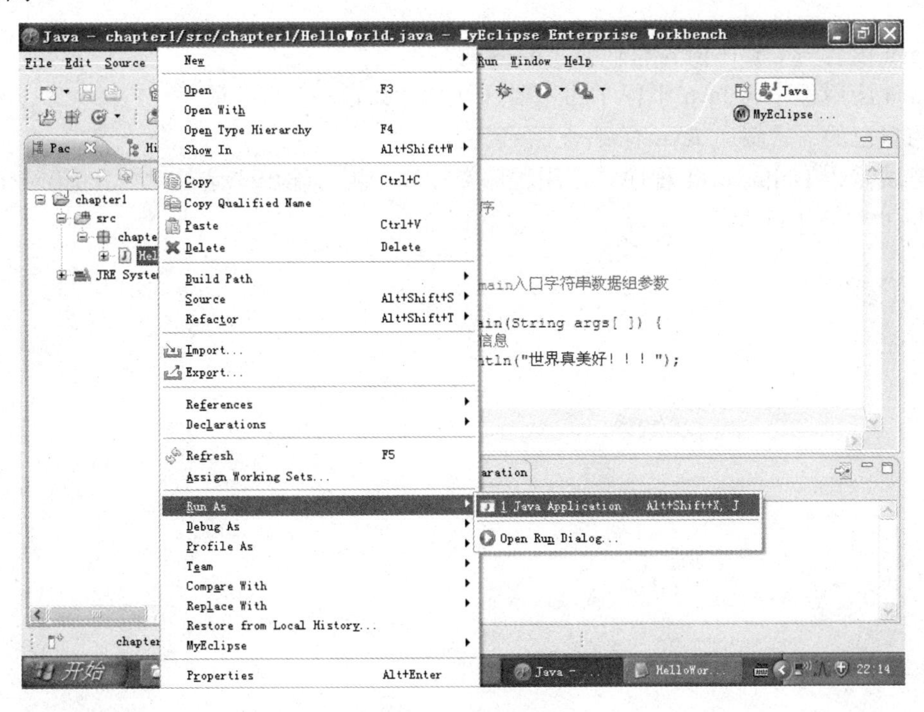

图 1.31　执行程序

在下方控制台中出现运行结果——“世界真美好！！！”，如图 1.32 所示。

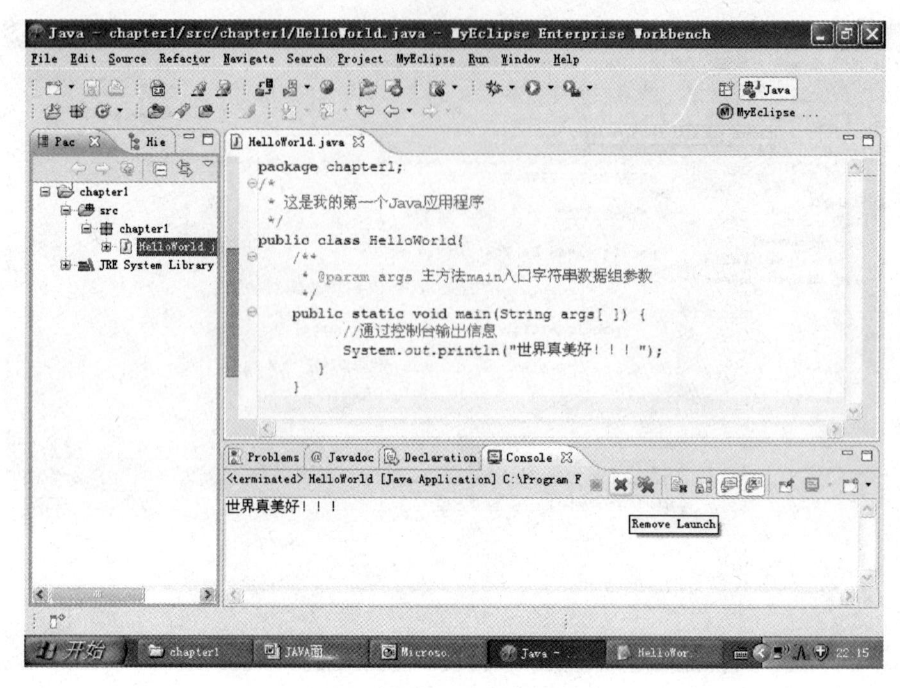

图 1.32　执行结果

课 后 作 业

1. Java 语言与 C/C++语言有什么主要区别？

2. Java 应用程序与 Java 小程序的主要区别是什么？

3. 用自己的语言叙述 Java 有哪些主要特点。

4. 尝试修改 Helloworld 程序，使用程序在控制台屏幕输出“这是***写的第一个 Java 程序”，其中***表示读者的名字。

第2章 Java语法基础

本章要点

- ➢ Java中的标识符和关键字
- ➢ 变量和基本数据类型
- ➢ 运算符
- ➢ Java的控制语句

任务描述

任务编号	任务名称	任务描述
任务2.1	输出学生综合素质管理系统主界面	编写一个Java程序，实现学生综合素质管理系统主界面，要求有成绩录入、学生信息统计、退出系统3个功能菜单，自行设计界面的式样
任务2.2	整数的反转输出	编写一个Java程序，实现对五位整数的反转输出，假设整数为12789，将该整数反转输出，即输出98721
任务2.3	学生综合素质评定系统登录及系统主界面实现	这是一个基于命令行的应用系统，设计系统登录界面和主界面的构成元素并实现

2.1　Java中的标识符和关键字

2.1.1　标识符

Java中的变量名、方法名、类名和对象的名都是标识符，程序在编写程序的过程中要标识和引用都需要标识符来唯一确定。在Java中标识符可由任意顺序的大小写字母、数字、下划线(-)和美元符号($)组成，但标识符不能以数字开头，不能是Java中的保留关键字。标识符没有长度限制，但是对大小写却很敏感，如HelloWorld和helloWorld就是两个不同的标识符。

下面是合法的标识符。

indentifier

username

user_name

_userName

$username

下面是非法的标识符。

class　关键字不能作为标识符使用

2003myVar　标识符不能以数字开头

Hello%World　标识符中包含非法字符%

2.1.2　关键字

和其他语言一样，Java 中也有许多保留关键字，如 public、break 等，这些保留关键字不能当做标识符使用。读者不用死记硬背到底有哪些关键字，知道有这回事就足够了，万一不小心把某个关键字用作标识符了，编译器就能告诉读者这个错误。表 2-1 是 Java 的关键字列表。

表 2-1　关键字列表

abstract	boolean	break	byte	case	catch
char	class	continue	default	do	double
else	extend	false	final	finally	float
for	if	implement	import	instanceof	int
interface	long	native	new	null	package
private	protected	public	return	short	static
super	switch	synchronized	this	throw	throws
transient	true	try	void	volatile	while
goto	const				

注意：Java 语言中不再使用 goto、const 等关键字，但仍不能用 goto、const 作为变量名。

2.1.3　Java 标识符的命名约定

从 Java 语言的语法上讲，名字的随意性很大，为提高程序的可读性、可维护性和方便调试程序，命名最好“见名知义”，正确地使用大小写，并遵循下面的一些规则。

(1) 包名：用小写英文单词表示，例如 java.applet。

(2) 类名和接口名：通常是名词，用一个或几个英文单词表示，第一个字母和名字内的其他所有单词的第一个字母大写，例如 String、Graphics、Color、FileInputStream 等。

(3) 方法名：通常是动词，第一个字母小写，如果有其他单词，则每个单词的第一个字母大写，例如 main( )、println( )、drawString( )、setColor( )、parseInt( )等。

(4) 变量名或类的对象名：与方法的大小写规则一样。

(5) 常量名(用关键字 final 修饰的变量)：声明为 public static final，字母全部用大写，单词与单词之间用下划线隔开，例如 PI、MAX_VALUE、MIN_VALUE 等。

2.2 变量和基本数据类型

2.2.1 变量的概念

变量是 Java 程序中一个基本的存储单元。变量是一个标识符、类型及一个可选初始值的组合定义。所有的变量都有一个作用域，定义变量的有效范围，即在某一个区域有效。

在 Java 中所有的变量必须先声明再使用，基本的变量声明方法如下。

```
type identifier [=value];
```

type 是 Java 的数据类型之一。标识符(identifier)是变量的名称，指定一个符号或一个值为初始化变量。这里要注意初始化表达式必须产生与指定变量类型一样(或兼容)的值。声明指定类型的多个变量时，使用逗号将变量分开。

以下是几个变量声明的例子。

```
int a=5;
byte b=12;
char x='x';
int c=3,d=5,e;
```

此外，Java 语方还支持动态初始化。动态初始化是指 Java 允许在变量声明时使用任何有效的表达式来动态地初始化变量。如：

```
double y=12.0;
double x=x*3;
```

2.2.2 基本数据类型

在上面的讲解中了解到需要使用数据类型来进行变量的定义，接下来学习 Java 的数据类型。在 Java 中针对不同类型的数据，共归类出了 8 种简单(基本)数据类型和 3 种引用数据类型，如图 2.1 所示。其中引用数据类型会在以后章节详细讲解，这里只讲基本数据类型。

8 种基本(简单)数据类型是字节型(byte)、短整型(short)、整型(int)、长整型(long)、字符型(char)、浮点型(float)、双精度浮点型(double)、布尔型(boolean)。这些类型可以分为 4 组。

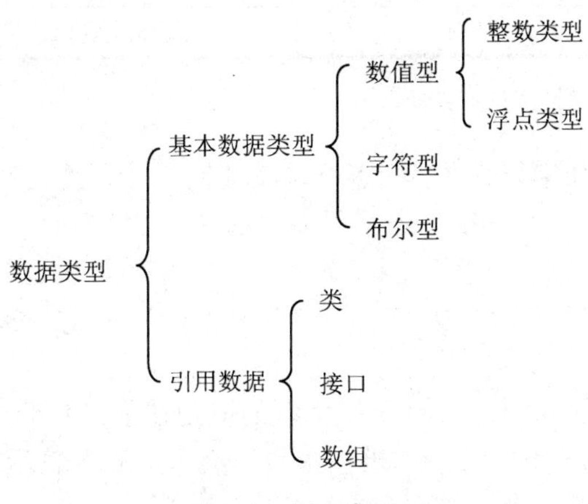

图 2.1 数据类型

整数：该组包括字节型(byte)、短整型(short)、整型(int)、长整型(long)。它们都是有符号整数。

浮点型数：该组包括单精度浮点型(float)、双精度浮点型(double)。它们代表有小数精度要求的数据字。

字符：这个组包含字符型(char)。它表示字符集的符号，例如数字和字母。

布尔型：这个组包含布尔型(boolean)。它是一种特殊类型，表示真/假值。

与其他编程语言不同的是，Java 的基本数据类型在任何操作系统中都具有相同的大小和属性，不像 C 语言，在不同的系统中变量的取值范围不一样，在所有系统中，Java 变量的取值都是一样的，这也是 Java 跨平台的一个特性。

1. 整数

它有 4 种数据类型用来存储整数，它们具有不同的取值范围，分别见表 2-2。

表 2-2 整型

类型名	大小/位	取值范围
byte	8	−128～127
short	16	−32，768～32，767
int	32	−2，147，483，648～2，147，483，647
long	64	−9，223，372，036，854，775，808～9，223，372，036，854，775，807

这些数据都是有符号的，所有整数变量都是无法可靠地存储其取值范围以外的数据值，因此定义数据类型时一定要谨慎。

2. 浮点数

它有两种数据类型用来存储浮点数，它们是单精度浮点型(float)和双精度浮点型(double)。浮点数在计算机内存中的表示方式比较复杂，在这里不做详细分析，单精度浮点和双精度浮点型的取值范围见表 2-3。

表 2-3 浮点数

类型名	大小/位	描述	取值范围
float	32	单精度型	3.4E-038～3.4E+038
double	64	双精度型	1.7E-308～1.7E+308

3. 字符型

char 类型用来存储诸如字母、数字标点符号及其他符号之类的单一字符。Java 语言中所有字符均使用 Unicode 编码，Unicode 编码采用 16 位编码方式，可以对 65536 种字符进行编码，能编码的字符量比 8 位的 ASCII 码多很多，能够容纳目前世界上已知的字符集。Unicode 编码值通常用十六进制表示，如“\U0049”表示“T”，“\u”表示是 Unicode 值，也称之为转义字符。

字符类型只能表示单个字符，表示字符类型的值是在字符两端加上单引号，如 'g'。注意 'g'，'g' 是不同的，前者是一个字符，属于基本数据类型，后者表示一个字符串，属于一个引用类型，只是该字符串只有一个字符而已。

字符型数据的取值范围为 0～65535 或者说 \u0000～\uFFFF，\u0000 为默认值。

示例

```
char c1;              \\ 缺省值为 0
char c2 = '0';        \\ 赋初值为字符'0'
char c3 = 32;         \\ 用整数赋初值为空格
```

Java 中的字符是 Unicode 字符，其编码值是 0～65535 的整数。字符常量有以下几种表示。

(1) 放在两个单引号里的单个字符，例如 'a'、'1' 等。

(2) 以反斜杠开始的转义序列，表示一些特殊的字符。常用转义字符见表 2-4。

(3) 使用 Unicode 编码值表示的字符\uxxxx，这里 xxxx 是 4 位十六进制的数。例如 '\u0022' 和 '\"' 都可表示双引号。

表 2-4　Java 中的常用转义字符

转义字符	含义
\n	换行，将光标移至下一行的开始处
\t	水平制表(tab 键)，将光标移至下一个制表符位置
\b	光标退一格，相当于 backspace 键
\r	回车，将光标移至当前行的开始，不移到下一行
\\	反斜杠\
\'	单引号'
\"	双引号"

4. 布尔类型

boolean 类型用来存储布尔值，在 Java 里布尔值只有两个，要么是 true，要么就是 false。

Java 里的这 8 种基本类型都是小写的，有一些与它们同名但大小写不同的类，例如，Boolean 等，它们在 Java 里具有不同的功能，切记不要互换使用。

5. 注意变量的有效取值范围

系统为不同的变量类型分配不同的空间大小，如 double 型常量在内存中占 8 个字节，float 型的变量占 4 个字节，byte 型占 1 个字节等。

byte=129; //编译报错，因为 129 超出了 byte 类型的取值范围。

float=3.5; //编译报错，因为小数常量的默认类型为 double 型。Double 型常量在内存中占 8 个字节，而 Java 只为 float 的变量分配 4 个字节的空间，要将 8 个字节的内容装入 4 个字节的容器，显然有问题。改为：Float=3.5f 编译就可以通过了，因为 3.5f 是一个 float 型常数，在内存中只占 4 个字节。

6. 【例 2-1】 录入如下程序，研究程序的输出结果，学习数据类型的应用

```
public class DateType {
    public static void main(String args[]) {
        int a, b;
        byte c = 6;
```

```
        float d = 1.234f;  //浮点数默认为double类型，给float类型赋值，需要加"f"
        double e = 1.234;
        boolean f = true;
        char g;
        g = 'A';
        b = 300;
        a=b;
        System.out.println("a=" + a);
        System.out.println("b=" + b);
        System.out.println("c=" + c);
        System.out.println("d=" + d);
        System.out.println("e=" + e);
        System.out.println("f=" + f);
        System.out.println("g=" + g);
    }
}
```

2.2.3 变量的初始化和作用域

1. 初始化

变量可以在声明的同时进行初始化，也可在变量声明后，通过赋值语句对其进行初始化。初始化后的变量仍然可以通过赋值语句赋新的值。

```
float salary;              //变量声明
salary=2000.8f;            //初始化赋值
…
salary=2400.9f;            //重新赋值，但不是初始化
double height=175.5;       //在声明变量的同时进行初始化
```

2. 作用域

首先弄清楚几个概念。

运算符：表示各种不同运算的符号就是运算符。

操作数：由运算符连接的参与运算操作的数据称为操作数。

表达式：由运算符把操作数(可以是变量、常量等)连接成的一个有意义的式子就是一个表达式。

语句：一个由分号(;)结尾的单一命令是一条语句(Statement)，一条语句一般是一行代码，但也可以占多行代码。如：

```
int a = 1;  // 变量定义及初始化语句
```

复合语句:用大括号({……})围起来的多条语句构成一个复合语句或称代码段(Code block)；多个复合语句可以嵌套在另外的一对大括号中形成更复杂的复合语句。如：

```
int sum=0;
for (int i=0; i<=10; i++) {
    sum=sum+i;
}
```

作用域(Scope)决定了变量可使用的范围，全局变量(Global variables)：变量可以在整个类

中被访问；局部变量(Local variables)：变量只能在定义其的代码段中被访问。

作用域规则：在一个代码段中定义的变量只能在该代码段或者该代码段的子代码段中可见。使用局部变量比使用全局变量更安全。如：

```
class Scoping {
    int x = 0;
    void method1() {
    int y;
    y = x;  // x 为类变量，在最外层的{}内，可以在方法 method1()中使用。
    }
    void method2() {
        int z = 1;
    z = y;  // y 在 method1 中定义，在方法 method2()中已失效。
    }
}
```

2.2.4 变量的自动类型转换和强制类型转换

在编写程序过程中，经常会遇到的一种情况，就是需要将一种数据类型的值赋给另一种不同数据类型的变量。由于数据类型有差异，在赋值时就需要进行数据类型的转换，这里就涉及到两个关于数据转换的概念：自动类型转换和强制类型转换。

1. 自动类型转换(也叫隐式类型转换)

多种互相兼容的数据类型在一个表达中进行运算时，会自动地向大范围数据类型进行转换。要实现自动类型转换，需要同时满足两个条件，第一是两种类型彼此兼容，第二是目标类型的取值范围要大于源类型。例如，当 byte 型向 int 型转换时取值范围大于 byte 型就会发生自动转换。所有的数字类型，包括整型和浮点型彼此都可以进行这样的转换。

请看下面的例子。

```
byte b=3
int x=b; //没有问题，程序把 b 的结果自动转换成了 int 型了。
```

整型、实型、字符型数据可以混合运算。运算中，不同类型的数据先转化为同一类型，然后进行运算，转换从低级到高级：byte,short,char→int→long→float→double。转换规则可以参照表 2-5。

表 2-5 数据类型自动转换

操作数 1 类型	操作数 2 类型	转换后的类型
byte、short、char	int	Int
byte、short、char、int	long	long
byte、short、char、int、long	float	float
byte、short、char、int、long、float	double	double

2. 强制类型转换(也叫显示类型转换)

当两种类型彼此不兼容，或目标类型取值范围小于源类型时，自动转换无法进行，这时就需要强制类型转换。强制类型转换的通用格式如下。

目标类型 变量=(目标类型) 值

例如：

```
Byte a;
Int b;
a =(byte);
```

这段代码的含义就是先将 int 型的变量 b 的取值强制转换成 byte 型，再将该值赋给变量 a，注意，变量 b 本身的数据类型并没有改变。由于在这类转换中，源类型的值可能大于目标类型，因此强制类型转换可能会造成数值不准确。

3. 【例 2-2】 请看下面的两程序的输出结果

程序 1：

```
public class Conversion1 {
    public static void main (String[] args){
    byte a ;
    int b=125 ;
    a=(byte)b;
    System.out.println("int 型 b 的值为"+" "+b);
  System.out.println("将 int 型 b 的值强制转换成 byte 型结果为"+" "+a);
  }
}
```

程序输出结果如下。

```
int 型 b 的值为 125
将 int 型 b 的值强制转换成 byte 型结果为 125。
```

程序 2：

```
public class Conversion1 {
    public static void main (String[] args){
    byte a ;
    int b=128 ;
    a=(byte)b;
     System.out.println("int 型 b 的值为"+" "+b);
  System.out.println("将 int 型 b 的值强制转换成 byte 型结果为"+" "+a);
  }
}
```

程序输出结果如下。

```
int 型 b 的值为 128
```

将 int 型 b 的值强制转换成 byte 型结果为-128。

两个程序仅仅是 int 型数据 b 的值不一样。在程序 1 中 b 的值为 125，均在 int 型和 byte 型的表示范围之内，输出结果一样很好理解。在程序 2 中 b 的值为 128 已超过 byte 类型的表示范围，强制转换成 byte 类型后高 8 位被去掉，造成数据的失真。读者在进行数据类型强制转换时一定要注意这一点。

int b=128

0	0	0	0	0	0	0	0	1	0	0	0	0	0	0	0

强制转换成 byte 类型 b 后，高八位被去掉,留下的最高位 1 成了符号位。

0	0	0	0	0	0	0	0	1	0	0	0	0	0	0	0

数据类型强制转换只能在互相兼容的类型之间进行，如 int 和 byte,int 和 double,int 和 char 能进行强制转换，但是 int 和 boolean 类型就不能转换。

2.2.5　常量

常量就是程序里持续不变的值，它是不能改变的数据。Java 中的常量包含整型常量、浮点数常量、布尔常量等。在 Java 中可以利用 final 关键字来定义常量，其通用格式为：final type name=value；其中 type 为 Java 中任意合法的数据类型，如 int,double 等。因和变量有很多相似之处，以下有重点的说明几种常量。

1. 整型常量

整型常量可以分为十进制、十六进制和八进制。

十进制：

0 1 2 3 4 5 6 7 8 9

注意：以十进制表示时，第一位不能是 0(数字 0 除外)。

十六进制：

0 1 2 3 4 5 6 7 8 9 a b c d e f A B C D E F

注意：以十六进制表示时，需以 0x 或 0X 开头，如:

0x8a 0Xff　0X9A　0x12

八进制：

0 1 2 3 4 5 6 7

注意：八进制必须以 0 开头，如:

045　098　046

长整型：

注意：长整型必须以 L 结尾，如:

9L　156L

2. 浮点数常量

浮点数常量有 float(32 位)和 double(64 位)两种类型，分别叫做单精度浮点数和双精度浮点数，表示浮点数时，要在后面加上 f(F)或者 d(D)，用指数表示可以。注意：由于小数常量的默认类型为 double 型，所以 float 类型的后面一定要加 f(F)，用以区分。如：

```
2e3f    3.6d
0.4f    0f
3.84d   5.022e+23f
```

都是合法的。

3. 字符串常量

字符串常量和字符型常量的区别就是，前者是用双引号括起来的常量，用于表示一连串字符。而后者是用单引号括起来的，用于表示单个字符。下面是一些字符串常量。

"Hello World"　"123"　"Welcome\nXXX"

使用操作符“+”可以把两个以上字符串连接起来形成新的字符串，如：

String str1 = "abc" + "xyz";

还可以用“+”把字符串和其他数据类型的值连接起来，其他数据类型的值首先被转换成字符串，然后再进行字符串之间连接运算。如：

System.out.println("x 的值为" +x);

注意:

① 字符串所用的双引号和字符所用的单引号，都是英文的，不要误写成中文的引号。

② 有些时候，无法直接往程序里面写一些特殊的按键和字符，比如想打印出一句带引号的字符串，或者判断读者的输入是不是一个回车键等。对于这些特殊的字符，需要以反斜杠(\)后跟一个普通字符来表示，反斜杠(\)在这里就成了一个转义字符。

4. null 常量

null 常量只有一个值，用 null 表示对象的引用为空。

2.3 运 算 符

运算符是一种特殊符号，用以表示数据的运算、赋值和比较。运算符共分算术运算符、赋值运算符、比较运算符、逻辑运算符、移位运算符。

2.3.1 算术运算符

算术运算符的功能是做各种算术运算，其操作数可以是字符型、整型或浮点型数据。Java 定义算术运算符又可以分为两种：单目算术运算符和双目算术运算符。单目运算符的操作数只有一个，只对唯一的操作数进行处理。双目运算符操作数有两个，运算过程中由两个操作参与完成。Java 中的算术运算符见表 2-6。

表 2-6 算术运算符

运算符	运算	范例	结果	类型
+	正号	+3	3	单目运算符
-	负号	b=4;-b	-4	单目运算符
+	加	5+5	10	双目运算符
-	减	6-4	2	双目运算符
*	乘	3*4	12	双目运算符
/	除	5/5	1	双目运算符
%	取模	5%3	2	双目运算符
++	自增(前)	a=2; b=++a;	a=3; b=3	单目运算符
++	自增(后)	a=2; b=++	a=3; b=2	单目运算符
--	自减(前)	a=2; b=--a	a=1; b=1	单目运算符
--	自减(后)	a=2; b=a--	a=1; b=2	单目运算符
+	字符串相加	"He" + "110"	"Hello"	双目运算符

算术运算符相对比较简单，这里重点讲解自增(++)自减(--)运算符。++和--运算符又分为前缀++，前缀--，后缀++，后缀--4 种。

前缀++和前缀--先将操作数分别加 1 和减 1，并且把结果存入到操作数变量中。

后缀++和后缀--先获得操作数的值，再执行自增和自减运算。

例如，若定义：

```
int a=8, b;
```

(1) 则 a++; 或++a; 或 a=a+1; 的效果是一样的，都是把 a 的值加 1。

(2) 但是，对于 b=++a; 表示先把 a 的值加 1，后赋值给变量 b，所以 b 的值为 9，a 的值为 9。

(3) 对于 b=a++; 表示先把 a 的值赋值给变量 b，然后把 a 的值加 1，所以 b 的值为 8，a 的值为 9。

2.3.2 赋值运算符

赋值运算符的作用是将一个值赋给一个变量，最常用的赋值运算符是“=”，赋值运算符的左边必须是一个变量，而不能是一个值。赋值表达式的结果是一个值，这个值就是赋值运算符左边的变量在赋值完成后的值。在 Java 里可以把赋值语句连在一起，如：

```
x=y=z=20;
```

在这个语句中，所有 3 个变量都得到同样的值 20。

由“=”赋值运算符和其他一些运算符组合产生一些新的扩展赋值运算符如，“+=”，“*=”等，表 2-7 是常用的一个扩展赋值运算符。“+=”是将变量与所赋的值相加后的结果再赋给变量，如 x+=3 等价于 x=x+3。所有运算符都可依此类推，开始有可能不太习惯，用得多了，看得多了也就习惯了。

表 2-7 赋值运算符

运算符	运算	范例	结果
=	赋值	a=3; b=2;	a=3; b=2;
+=	加等于	a=3; b=2; a+=b;	a=5; b=2;
−=	减等于	a=3; b=2; a-=b;	a=1; b=2;
*=	乘等于	a=3; b=2; a*=b;	a=6; b=2;
/=	除等于	a=3; b=2; a/=b	a=1; b=2;
%=	模等于	a=3; b=2; a%=b	a=1; b=2;

2.3.3 关系运算符

关系运算符用来比较两个值的关系，是双目运算符，运算结果为 boolean 类型，当关系成立时，结果为 true；否则结果为 false。关系运算符常用于 if 语句中的条件判断，循环语句中的终止条件等，见表 2-8。

表 2-8　关系运算符

运算符	运算	范例	结果
==	相等于	4==3	false
!=	不等于	4!=3	true
<	小于	4<3	false
>	大于	4>3	true
<=	小于等于	4<=3	false
>=	大于等于	4>=	false
instanceof	检查是否是类的象	"Hello" instanceof String	ture

注意：比较运算符“==”不能误写成“=”，如果你少写了一个“=”，那就不是比较了，整个语句变成了赋值语句。

2.3.4　逻辑运算符

逻辑运算符用于对 boolean 型结果的表达式进行运算，运算的结果都是 boolean 型，见表 2-9。

表 2-9　逻辑运算符

运算符	运算	范例	结果
&	AND(与)	false&true	false
|	OR(或)	false|true	true
^	XOR(异或)	true^false	true
!	NOT(非)	!true	false
&&	AND(简捷)	false&&true	false
||	OR(简捷)	false||true	true

注意:

① 简捷与(&&): 逻辑功能和&一样，但如果根据运算符“&&”左边的表达式的结果(即为 false 时)能确定与的结果时，右边的表达式将不被执行。

② 简捷或(||): 逻辑功能和 | 一样，但如果根据运算符“||”左边的表达式的结果(即为 true 时)能确定或的结果时，右边的表达式将不被执行。

“&”和“&&”的区别在于，如果使用前者连接，那么无论任何情况，“&”两边的表达式都会参与计算。如果使用后者连接，当“&&”的左边为 false，则将不会计算其右连接表达式，因为不管右边是真是假，整个表达式的结果都是假。同理“|”和“||”。

【例 2-3】 看如下程序，y=0，除数为 0 运行结果应报错，但是实际运行过程中却正常的输出结果，表明(x/y)==0 没有被执行，如图 2.2 所示。

```
public class Assign {
    public static void main(String args[]) {
        int x, y;
        x = 12;
```

```
        y = 0;
        System.out.println("x=" + x);
        System.out.println(false && ((x / y) == 0));
    }
}
```

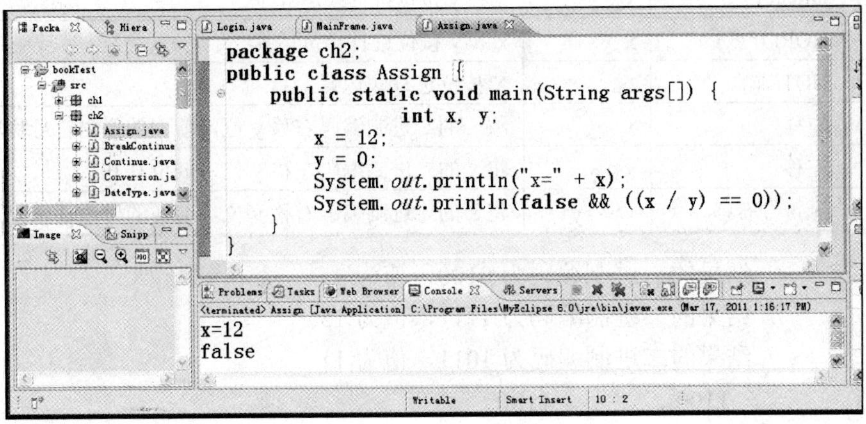

图 2.2　输出结果

如果改变一下，将最后一行语句换成 System.*out*.println(false & ((x / y) == 0));运行后报错。表明(x/y)==0 被执行，如图 2.3 所示。

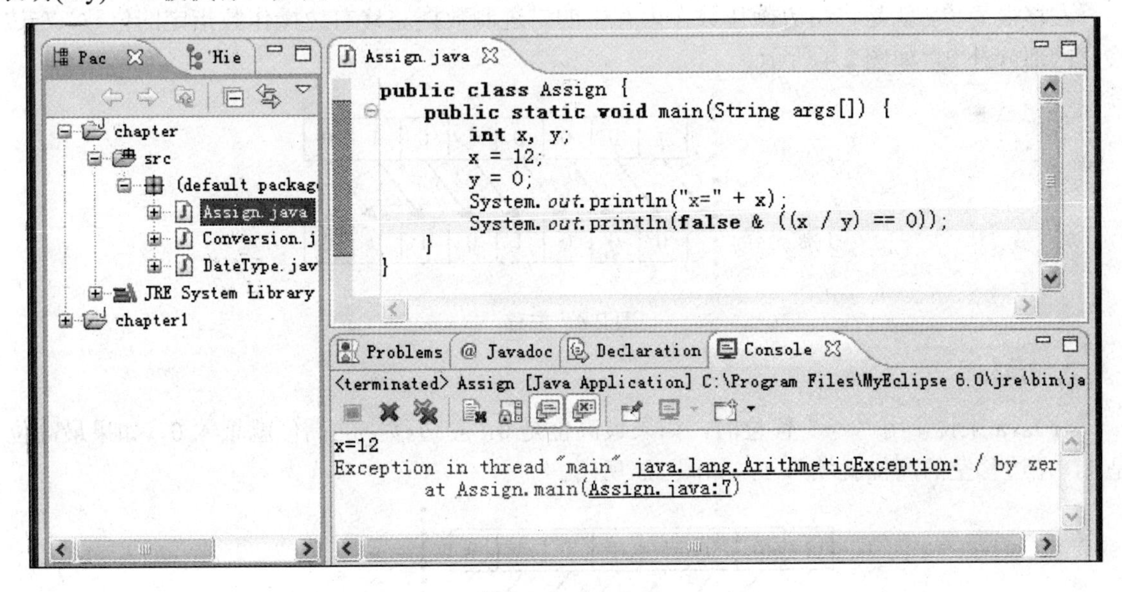

图 2.3　报错信息

2.3.5　位运算符

在计算机内部，数据是以二进制编码存储的，Java 语言允许人们对这些二进制编码进行位运算。“&”，“|”，“^”，“!”既可以作为逻辑性运算符，也可以作为位运算符。位操作符见表 2-10。

表 2-10　位运算符

位操作符	运算	范例	功能描述
&	AND(与)	x&y	x 和 y 按位进行与运算
|	OR(或)	x|y	x 和 y 按位进行或运算
^	XOR(异或)	x^y	x 和 y 按位进行异位运算
!	NOT(非)	!x	X 按位进行非运算
>>	右移	x>>y	将 x 的二进制编码右移 y 位，前面的位由符号移填充
<<	左移	x<<y	将 x 的二进制编码左移 y 位，低位补 0
>>>	无符号右移	x>>>y	将 x 的二进制编码右移 y 位，前面的位由 0 填充

如：12&7　　// 结果的二进制编码为 0100，值为 4
　　12|7　　// 结果的二进制编码为 1111，值为 15
　　12^7　　// 结果的二进制编码为 1011，值为 11

```
  1100          1100          1100
& 0111        | 0111        ^ 0111
------------------------------------
  0100          1111          1011
```

1. *左移<<*

左移很简单，就是将左边操作数在内存中的二进制数据左移右边操作数指定的位数，右边移空的部分补 0，如图 2.4 所示。

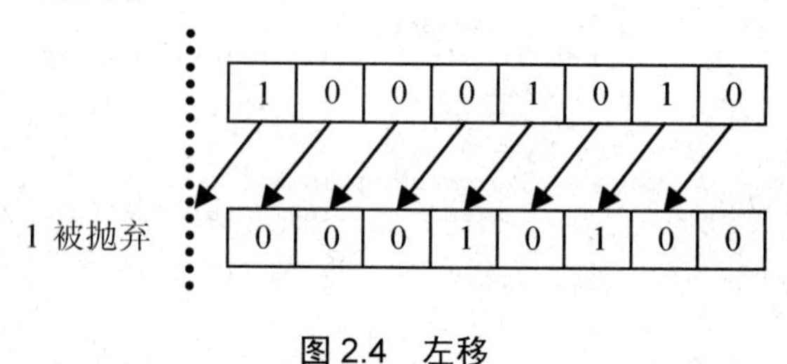

图 2.4　左移

2. *右移>>*

对 Java 来说，用“>>”移位时，如果最高位是 0，左边移空的高位就填入 0，如果最高位是 1，左边移空的高位就填入 1，如图 2.5 所示。

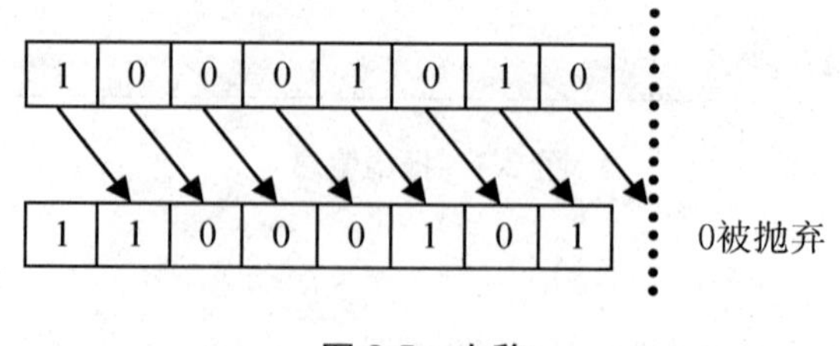

图 2.5　右移

3. *无符号右移>>>*

Java 也提供了一个新的移位运算符“>>>”，不管通过“>>>”移位的整数最高位是 0 还是 1，左边移空的高位都填入 0，也称为无符号右移。

位运算符也可以与“=”赋值运算符组合产生一些新的赋值运算符，如“>>>=”，“<<=”，“<<=”，“>>=”，“&=”，“^=”，“|=”等。

移位能实现整数除以或乘以 2 的 n 次方的效果，如 x>>1 的结果和 x/2 的结果是一样的，x<<2 和 x*4 的结果也是一样的。总之，一个数左移 n 位，就是等于这个数乘以 2 的 n 次方，一个数右移 n 位，就是等于这个数除以 2 的 n 次方。

2.3.6　其他运算符

(1) 三目条件运算符三目条件运算符的一般形式为：

<逻辑表达式 1> ? <表达式 2> : <表达式 3>

如果“逻辑表达式 1”为真，则整个表达式的值取“表达式 2”的值，反之如果“逻辑表达式 1”为假，则整个表达式的值取“表达式 3”的值。

【例 2-4】 求 3 个数当中的最大值。

```
public class FindMax{
    public static void main(String args[]){
        double d1=1.1,d2=9.1,d3=23.2;
        double temp,max;
        temp=d1>d2?d1:d2;
        max=temp>d3?temp:d3;
        System.out.println("max:"+max);
    }
}
```

(2) 括号运算符：( )

它主要用于强制类型转换、方法调用。

(3) 方括号运算符：[]

声明、创建数组及访问数据中的特定元素。

(4) 内存分配运算符：new

创建对象、数组，分配内存地址单元。

(5) 域选择运算符：.

访问类成员变量，对象成员变量。

(6) 实例运算符：instanceof

判断一个对象是否为一个类的实例。

由于数据类型的长度是确定的，所以没有长度运算符 sizeof。

2.3.7　运算符的优先级

以上介绍的运算符都有不同的优先级，所谓优先级就是在表达式运算中的运算程序。表 2-11 列出了包括分隔符在内的优先级顺序，上一行中的运算符总是优先于下一行的。

对于这些优先级的顺序，不用刻意去记，有个印象就行，如果实在弄不清这些运算先后关系的话，就用括号或是分成多条语句来完成你想要的功能，因为括号的优先级是最高的，多使用括号能增加程序的可读性，是一种良好的编程习惯，也是软件编码规范的一个要求。

表 2-11 运算符优先级

运算符	优先级
( ) [ ] .	高
++ -- ~ !	↑
* / %	
+ -	
>> >>> <<	
> >= < <=	
== !=	
&	
^	
|	
&&	
||	
? :	
= += -= *= /= &= |= ^= <<= >>= >>>=	低

2.3.8 工作任务：信息输出和整数反转

【任 务 2.1】 输出学生综合素质管理系统主界面

【任务描述】 编写一个 Java 程序，实现学生综合素质管理系统主界面，要求有成绩录入、学生信息统计、退出系统 3 个功能菜单，自行设计界面的式样。

【任务分析】

这是一个比较简单的输出信息的程序，主要利用 System.*out*.println( )语句。一方面让学生熟练掌握 System.*out*.println( )的使用，另一方面初步接触学生综合素质管理系统的界面式样。在主方法中需要利用 MainFrame mf=**new** MainFrame( );语句实现由类创建对象，以及 mf.showMain( );语句实现对对象中方法的调用。

【任务实现】

```
public class MainFrame {
    //主界面方法
    public void showMain(){
        System.out.println("************淮信计算机系学生成绩统计系统**************");
        System.out.println("*******************************************************");
        System.out.println("--------------------1.成绩录入----------------------");
        System.out.println("--------------------2.学生信息统计------------------");
        System.out.println("--------------------3.退出系统----------------------");
        System.out.println("*******************************************************");
        System.out.println("**************淮信计算机系学生成绩统计系统*************");
        System.out.print("请选择您需要的操作并按回车键：");
    }
    public static void main(String args[]){
        //创建类的对象
```

```
        MainFrame mf=new MainFrame();
        //通过类的对象调用输出主界面的方法
        mf.showMain();
    }
}
```

【任 务 2.2】 整数的反转输出

【任务描述】 编写一个 Java 程序，实现对五位整数的反转输出，假设整数为 12789，将该整数反转输出，即输出 98721。

【任务分析】

对于本任务，可依次求出五位整数的万位、千位、百位、十位、个位，然后将这些数逆序组合。例如，用 12789/10000 即可求得万位数，12789%10000 后的余数再去整除 1000，即可得千位数，依次类推。

【任务实现】

```
public class Reverse {
    public static void main(String args[]){
        int number = 12789;
        int ten_thousand,thousand, hundred, ten, indiv;
        //反转一个五位数
        ten_thousand = number / 10000;
        number %= 10000;
        thousand = number / 1000;
        number %= 1000;
        hundred = number / 100;
        number %= 100;
        ten = number / 10;
        number %= 10;
        indiv = number;
        number = indiv * 10000 + ten * 1000 + hundred * 100 + thousand*10+ten_thousand;
        System.out.println("反转后的整数是:"+number);
    }
}
```

2.4 Java 的控制语句

2.4.1 if 条件语句

if 语句是使用最为普遍的条件语句，每一种编程语言都有一种或多种形式的该类语句，在编程中总是避免不了要用到它。if 语句有多种形式的应用。

第一种应用的格式为：

```
if(条件语句) {
  执行语句块
}
```

其中条件语句可以是任何一种逻辑表达式，如果条件语句的返回结果为 true，则先执行后面大括号({ })中的执行语句，然后再顺序执行后面的其他程序代码，反之程序跳过条件语句后面大括号对({ })中的执行语句，直接去执行后面的其他程序代码。大括号对的作用就是将多余语句组合成一个复合语句，作为一个整体来处理，如果大括号中只有一条语句，也可以省略这对大括号对({ })，如：

```
int x=0;
if(x==1)
System.out.print( "x=1" );
```

上面的条件语句先判断 x 的值是否等于 1，如果条件成立，则打印出“x=1”，否则什么也不做。由于 x 的值等于 0，所以打印“x=1”的语句不会执行。上面程序代码的流程如图 2.6 所示。

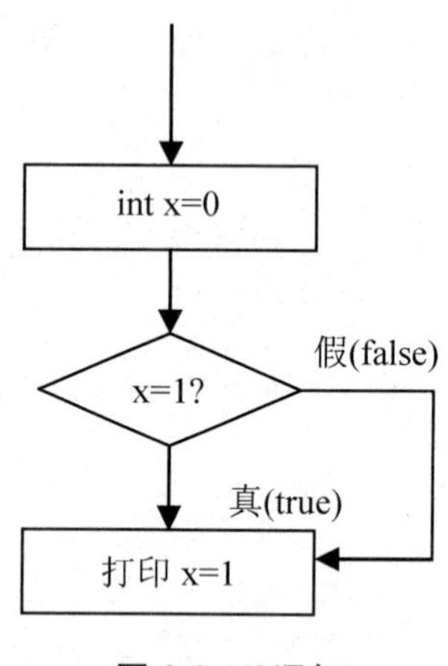

图 2.6　if 语句

第二种的应用格式为：

```
if(条件语句){
        执行语句块 1
    }
    else {
        执行语块 2
    }
```

这种格式在 if 从句的后面添加了一个 else 从句，在上面单一的 if 语句基础上，当条件语句的返回结果为 false 时，执行 else 后面部分的语句，如：

```
int x=0;
if(x==1)
    System.out.println("x=1");
else
    System.out.println("x!=1");
```

如果 x 的值等于 1 则打印出“x=1”，否则将打印出“x!=1”。

上面程序代码的流程如图 2.7 所示。

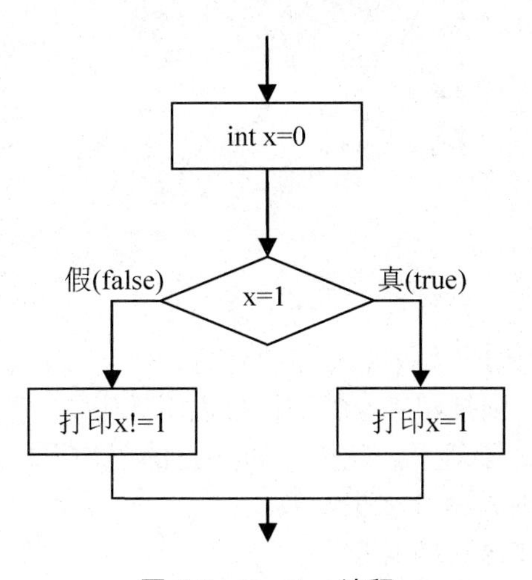

图 2.7　if…else 流程

对于 if…else…语句，还有一种更简洁的写法，就是前面所学到的三目运算符。变量=布尔表达式？语句 1，语句 2；

请看下面的代码。

```
if(x>0)
y=x;
else
y=-x;
可以简写成：
y=x>0?x:-x;
```

以上是一个求绝对值的语句，如果 x>0，就把 x 赋值给变量 y，如果 x 不大于 0，就把-x 赋值给前面的 y。也就是：如果问号“?”前的表达式为真，则计算问号和冒号中间的表达式，并把结果赋值给变量 y，否则将计算冒号后面的表达式，并把结果赋值给变量 y，这种写法的好处在于代码简洁，并且有一个返回值。

第三种应用格式为：

```
if (条件语句 1){
    执行语句块 1
}
else if(条件语句 2){
    执行语句块 2
}
…
else if(条件语句 n)
{
    执行语句块 n
}
else
{
    执行语句块 n+1
}
```

这种格式用 else if 进行更多的条件判断，不同的条件对应不同的执行代码块，如：

```
if (x=1)
    System.out.println("x=1");
else if (x=2)
    System.out.println("x=2");
else if (x=3)
    System.out.println("x=3");
else
    System.out.println("other");
```

程序首先判断 x 是否等于 1，如果是，就执行打印“x=1”，如果不是，程序将继续判断 x 是否等于 2，如果 x 等于 2，则打印“x=2”，如果也不等于 2，程序将判断 x 是否等于 3，如果是，则打印“x=3”，如果还不等于，就执行 else 后的语句，也可以不要最后的 else 语句，那就是以上的条件都不满足时，就什么也不做。

第四种的应用格式为：if 语句的嵌套。

对于嵌套使用的情况，在没有{}约束的情况下，if,else 就近配对，如：

```
if(x==1)
    if(y==1)
        System.out.println("x=1,y=1");
    else
        System.out.println("x=1,y!=1");
else
    if (y==1)
        System.out.peintln("x!=1,y=1");
    else
        System.out.println("x!=1,y!=1");
```

在使用 if 嵌套语句时，最好使用{}来确定相互的层次关系，如下面的语句。

```
if (x==1)
    if (y==1)
        System.out.println("x=1,y=1");
    else
        System.out.println("x=1,y!=1");
else if(x!=1)
    if(y==1)
        System.out.println("x!=1,y=1");
    else
        System.out.println("x!=1,y!=1");
```

很难判定最后的 else 语句属于哪一层，编译器是不能根据书写格式来判定的，可以使用{ }来加以明确。

```
if (x==1){
    if(y==1)
    System.out.println("x=1,y=1");
    else
        System.out.println("x=1,y!=1");
}
else if(x!=1){
    if (y==1)
        System.out.println("x!=1,y=1");
```

```
    else
    System.out.println("x!=1,y!=1");
}
```

或者改为下面的格式，来表达另外的一种意思。

```
if (x==1){
    if (y==1)
        System.out.println("x=1,y=1");
    else
        System.out.println("x=1,y!=1");
}
else if(x!=1){
    if (y==1)
        System.out.println("x!=1,y=1");
}
else
        System.out.println("x!=1,y!=1");
```

在 Java 中，if( )和 else if( )括号中的表达式的结果必须是布尔型的(即 ture 或者 false)，这一点和 C、C++不一样。

【例 2-5】 利用 if-else 输出学生成绩的等级。

```
public class Ex1 {
    public static void main(String[] args) {
        int grade=98;
        if(grade>100||grade<0)
            System.out.println("成绩数据错");
        else if(grade>=90)
            System.out.println("优");
        else if(grade>=90)
            System.out.println("良");
        else if(grade>=90)
            System.out.println("中");
        else if(grade>=90)
            System.out.println("及");
        else
            System.out.println("不及");
        }
}
```

2.4.2 switch 语句

switch 语句用于将一个表达式的值同许多其他值比较，并按比较结果选择下面该执行哪些语句，switch 语句的使用格式如下。

```
switch (表达式){
case  取值 1:
语句块 1
break;
    …
    case 取值 n:
```

```
        语句块 n
        break;
    default:
        语句块 n+1
        break;
    }
```

譬如，要 1～3 对应的星期几的英文单词打印出来，程序代码如下。

```
int x=2;
switch(x){
    case 1:
        System.out.println("Monday");
        break;
    case 2:
        System.out.println("Tuesday");
        break;
    case 3
        System.out.println("Wednesday");
        break;
        default:
        System.out.println("Sorry,I don't  Konw");
    }
```

程序打印的结果如下。

```
Tuesday
```

上面代码中，default 语句是可选的，它接受除上面接受值以外的其他值，通俗地讲，就是谁也不要的都归它。特别注意 switch 语句判断条件可以接受 int, byte, char, short 型，不可以接受其他类型。

注意，不要混淆 case 与 else if。else if 是一旦匹配就不再执行后面的 else 语句，而 case 语句只是相当于定义了一个标签位置，switch 一旦碰到第一次 case 匹配，程序就会跳转到这个标签位置，开始顺序执行以后所有的程序代码，直到碰到 break 语句为止。所以如果不写 break 语句，例如删除 Sytem.out.print("Tuesday")后面的 break 语句，程序打印的结果如下。

```
Tuesday
Wednesday
```

如非刻意，一定要记住在每个 case 语句后用 break 退出 switch，最后的匹配条件语句后有没有 break，效果都是一样的，如上面的 default 语句后就省略了 break。case 后面可以跟多个语句，这些语名可以不用大括号括起来，如果你喜欢，非要将多个语句用大括号括起来当然也可以。

接着来思考一个问题：用同一段语句来处理多个 case 条件，程序该如何编写？示例代码如下。

```
case 1:
case 2:
case 3:
System.out.println("You are very bad");
System.out.println("you must make great efforts");
```

```
break;
case 4:
case 5:
System.out.println("You are good");
```

对于上面这种应用，不用死记硬背，要从原理上去思考，还记得前面讲的“case 是一旦碰到第一次匹配，如果没有 break，变会继续执行”这个原理吗？

【例 2-6】 用 switch 实现例 2-5 输出学生成绩的等级。

```
public class Ex1 {
    public static void main(String[] args) {
        int grade=98;
        if(grade>100||grade<0)
            System.out.println("成绩数据错");
        else{
            switch(grade/10){
            case 10:
            case 9:{
                System.out.println("优");
                break;//注意一定要有 break;
            }
            case 8:{
                System.out.println("良");
                break;
            }
            case 7:{
                System.out.println("中");
                break;
            }
            case 6:{
                System.out.println("及");
                break;
            }
            default:{
                System.out.println("不及");
            }
        }
      }
  }
}
```

2.4.3　while 循环语句

while 语句是循环语句，也是条件判断语句，while 语句的语法结构如下所示。

```
while(条件表达式语句)
{
    执行语句
}
```

当条件表达式的返回值为真时，则执行{ }中的执行语句段，当执行完{ }中的语句后，检测到条件表达式的返回值，直到返回值为假时循环终止。请看下面代码。

```
int x=1;
while(x<3){
    System.out.println("x=" +x);
    x++;
}
```

程序打印的结果如下。

```
x=1
x=2
```

上面程序代码的流程如图 2.8 所示。

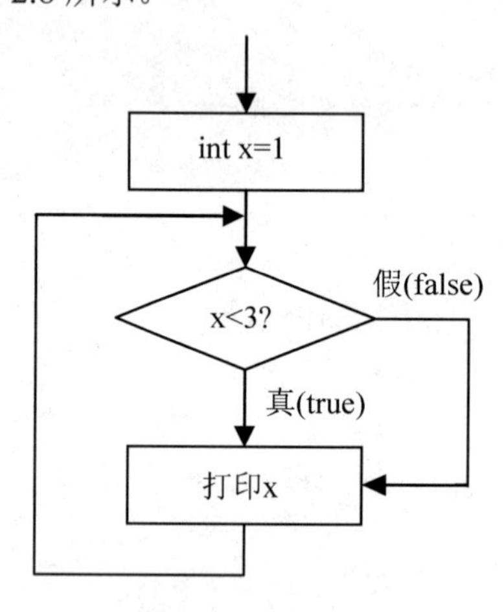

图 2.8　while 流程

2.4.4　do while 语句

do while 语句的功能和 while 语句差不多，只不过它是在执行完第一次循环之后才检测条件表达式的值，这意味着包含在大包含在大括号中的程序段至少要被执行一次。do while 语句的语法结构如下所示。

```
do{
  执行语句
}while(条件表达式语句);
```

将上面的 while 循环代码用 do while 语句改写成如下形式。

```
int x=1;
do{
  System.out.println("x=" +x);
  x++;
}while(x=3);
```

程序打印的结果如下。

```
x=1
```

上面程序代码的流程如图 2.9 所示。

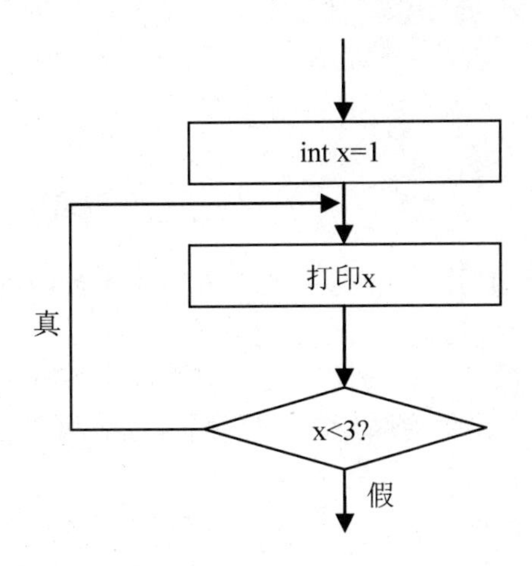

图 2.9　do while 流程

与 while 语句一个明显的区别是，do while 语句的结尾处多了一个分号(；)。下面的程序是 while 语句与 do while 语句在执行流程上的区别，尽管条件不成立，do while 循环中的代码还是执行了一次。

【例 2-7】 while 和 do while 之间的区别。

```
public class TestDo {
    public static void main(String[] args) {
        int x = 3;
        while (x == 0) {//条件不成立，while 循环体不执行
            System.out.println("ok1");
            x++;
        }
        int y = 3;
        do {
            System.out.println("ok2");
            y++;
        } while (y == 0);//条件不成立，循环体至少被执行一次
    }
}
```

程序打印的结果为：

```
ok2
```

2.4.5　for 循环语句

for 循环语句的基本使用格式如下。

```
for(初始化表达式；循环条件表达式；循环后的操作表达式){
执行语句
}
请看下面的代码：for(int x=1;x<10;x++){
    System.out.println("x="+x)
}
```

程序打印的结果为：

```
x=1
x=2
…
x=9
```

在这里，介绍一下 for 语句后面小括号中的部分，这部分内容又被“；”隔离成 3 部分，其中第一部分 x=1 是给 x 赋一个初值，只在刚进入 for 时执行一次，第二部分 x<3 是一个条件语句，满足就进入 for 循环，循环执行一次后又回来执行这条语句，直到条件不成立为止，第三部分 x++是对变量 x 的操作，在每次循环的末尾执行，读者可以把 x++分别换成 x+=2 和 x-=2 来试验每次加 2 和每次减 2 的情景。

如上所述，上面的代码可以改写为：

```
int x=1;
for(;x<10;)
{
    System.out.println("x"=+x);
        x++;
}
```

通过这样改写，读者应该能够更好地理解 for 后面小括号中 3 部分语句的各自作用了。

for 语句还可以用下面的特殊语法格式。

```
for(;;)
{
    ……
}
```

同样意义的还有 while(true),这些都是无限循环，需要用 break 语句跳出循环，读者在以后的编辑中都会遇到。例如上面的代码又可以改写为：

```
for(;;){
    if(x<10)
        break;
x++
}
```

【例 2-8】 用“*”输出菱形。

```
public class Lingxing {
    public static void main(String[] args) {
        int a=11;
        for(int i=-a/2;i<=a/2;i++) {
            for(int x=1;x<=Math.abs(i);x++){
                System.out.print("   ");//3 个空格
            }
            for(int j=1;j<=a-2*Math.abs(i);j++){
                System.out.print(" * ");//前后各一个空格
            }
                System.out.println( );
        }
    }
}
```

2.4.6 break 与 contine 语句

在使用循环语句时，只有循环条件表达式的值为假时才能结束循环。有时候，想提前中断循环，要实现这一点，只需在循环语句块中添加 break 语句，也可以在循环语句块中添加 continue 语句，跳过本次循环要执行的剩余语句，开始执行下一次循环。

1. break 语句

break 语句可以终止循环体中的执行语句和 switch 语句。一个无标号的 break 语句会把控制传给当前(最内)循环(switch,do,for 或 switch)的下一条语句。如果有标号，控制会被传递给当前方法中的带有这一标号的语句。如：

```
st:while(true){
    while(true){
        break st;
    }
}
```

执行完 break st; 语句后，程序会跳出外面的 while 循环，如果不使用 st 标号，程序只会跳出里面的 while 循环。

【例 2-9】 利用 break 求 100 以内的素数。素数是指除了能被 1 和它本身整除外，不能被任何其他数整除的自然数。

```
public class BreakDemo {
    public static void main(String args[]) {
        System.out.println("使用 break 求 100 以内的素数：");
        boolean b; // 定义一个标志变量
        // 外循环用于取数，从 2～100
        for (int i = 2; i <= 100; i++) {
            b = true; // 标志变量初值为 true
        // 内循环用于判断 i 中的数是否为素数
        for (int j = 2; j < i; j++) {
            if (i % j == 0) {
        // 如果 i 中的数能被 2 到小于它本身的数整除，则不为素数
                b = false;
                break;
            }
        }
        if (b)
            System.out.print(i + " ");
        }
    }
}
```

2. continue 语句

continue 语句只能出现在循环语句(while，do,for)的子语句块中，无标号的 continue 语句的作用是跳过当前循环的剩余句块，接着执行下一次循环。

continue 语句可以用于两类语句。

(1) 在循环语句中，continue 可以立即结束当次循环而执行下一次循环，执行前会先判断

循环条件是否满足。

(2) continue 语句可以和标号一起使用。作用是它立即结束标号标记的那重循环的当次执行，开始下一次循环。其语法格式为：

continue 标号;

【例 2-10】 利用 continue 实现，求 100 以内的素数。

```
public class continue {
    public static void main(String[] args) {
        System.out.println("使用 continue 求 100 以内的素数：");
        loop: // 设置一个跳转标号
        for (int i = 2; i <= 100; i++) {
            for (int j = 2; j < i; j++)
                if (i % j == 0)
                    continue loop; // 跳转到外循环取下一个数
            System.out.print(i + " ");
            // 若当内循环结束时还没有跳转到外循环，则为素数
        }
    }
}
```

2.5 工作任务：学生综合素质评定系统

2.5.1 学生综合素质评定系统需求

1. 系统总体需求

为了进一步加强对学生的教育管理，客观、公正、全面地对学生进行考核评价，引导学生全面协调发展，促进学生综合素质的提高，制定本办法。

测评总成绩=德育素质测评成绩*20%+智育素质测评成绩*70%+体育素质测评成绩*10%。德育素质测评成绩，智育素质测评成绩，体育素质测评成绩，每一单项总分不超过 100 分，超过按 100 分计。

1) 德育素质评测

德育素质成绩=思想品德测评成绩+加分-扣分

2) 智育素质测评

智育素质测评成绩=课程成绩+加分

3) 体育素质测评(体育素质测评成绩=体育成绩-身体素质、健康状况扣分)

开发要求：

(1) 基于命令行的应用系统，要求用面向对象方法，有系统登录和主界面，录入每一学生的各项得分。

(2) 学生类属性：姓名、学号、德育成绩、德育加分、德育扣分，智育成绩、智育加分、体育成绩、体育扣分。

(3) 成绩通过 ArrayList 保存，在显示所有学生成绩时要求按照综合成绩从高到低排序，主要运用 Java 基本语法和面向对象的知识开发。

2. 界面设计

运行系统出现系统登录界面如图 2.10 所示。

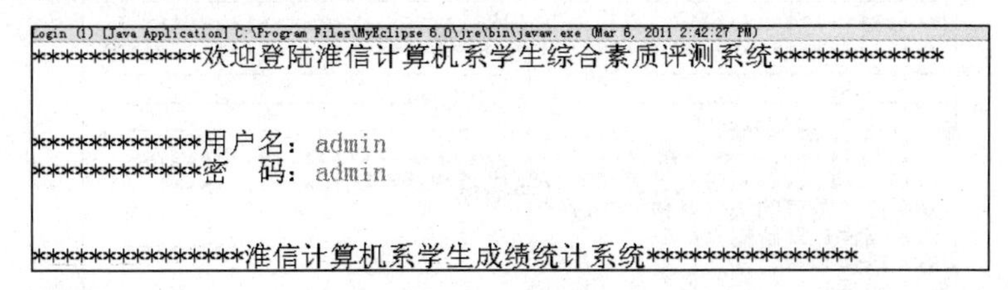

图 2.10　登录界面

当读者输入读者名和密码并验证成功后将进入主界面，当进入主界面将显示 3 个选项：成绩录入、学生信息统计、退出系统。当输入 1 并按回车键将进入成绩录入界面，输入 2 并按回车 Enter 键进入学生信息统计界面，输入 3 并按回车键将退出系统(调用 System.exit(0))。

当选择 1 时显示成绩录入界面，效果如图 2.11 所示。

```
***************淮信计算机系学生成绩统计系统***************
**********************************************************
----------------------1.成绩录入-------------------------
----------------------2.学生信息统计---------------------
----------------------3.退出系统-------------------------
**********************************************************
***************淮信计算机系学生成绩统计系统***************
请选择您需要的操作并按回车键：1
*********学生信息录入*********


请输入学生姓名：
```

图 2.11　录入界面

当选择 2 时进入学生信息统计界面，效果如图 2.12 所示。

```
***************淮信计算机系学生成绩统计系统***************
**********************************************************
----------------------1.成绩录入-------------------------
----------------------2.学生信息统计---------------------
----------------------3.退出系统-------------------------
**********************************************************
***************淮信计算机系学生成绩统计系统***************
请选择您需要的操作并按回车键：2
*********学生信息子系统*********
1.显示所有学生详细信息
2.查询单个学生详细信息
3.返回主界面
4.退出系统
请选择操作编号并按回车键：
```

图 2.12　学生信息统计界面

当选择 3 时退出系统，效果如图 2.13 所示。

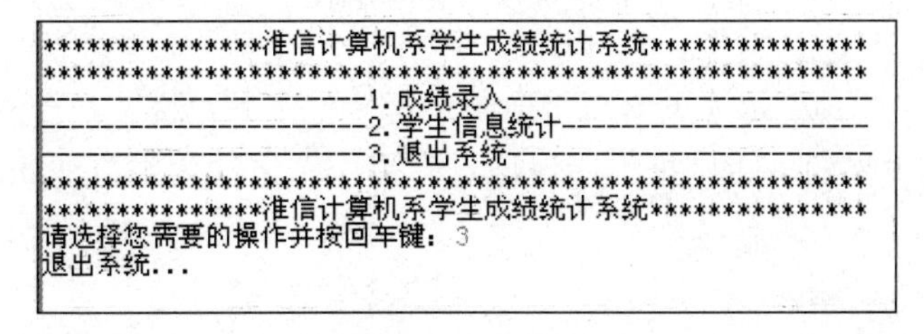

图 2.13　退出系统

在这里要注意的是如果输入的不是 1、2 或 3 将提示输入错误并要求读者继续输入直到输入正确的选项，效果如图 2.14 所示。

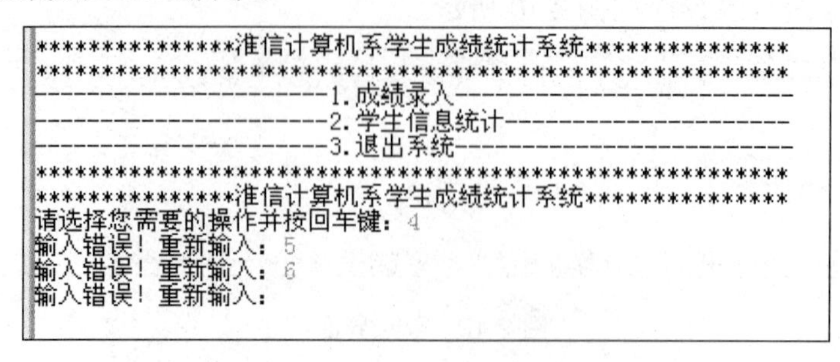

图 2.14　输入错误码验证

3. 学生信息录入界面和学生信息统计界面

进入学生信息录入子系统时，将要求从姓名开始输入学生各项信息，包括姓名、学号、德育成绩、德育加分、德育减分、智育成绩、智育加分、体育成绩和体育减分等。

进入学生信息统计界面时提供 4 个选项包括：显示所有学生详细信息、查询单个学生详细信息、返回主界面、退出系统。效果如图 2.15 所示。

```
*********学生信息统计子系统*********
1.显示所有学生详细信息
2.查询单个学生详细信息
3.返回主界面
4.退出系统
请选择操作编号并按回车键：
```

图 2.15　信息统计子系统

4. 学生信息统计查询

该功能是整个系统的关键部分，主要由类 StuInfoShow 实现。当进入查询子系统时将显示 4 个选项：显示所有学生详细信息、查询单个学生详细信息、返回主界面和退出系统。

2.5.2　系统登录及主界面实现

【任 务 2.3】 学生综合素质评定系统登录及系统主界面实现

【任务描述】 这是一个基于命令行的应用系统，设计系统登录界面和主界面的构成元素并实现。

【任务分析】 ①由于不采用数据库，读者名和密码可以事先预设，保存在 String 类型的变量里。②需要实现人机交互功能，这里采用扫描仪类 Scanner，这部分的内容，将在知识拓展里给读者讲解。③基本运行过程为运行系统-读者输入正确的读者名和密码-进行主界面，否则提示错误。④设计并实现两个类，一个类实现登录功能，一个类实现主界面。

【任务实现】

第一步：系统登录实现。实现思路为实现两个方法，一个方法显示登录界面并接受读者的输入，输入正确进入主界面，否则报出错误信息。另一个方法为主方法 main( )，作为系统的入口。

```
import java.util.Scanner;
public class Login{
    private static String name = null;
```

```
    private static String pass = null;
    //预设读者名和密码均为 admin
    private static String USERNAME = "admin";
    private static String USERPASS = "admin";
    private void showLogin()    {
        Scanner scan = new Scanner(System.in);
        System.out.print("************读者名: ");
        name = scan.next();
        System.out.print("************密  码: ");
        pass = scan.next();
        if(name.equals(USERNAME)&&pass.equals(USERPASS)) {
            System.out.println ("\n");
            new MainFrame().showMain();
        }
        else{
            System.out. println ("读者名或密码错误！请重新输入！");
            showLogin();
        }
    }
    public static void main(String[] args) {
        //登录界面
        System.out.println ("********欢迎登陆淮信计算机系学生综合素质评测系统********");
        System.out.println ("\n");
        new Login().showLogin();
    }
}
```

第二步：主界面实现，实现思路为实现两个方法，一个方法用来显示主界面的元素，并调用选择操作方法。另一个方法实现读者的选择操作，根据读者的不同操作进入不同的子系统。

```
import java.util.*;
public class MainFrame{
    //主界面方法
    public void showMain(){
        System.out.println("***********淮信计算机系学生成绩统计系统***********");

    System.out.println("****************************************************");
        System.out.println("------------------1.成绩录入---------------------");
        System.out.println("------------------2.学生信息统计-----------------");
        System.out.println("------------------3.退出系统---------------------");

    System.out.println("****************************************************");
        System.out.println("************淮信计算机系学生成绩统计系统************");
        System.out.print("请选择您需要的操作并按回车键: ");
        selectOption();
    }
    //功能选项选择响应方法，具体的功能在后面的章节一一实现
    public void selectOption()  {
        Scanner scan = new Scanner(System.in);
        int op = scan.nextInt();
        switch(op){
            case 1:
```

```
                System.out.println("进入学生信息录入子系统...");break;
            case 2:
                System.out.println("进入学生信息统计子系统...");break;
            case 3:
                System.out.println("退出系统...");System.exit(0);break;
            default:
                //当输入的不为 1 或 2 时重新调用本方法
                System.out.print("输入错误！重新输入：");selectOption();break;
        }
    }
}
```

运行结果如图 2.16 所示。

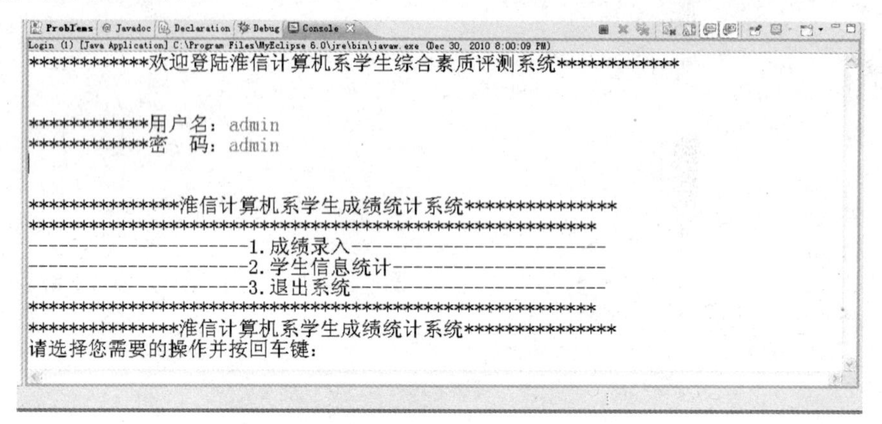

图 2.16　系统登录及主界面运行结果

【知识拓展】

1. String 类

给字符串赋值，private static String *name* = null; //给一个私有的静态的字符串赋值 null，即不指向任何字符串。

private static String *USERNAME*= "admin"; //给一个私有的静态的字符串赋值“admin”。

判断两字符串的值是否相等用字符串中 equals 方法。name.equals(USERNAME)用来判断字符串 name 和字符串 USERNAME 的值是否相等。

2. 类和对象的概念

对象是指具体的事物，具有静态的特征和动态的行为或用途。类是对具体事物的一般特征进行的抽象描述。换句话说,类是具有相同属性和行为的一组对象的集合，类也有属性和行为。

Java 中是如何来表述现实世界中具体的事物(对象)以及这些事物的一般特性(类)的呢？在 Java 中，类是面向对象程序设计的基本单位。类定义了某类对象的共有的变量和方法(即一般特性)，类的属性是现实对象的特征或状态的数字表示，类的方法是对现实对象进行的某种操作的或其对外表现的某种行为。通过类可以创建一个个具体的对象，对象是由一组相关的属性和方法共同组成的一个具体软件体。

在调用一个类中的方法和变量时，首先需要创建这个类的对象，如任务 2.2 中的“new Login( ).showLogin( );”语句，创健类 Login 的对象并调用其中的方法 showLogin( )。

3. 利用扫描仪类 Scanner 实现人机交互

Scanner 是 SDK1.5 新增的一个类，这是一个用于扫描输入文本的新的实用程序，可以使用该类创建一个对象。Scanner reader=new Scanner(System.in);然后 reader 对象调用下列方法(函数),读取读者在命令行输入的各种数据类型：next.Byte( ), nextDouble( ), nextFloat, nextInt( ), nextLine( ), nextLong( ),nextShot( )。上述方法执行时都会造成堵塞，等待读者在命令行输入数据按回车键确认。例如，读者在键盘输入 12.34，hasNextFloat( )的值是 true，而 hasNextInt( )的值是 false。

请看下面实例。

```
import java.util.Scanner;
public class ScannerExample {
    public static void main(String args[]){
        System.out.println("请输入若干个数,每输入一个数用回车确认");
        System.out.println("最后输入一个非数字结束输入操作");
        Scanner reader=new Scanner(System.in);
        double sum=0;
        int m=0;
        while(reader.hasNextDouble()){
            double x=reader.nextDouble();
            m=m+1;
            sum=sum+x;
        }
        System.out.printf("%d 个数的和为%f\n",m,sum);
        System.out.printf("%d 个数的平均值是%f\n",m,sum/m);
        }
    }
```

课 后 作 业

1. 有哪些三目运算符？可以实现哪些功能？
2. 编写一个程序，实现从高精度到低精度的转换，例如，将 float 类型输出为 int 类型。
3. 编写一个程序，将 3 个整数进行比较，并按从大到小的顺序输出。
4. 简述 do while 和 while 有什么异同。
5. 简述 if else 和 switch 的区别与联系。
6. 简述 break 和 continue 的区别。
7. 打印九九乘法表。
8. 打印 100～1000 中的“水仙花”数。“水仙花”数是指一个三位数，其各位的数字的立方和等该数本身。如 153 是一个水仙花数，因为：153=1*1*1+5*5*5+3*3*3。

第 3 章 面向对象程序设计

本章要点

- 对象和类的概念
- 定义类和创建对象
- 方法、数组
- 封装、继承、多态
- 抽象类和接口
- 内部类、内部匿名类
- 综合案例

任务描述

任务编号	任务名称	任务描述
任务 3.1	学生综合素质评定系框架的设计与实现	这是一个基于命令行的应用系统，在前面章节设计系统登录界面和主界面的构成元素的基础上，设计出一个完整的系统框架，实现没有数据传递可以运行的系统模型
任务 3.2	用数组实现学生信息数据的存取	在学校教务管理系统中，有三种读者，一种是系统管理员，一种是学生，一种是教师，编写 Java 类实现该继承关系
任务 3.3	教学管理系统登录功能	在 MyEclipse 中创建一个项目，输入一段程序，编译运行，并了解简单的调试技巧
任务 3.4	俄罗斯方块图形生成功能	在俄罗斯方块程序中，有 L 形、T 形、田形等多种形状，它们是图形的多种形态，可以创建一个名为 Shape 的基类，而后派生 L 形、T 形等，之后可以在运行时动态绘制各种形状

在第 2 章学习了 Java 的基本语法，与以前所学习的结构化语言(如 C 语言)没有什么差别。从本章开始学习面向对象的有关知识，面向对象是 Java 语言的核心，对面向对象的概念的深刻理解是决定读者是否掌握 Java 语言的基础。

3.1　对象和类的概念

3.1.1　对象

看图 3.1，读者都知道它代表的是一本书叫《水浒传》。来思考一下，如果不用图片，那如何来表述这样一本书呢？

首先来分析它的特征。

(1) 书名。书的名字叫《水浒传》。

(2) 内容：该书成功地塑造了宋江、武松、林冲、鲁智深、李逵等人物形象，记述了以宋江为首的一百零八好汉从聚义梁山泊，到受朝廷招安，再到大破辽兵，最后剿灭叛党，最终却遭奸人谋害的英雄故事。

(3) 作者：施耐庵

……等等

读者还会去想，这本书有什么作用？可以说《水浒传》是我国历史上四大名著之一，通过该阅读可以丰富视野、陶冶情操。

因此，可以对该书总结如下。

特征：内容，书名，作者，页数，是否能借到……

用途：陶冶情操，丰富视野……

图 3.1　水浒传

以上是对一本书的分析，人们对不同的事物有不同的分析角度。下面来看另一个例子。请看图 3.2，它代表的是一个人，对于人可以从他所具有的特征和所具有的行为来进行分析。

图 3.2　人

特征：体重，身高，性别，年龄，职业，是否已婚……

行为：吃饭，睡觉，走路，说话……

上两个例子都是对现实世界中的具体的事物进行描述，这些具体的事物就是对象。从以上的分析中还可以看到，人类在对事物进行描述的时候大多是从两个方面，即从静(特性、特征)和动(用途、行为)来展开。因此可以总结来，对象是指具体的事物，具有静态的特征和动态的行为或用途。

在 Java 语言中，在对对象进行描述时，其静态的特征称为属性，动态的行为或用途称为方法。

3.1.2　类的概念

为了让读者弄清楚类的概念，来看如下几个问题。

比如，我们在饭店我们会对服务员说："请给我拿瓶啤酒！"实际上服务员给我拿的啤酒是一个实实在在的具体的某瓶啤酒。那我们为什么不去指明，而只是一个模糊的表述。

你参加约会，对方问你怎么来的，你会回答：我骑自行车来的或我开车来的或我乘公交车来的。

我们实际乘的是很具体的某辆自行车，某辆汽车或是某辆公交车。那为什么我们需要描述的很具体呢？

从这几个例子中可以看到，用具体事物的一般特征来代替具体事物是人们经常的表达方式。这个具体事物的一般特征就是类的概念。比如"书"这个东西在人们脑海中它是一个概念上的东西，它是可以从中获取知识的、印刷出版的一个东西，这就是"书"这个类，具体到某一本书如某一本《红楼梦》那就是一个"对象"。所以对象指的是一个具体的事物，而类是该类型对象一般性描述，是一个概念上的东西。

可以总结如下：类是对具体事物的一般特征进行的抽象描述。换句话说，类是具有相同属性和行为的一组对象的集合，类也有属性和行为。

类和对象的关系可以用如图 3.3 来解释。

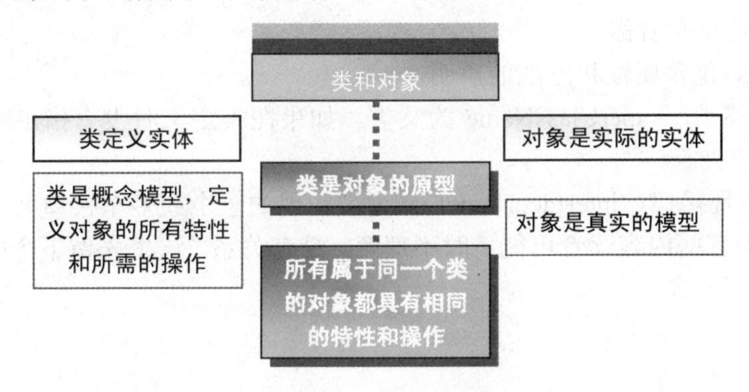

图 3.3　类和对象关系

对象是具体的一个实实在在的事物，类是这些具体事物(对象)的原型，是这些事物一般特征性的描述。

请区别以下是类的概念还是对象的概念。

- 人
- 学号为 31074001 的学生
- 啤酒
- 小李的电瓶车

3.2　定义类和创建对象

Java 中是如何来表述现实世界中具体的事物(对象)以及这些事物的一般特性(类)的呢？在 Java 中，类是面向对象程序设计的基本单位。类定义了某类对象的共有的变量和方法(即一般特性)，类的属性是现实对象的特征或状态的数字表示，类的方法是对现实对象进行的某种操作的或其对外表现的某种行为。通过类可以创建一个个具体的对象，对象是由一组相关的属性和方法共同组成的一个具体软件体。

3.2.1　类的声明

在 Java 中类声明的格式如下。

```
[类的修饰字] class 类名称 [extends 父类名称][implements 接口名称列表]
{
    变量定义及初始化;
    方法定义及方法体;
}
```

类的修饰字：　[public] [abstract | final]　缺省方式为 friendly

public：为类的访问控制符。Java 类具有两种访问控制符：public 和 default。public 允许类具有完全开放的可见性，所有其他类都可以访问它，省略 public，则为 default 可见性，即只有位于同一个包中的类可以访问该类。

abstract 指明该类为一个抽象类，指该类是一个定义不完全的类，需要被继承，才能实例化创建对象。final 表明该类为最终类，不能被继承。

class 是创建类所使用的关键字。

<classname>是类的名称。

<body of class>包含属性和方法的声明。

extends 为类继承，superClassName 为父类。如果在类定义时没有指定继承关系，则自己从 Object 类派生该类。

implements 实现接口，interfaceNameList 为被实现的一个或多个接口名。

以上的说明中有些内容读者可能一时不理解，没有关系，这里先留下个印象，在后续章节中会继续学到。

3.2.2 类的成员

类的成员包括属性(变量)和方法两个部分，定义格式如下。

1. 成员变量定义格式

[变量修饰字] 变量数据类型 变量名 1，变量名 2[=变量初值]…;

变量修饰符可以为 [public | protected | private] [static] [final] [transient][volatile]。

成员变量的类型可以是 Java 中任意的数据类型，包括简单类型，类，接口，数组。在一个类中的成员变量应该是唯一的。

2. 成员方法定义格式

```
[方法修饰字] 返回类型  方法名称(参数 1,参数 2,…) [throws exceptionList]
{
    …(statements;) //方法体：方法的内容
}
```

方法修饰字可以为[public | protected | private] [static] [final | abstract] [native] [synchronized]

返回类型可以是任意的 Java 数据类型，当一个方法不需要返回值时，返回类型为 void。

参数的类型可以是简单数据类型，也可以是引用数据类型(数组、类或接口)，参数传递方式是值传递。

方法体是对方法的实现。它包括局部变量的声明以及所有合法的 Java 指令。局部变量的作用域只在该方法内部。

Java 是定义了四种访问级别：public、protected、default 和 private。访问级别用来控制其他类对当前类的成员的访问。

具有 static 声明的成员属于静态成员，该成员属于类本身，不需要实例化就可以访问。

final 声明的变量为常量，final 声明的方法在类继承时不许子类覆盖。

transient 表明类成员变量不应该被序列化，序列化是指把对象按字节流的形式进行存储。

volatile 告诉编译器被 volatile 修饰的变量可以被程序的其他部分改变。

native 方法就是一个 Java 调用非 Java 代码的接口，该方法的实现由非 Java 语言实现，比如 C。

synchronized 代表这个方法加锁，保证线程安全。

【例 3-1】 编程创建一个 Box 类，在其中定义 3 个变量表示一个立方体的长、宽和高；定义一个方法求立方体的体积；定义一个方法求立方体的表面积。

```
public class Box {
    double length;
```

```
    double width;
    double height;
    public double getV(){
        return length*width*height;
    }
    public double getArea(){
        return 2*(length*width+length*height+width*height);
    }
}
```

3.2.3 创建对象

以上的程序中定义了一个 Box 类，它只是对 Box 这一类东西的一个抽象的描述，需要通过它来产生一个有具体的长、宽、高大小的 BOX。

要创建新的对象，需要使用 new 关键字和想要它创建对象的类名，如：

Box box1=new Box( ); 等号左边以类名 Box 作为变量类型定义了一个变量 box1，来指向等号右边通过 new 关键字创建的一个 Box 类的实例对象，变量 box1 就是对象的引用。注意，在 new 语句的类名后一定要跟这一对括号( )，Box( )被称为构造方法，在稍后将重点讲解。

对象中的属性和方法可使用圆点符号来访问，对象在圆点左边，而属性或方法在圆点右边，例如：box1. length = 100.6; box1. getV ( );

通过修改上面的例子来利用 Box 类创建对象 box1、box2，同时为了能运行测试结果，在 main( )方法中创建对象。

```
public class Box {
    double length;
    double width;
    double height;
    public double getV(){
        return length*width*height;
    }
    public double getArea(){
        return 2*(length*width+length*height+width*height);
    }
    public static void main(String args[]){
        Box box1=new Box();
        box1.length=200;
        box1.width=200;
        box1.height=200;
        System.out.println("第 1 个箱子的体积为:"+box1.getV()+",
            表面积为:"+box1.getArea());
        Box box2=new Box();
        box2.length=100;
        box2.width=100;
        box2.height=100;
        System.out.println("第 2 个箱子的体积为:"+box1.getV()+",
            表面积为:"+box1.getArea());
    }
}
```

运行结果如图 3.4 所示。

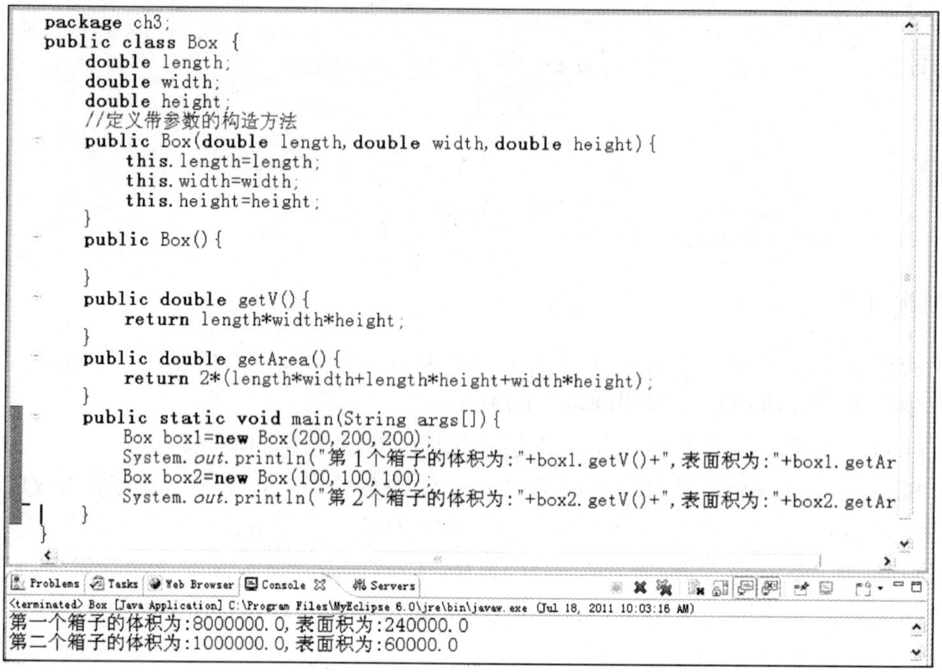

```
package ch3;
public class Box {
    double length;
    double width;
    double height;
    //定义带参数的构造方法
    public Box(double length, double width, double height) {
        this.length=length;
        this.width=width;
        this.height=height;
    }
    public Box() {

    }
    public double getV() {
        return length*width*height;
    }
    public double getArea() {
        return 2*(length*width+length*height+width*height);
    }
    public static void main(String args[]) {
        Box box1=new Box(200, 200, 200);
        System.out.println("第 1个箱子的体积为:"+box1.getV()+",表面积为:"+box1.getAr
        Box box2=new Box(100, 100, 100);
        System.out.println("第 2个箱子的体积为:"+box2.getV()+",表面积为:"+box2.getAr
    }
}
```

Problems | Tasks | Web Browser | Console | Servers

<terminated> Box [Java Application] C:\Program Files\MyEclipse 6.0\jre\bin\javaw.exe (Jul 18, 2011 10:03:16 AM)

```
第一个箱子的体积为:8000000.0,表面积为:240000.0
第二个箱子的体积为:1000000.0,表面积为:60000.0
```

图 3.4　运行结果

3.2.4　构造方法

在上面的例子中用到 Box box1 = new Box( );语句来创建一个对象，new 可以理解为创建一个对象的关键字，通过使用 new 关键字为对象分配内存，初始化实例变量，并调用构造方法。那么 Box( )是什么意思呢？它在形式上和调用方法的形式相同。这个 Box( )就是一个特殊的方法叫构造方法。那为什么在程序中没有看到这个方法的定义呢，那是因为在没有定义构造方法的时候，系统会自己创建一个默认的构造方法。

为了让读者加深对构造方法的理解，来看下面的例子，在上面 Box 中添加一个方法。

```
public Box(){
    System.out.println("来到构造方法");
}
```

运行结果为：

来到构造方法

第一个箱子的体积为:8000000.0，表面积为:240000.0

来到构造方法

第二个箱子的体积为:8000000.0，表面积为:240000.0

通过运行的结果读者会发现，在 main( ) 方法中并没有调用 Box( )方法，但它却被自动调用了，而且每创建一个 Box 对象，这个方法都会被自动调用一次，这就是“构造方法”。关于这个 Box( )方法，有几点不同于一般方法的特征。

它具有与类相同的名称。

它不含返回值。

它不能在方法中用 return 语句返回一个值。

在一个类中，具有上述特征的方法就是“构造方法”。构造方法在程序设计中非常有用，它可以为类的成员变量进行初始化工作，当一个类的实例对象刚产生时，这个类的构造方法就会被自动调用，可以在这个方法中加入要完成初始化工作的代码，比如为其中的变量赋初始值。

在构造方法里不含返回值的概念是不同于“void”的，对于“public void Person( )”这样的写法就不再是构造方法，而变成了普通方法，很多人都会犯这样的错误，在定义构造方法时加了“void”，结果这个方法就不再被自动调用了。

构造方法可以分为两类，一类是当程序没有定义构造方法时，系统自己生成的默认的构造方法，这个默认构造方法没有参数，在其方法体中也没有任何代码，即什么也不做,但是会对类成员变量进行默认的初始化。

类成员变量默认的初始化的值见表 3-1。

表 3-1　成员变量默认初始化

成员变量类型	初始值
byte, short, int, long	0
float	0．0F
double	0．0D
char	‘\u0000’(表示为空)
boolean	false
all reference type	null

对于上例如果在 main( )方法中不对 box1,box2 中的变量赋值，则自己被构造方法赋为 0.0。

```
public class Box1 {
    double length;
    double width;
    double height;
    public double getV(){
        return length*width*height;
    }
    public double getArea(){
        return 2*(length*width+length*height+width*height);
    }
    public static void main(String args[]){
        Box1 box1=new Box1();
        System.out.println("长:"+box1.length+",宽:"+box1.width+"高: "+box1.height);
    }
}
```

输出结果为：长：0.0，宽：0.0　高：0.0

另一类是程序自己定义的构造方法，可以根据自己的要求对类成员变量进行初始化，也叫做参数化构造方法。注意一旦程序自己定义了一个构造方法，系统就不会再自己产生默认构造方法了。

读者来看关于 Box 完整的例子。编程创建一个 Box 类，在其中定义 3 个变量表示一个立方体的长、宽和高；定义一个构造方法对这 3 个变量进行初始化，定义一个方法求立方体的体积；定义一个方法求立方体的表面积。在主程序中创建一个立方体的对象，输出给定尺寸的立方体的体积和表面积。

```
public class Box {
    double length;
    double width;
    double height;
    //定义带参数的构造方法
    public Box(double length,double width,double height){
        this.length=length;
        this.width=width;
        this.height=height;
    }
    public double getV(){
        return length*width*height;
    }
    public double getArea(){
        return 2*(length*width+length*height+width*height);
    }
    public static void main(String args[]){
        Box box1 = new Box(200,200,200);
        System.out.println("第 1 个箱子的体积为:"+box1.getV()+",
            表面积为:"+box1.getArea());
        Box box2 = new Box(100,100,100);
        System.out.println("第 2 个箱子的体积为:"+box1.getV()+",
            表面积为:"+box1.getArea());
    }
}
```

3.2.5 this 关键字

this，表示当前类的对象。如果说一个类中的成员方法可以直接调用同类中的其他成员，这时可以采用 this 关键字来特指当前类。如果可以在上例 Box 中添加一个输出打印的方法，在其中就可以直接调用当前类的方法和属性。

```
public void output(){
System.out.println("面积为"+this.getArea()+"体积为"+this.getV());
//System.out.println("面积为"+getArea()+"体积为"+getV());效果一样。
}
```

说明：在成员方法中，对访问的同类中成员前加不加 this 引用，效果都是一样的，这就好像同一个公司的职员彼此在提及和自己公司有关的事时，不必说出公司名一样，当然为了强调，可以加上“咱们公司……”这样的前缀，在程序里同样可以如此，而 this 就相当于“我所属于的那个对象”，每个成员方法内部，都有一个 this 引用变量，指向调用这个方法的对象。

但是在有些时候不加 this 关键字，容易引起混淆。如下例。

```
public class A{
    String name;
    public void setName(String name){
        this.name=name;//也可以直接用 name=name;效果一样。
    }
}
```

在上例中如果直接写成name=name读者肯定会对 name =name;这样的赋值语句莫名其妙，分不出哪个是成员变量，哪个是方法的变量,有了这个 this 就不会混淆两个“name”各代表的意义。this 关键字的用法总结如下。

(1) 访问当前对象的数据成员，其使用形式如下。

this.数据成员

(2) 访问当前对象的成员方法，其使用形式如下。

this.成员方法

(3) 当有方法重载的构造方法时，用来引用同一个类的其他构造方法，使用形式如下。

this([参数])

注意：this([参数])必须写在方法体的第一行，否则会出现编译错误。

3.2.6　对象的生命周期

类定义之后，只是产生了对事物的描述，并没有生成事物的实例。因此，必须对一个类进行实例化，来生成客观事物的内存映像，这就是对象的创建。对象被创建之后必定要显示它的一些特性和表现一些行为，这就是对象的使用。任何事情都有它的生存周期，因此当对象不再被使用的时候(即没有任何的引用变量指向它时)，对象就变成了垃圾，这就是对象的消亡。

1. 垃圾回收的概念

当程序的某个部件(如对象)完成使命后，程序员往往都弃置不顾，这是很危险的，这些垃圾会占据系统资源，一直到系统资源(尤其是内存)被耗尽，所以清理内存是一项非常重要的工作。Java 提供了一种叫做垃圾回收的机制来避免程序员忽略垃圾的处理，Java 自动帮我们完成垃圾回收的工作，而不需程序员再考虑。在 Java 程序运行过程中，一个垃圾回收器会不定时地被唤起检查是否有不再被使用的对象，并释放它们占用的内存空间。但是，垃圾回收器的启用不由程序员控制，也无规律可循，并不会一产生了垃圾，它就被唤起，甚至有可能到程序终止，它都没有启动的机会。

当垃圾回收唤起释放无用对象的内存时，先调用该对象的 finalize( )方法。Finalize( )方法是在对象被当成垃圾从内存中释放前被调用，而不是在对象变成路垃圾前调用，垃圾回收器的启用不由程序员控制，也无规律可循，无法保证每个对象的 finalize( )方法最终都会被调用，为此只要了解一下 finalize( )方法的作用就行了。

finalize( )方法的通用格式如下。

```
protected void finalize() throws Throwable{
    //方法体
    ……
    }
```

finalize( )方法是在 java.lang.Object 中实现的，在读者自定义的类中，它可以被覆盖，但一般在最后要调用父类的 finalize( )方法来清除对象所使用的所有资源。

```
protected void finalize() throws Throwable{
    ……  //释放本类中使用的资源
    super.finalize();
}
```

2. System.gc 的作用

Java 的垃圾回收器的执行的偶然性有时候也会给程序带来麻烦，如果在一个对象成为垃圾时需要马上释放，或者程序在某个时间内产生大量的垃圾时，希望能有一个人工干预的方法。Java 里提供了一个 System.gc 方法，使用这个方法可以强制启动垃圾回收器回收垃圾。

【例 3-2】 我们定义一个 Student 类，在该类中重写了 finalize( )方法。在测试类中通过循环不停的创建 Student 类的匿名对象，由于没有变量的引用，因此对象一创建就变成了垃圾。通过改变循环变量 i 的参数会发现当 i=100 时，在程序的运行过程中并没有启动垃圾回收器，当 i=10000 时，垃圾回收器被启动。

```
public class Back {
    public static void main(String args[]){
        for(int i=0;i<10000;i++){
            new Student();
        }
    }
}

class Student{
    String name;
    int age;
    String address;
    protected void finalize() throws Throwable{
        System.out.print("调用 finalize()方法");
        super.finalize();
    }
}
```

如果需要强制启动垃圾回收器，则可以在 main( )方法中做如下改动。

```
public static void main(String args[]){
        for(int i=0; i<10000; i++){
            if(i==50) {
            System.gc(); //强制启动垃圾回收器
            break;
            }
            new Student();
        }
    }
```

3.3 方　　法

前面学习了方法的功能和定义方法，接下来深入学习 Java 方法的一些特性。

3.3.1 方法的重载

Java 语言允许在一个类中定义几个同名的方法，只要这些方法具有不同的参数列表，即方法的参数类型不同，或方法参数的个数不同，或方法参数的次序不同。这种做法称为方法的重载。

当调用类中重载的方法时，Java 能够根据方法参数的不同选择正确的方法来调用。方法的重载包括以下几种。

1. 成员方法的重载

调用语句的自变量列表必须足够判明要调用的是哪个方法。重载方法的参数表必须不同。参数不同主要是参数类型、顺序和个数不同。

【例 3-3】 成员方法的重载。设计一个类，在其中定义多个同名但参数不同的方法，分别用来计算不同参数的和并输出。在 main( )方法中，创建对象调用不同参数的求和方法。

```
public class Overload {
    public void sum(int a, int b) {
        System.out.println("两个 int 型数相加和=" + (a + b));
    }
    public void sum(int a, int b, int c) {
        System.out.println("三个 int 型数相加和=" + (a + b + c));
    }
    public void sum(double a, double b) {
        System.out.println("两个 double 型数相加和=" + (a + b));
    }
    public void sum(String s1, String s2) {
        System.out.println("两个 String 型数相连接=" + (s1 + s2));
    }
    public static void main(String args[]) {
        Overload c = new Overload();
        c.sum(3, 5);
        c.sum(10, 20, 30);
        c.sum(14.5, 34.4);
        c.sum("我是中国人,", "我爱中国!");
    }
}
```

在类 Overload 中，分别定义了 4 个同名的方法 sum( )，但是它们要么参数类型不同，要么参数个数不同。调用这些方法的时候，虽然方法名相同，系统仍然会根据调用的参数类型不同而自动调用相应的方法。

2. 构造方法的重载

当一个类因构造函数的重载而存在多个构造函数时，创建该类对象的语句会根据给出的实际参数的个数，参数的类型，参数的顺序自动调用相应的构造函数来完成新对象的初始化工作。

当一个类有多个重载的构造函数时，它们之间可以相互调用，这种调用通过关键字 this 实现，同时 this 调用语句必须是构造函数中的第一个可执行语句。

【例 3-4】 上例中的 Box 类，分别写带 1 个参数、两个参数、3 个参数的构造方法并调用来看效果。

```
public class Box2 {
    double length;
    double width;
    double height;
    //1 个参数的构造方法,仅对 length 进行初始化;
    public Box2(double length) {
```

```
        this.length = length;
        System.out.println("调用了一个参数的构造方法");
    }
    //1 个参数的构造方法,仅对 length,witdth 进行初始化;
    public Box2(double length,double width) {
        this(length);//调用 1 个参数的构造方法
        this.width=width;
        System.out.println("调用了两个参数的构造方法");
    }
    // 定义带 3 个参数的构造方法
    public Box2(double length,double width,double height) {
        this(length,width);//调用两个参数的构造方法
        this.height=height;
        System.out.println("调用了 3 个参数的构造方法");
    }
    public double getV() {
        return length * width * height;
    }
    public double getArea() {
        return 2 * (length * width + length * height + width * height);
    }
    public static void main(String args[]) {
        Box2 box1=new Box2(100);//仅对 length 赋了初值,另两个值要手动赋值.
        box1.width=100;
        box1.height=100;
        System.out.println("面积为"+box1.getArea()+",体积为"+box1.getV());
        //直接调用 3 个参数的构造方法,构造方法之间的调用直接用 this 关键字
        Box2 box2 = new Box2(200, 200, 200);
        System.out.println("面积为"+box1.getArea()+",体积为"+box1.getV());
    }
}
```

语句 Box2 box1=new Box2(100);在创建对象时会自动调用仅有一个参数的构造方法并给 length 赋值。另两个值可以通过手动的赋值。

语句 Box2 box2 = new Box2(200, 200, 200);在创建对象时，首先会调用 3 个参数的构造方法(Box2(double length,double width,double height))，在其中又通过 this 关键字(this(length,width);)调用两个参数的构造方法(Box2(double length,double width))

程序执行结果为：

```
调用了 1 个参数的构造方法
面积为 60000.0，体积为 1000000.0
调用了 1 个参数的构造方法
调用了 2 个参数的构造方法
调用了 3 个参数的构造方法
面积为 60000.0，体积为 1000000.0
```

3. 注意事项

1) 关于参数顺序

因参数的顺序不同而构建的重载的方法，一定要建立在类型不同的基础上，如果本身类型和个数相同，则不存在顺序问题。

如 int sum(int x,int y)和 int sum(int y,int x)就不能成为重载的方法。而 double sum(int x,double y)和 double sum(double x,int y)就可以成为重载的方法。

2) 关于返回值

重载方法的返回类型可以相同，也可以不同。但如果仅仅是返回类型不同，而方法名和形参表都相同，则是非法的。如下程序中的两个方法就不是重载的方法。

```
class A{
        static int f(int a){
            return 1;
        }
        static double f(int a){
            return 1.0;
        }
        public static void main(String[] args) {
            f(1);    //无法判断调用哪个方法
        }
    }
```

3.3.2　方法间的参数传递

方法声明时的参数，称为形式参数。直到方法被调用时，才被变量或其他数据所取代，而这些具体的变量或数据被称为实际参数。要调用一个方法，必须提供实际参数，并且这些实际参数的类型与顺序必须要与形式参数相对应。

Java 语言在给被调用方法的参数赋值时，只采用传值的方式。当参数为基本数据类型时传递的是数据的值本身，当参数为复合数据型(如某一个类的对象)时传递的也是这个变量的值本身，即对象的引用，而非对象本身，此时通过方法调用，可以改变对象的内容，但是对象的引用是不能改变的。

1. 基本数据类型的参数传递

【例 3-5】

```
public class PassValue {
    public static void main(String[] args) {
        PassValue p=new PassValue();
        int x = 8;
        p.change(x);
        System.out.println(x);
    }

    public  void change(int x) {
        x = 10;
    }
}
```

输出结果为：8

方法的形式参数就相当于方法中定义的局部变量，方法调用结束时也就被释放了，不会影响到主程序中同名的局部变量。在本例中方法 int x 为局部变量，作用域为方法 change(int x)以内，调用结束时变量“x”消失，其结果不会影响到 main( )方法中的变量 int x。

2. 引用数据类型的参数传递

对象的引用变量并不是对象本身，它们只是对象的引用(名称)。就好像一个人有多个名称一样(中文名，英文名)，一个对象可以有多个引用名称。通过方法的参数传递，将对一个对象的引用值(我们可以理解为存放对象的地址)赋给了另一个变量，从而通过另一个变量也能对同一个对象进行引用。

【例 3-6】

```
public class PassRef{
    int x;
    public static void main(String args[]){
        PassRef obj=new PassRef();
        obj.x=8;
        obj.change(obj);
        System.out.println(obj.x);
        }
    public void change(PassRef obj){
        obj.x=10;
        }
    }
```

程序输出结果为：10。

当程序执行到 main( )方法中的 obj.x=8 时，可以用如下图形表示，首先 PassRef obj=new PassRef( );创建 PassRef 类对象，并为其分配内存空间，同时将 obj 定义为其引用变量，即这个对象的名字，通过 obj 可以找到对象，可以认为变量 obj 的值为对象在内存中的首地址，如图 3.5 所示。

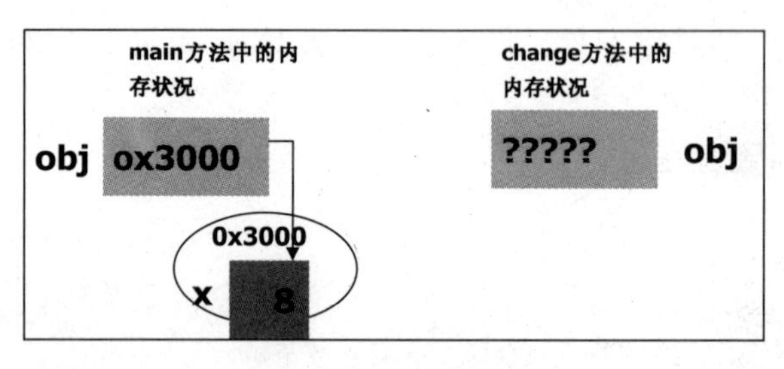

图 3.5 参数传递(一)

程序执行到 change(obj); 时，调用 change(obj)方法，将 main( )方法中的实参 obj 传给 change( )方法中的变量，即将对象在内存中的首地址传递过来，注意此时对象仍然只有一个。此时该对象有了两个引用变量，都可以对其进行访问和操作，如图 3.6 所示。

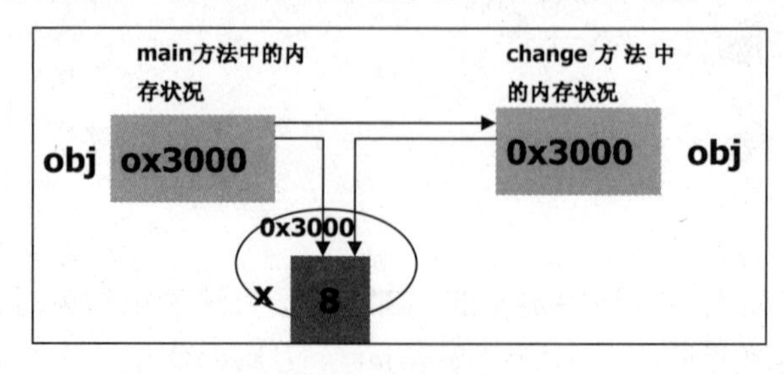

图 3.6 参数传递(二)

在 change( )方法中，通过引用变量将对象中的属性“x”的值重新赋成 10，如图 3.7 所示。

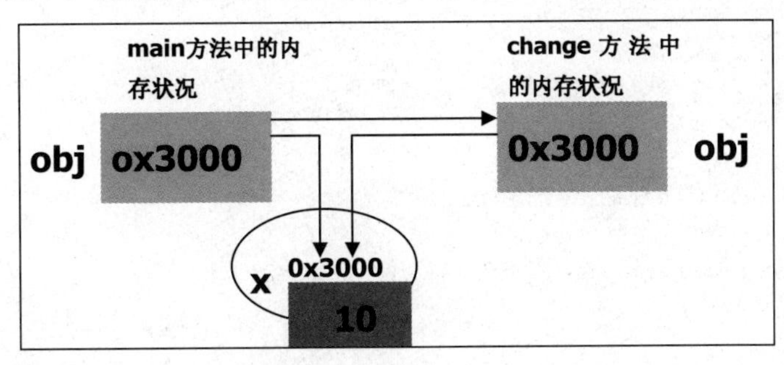

图 3.7　参数传递(三)

change( )方法调用结束，返回到 main( )方法中，change 中的 obj 变量被释放，但对象仍然被 main 方法中的 obj 引用，就会看到：在 main 方法中的 obj 所引用的对象的内容被改变，如图 3.8 所示。

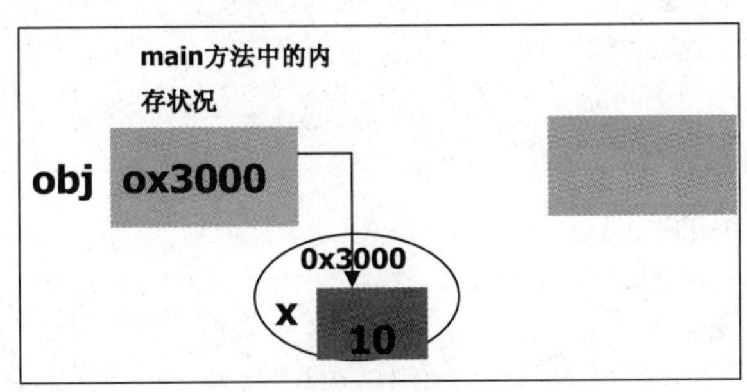

图 3.8　参数传递(四)

3.3.3　工作任务：学生综合素质评定系统框架

【任 务 3.1】 学生综合素质评定系统框架的设计与实现

【任务描述】 这是一个基于命令行的应用系统，在前面章节设计系统登录界面和主界面的构成元素的基础上，设计出一个完整的系统框架，实现没有数据传递可以运行的系统模型。

【任务分析】 (1) 在[任务 2.2]中已实现两个类，一个类完成登录功能，一个类实现主界面。需要增加有一个“学生信息录入类”实现学生成绩信息的录入和一个“学生信息输出类”实现对学生信息的查询操作。(2) 登录类不需要做修改，但是主界面类由于读者的选择需要完成相应的操作，比如信息录入和信息输出，所以要调用相关类中的方法完成相应功能。(3) 信息录入类和信息输出类中要根据需要制定相应的方法而不做具体实现。

【任务实现】

第一步：信息录入类的实现。

```
import java.util.*;
public class StuInfoEnterFrame{
    private Scanner scan = new Scanner(System.in);
    //学生信息录入方法
    public void StuInfoEnter()  {
    //学生信息录入暂不做具体实现，仅输出一条信息
        System.out.println("*********学生信息录入*********");
        int i = 0;
```

```
        do{
            i = SelectOptions();
        }
        //如果选项不为'1'或'2'则继续显示选择画面
        while(i != 2 && i != 1);
        switch(i){
            case 1:StuInfoEnter();break;
            case 2:
                new MainFrame().showMain(); break;
        }
    }
    //功能选项响应方法
    public int SelectOptions()  {
        System.out.println("*********学生信息录入结束*********");
        System.out.println("1.继续登记学生信息");
        System.out.println("2.返回主界面");
        System.out.print("请选择操作编号并按回车键: ");
        int i = scan.nextInt();
        return i;
    }
}
```

第二步：信息输出类的实现。

```
import java.util.*;
public class StuInfoShow{
    private Scanner scan = new Scanner(System.in);
    //学生信息子系统界面
    public void showStuInfoFrame(){
        System.out.println("*********学生信息统计子系统*********");
        System.out.println("1.显示所有学生详细信息");
        System.out.println("2.查询单个学生详细信息");
        System.out.println("3.返回主界面");
        System.out.println("4.退出系统");
        System.out.print("请选择操作编号并按回车键: ");
        selectOptions();
    }
    //功能选项选择响应方法
    public void selectOptions(){
        int i = scan.nextInt();
        switch(i){
            case 1:
                showStuInfo();
                break;
            case 2:
                showOneStuInfo();
                break;
            case 3:
                new MainFrame().showMain();
                break;
            case 4:
                System.out.println("退出系统...");System.exit(0);break;
```

```
            default:
                System.out.print("输入有误！重新输入：");selectOptions();break;
        }
    }
    //显示所有学生信息，暂不做具体实现
    public void showStuInfo(){
        System.out.println("所有学生信息查询完毕！");
        showStuInfoFrame();
    }
    //显示单个学生信息，暂不做具体实现
    public void showOneStuInfo(){
        System.out.println("单个学生信息查询完毕！");
        showStuInfoFrame();
    }
}
```

第三步：主界面类 selectOption( )方法的修改。

```
//功能选项选择响应方法
public void selectOption() {
    Scanner scan = new Scanner(System.in);
    int op = scan.nextInt();
    switch(op){
        case 1: //创建信息输入类的对象并调用相应方法
            new StuInfoEnterFrame().StuInfoEnter();
            break;
        case 2: //创建信息输出类的对象并调用相应方法
            new StuInfoShow().showStuInfoFrame();
            break;
        case 3:
            System.out.println("退出系统...");
            System.exit(0);
            break;
        default:
            //当输入的不为 1 或 2 时重新调用本方法
            System.out.print("输入错误！重新输入：");
            selectOption();
            break;
    }
}
```

3.4 数　组

3.4.1 一维数组

数组是一组具有相同类型和名称的变量集合，能很方便地把一系列相同类型的数据保存在一起，这些变量称为数组元素。每个数组元素都有一个编号，这个编号叫做下标，可以通过下标来区别这些元素，数组的下标编号从 0 开始。数组元素的个数称为数组的长度。数组是一种复合数据类型。

1. 一维数组的声明(两种格式)

type arrayName[]；或 type[] arrayName；

其中类型(type)可以为 Java 中任意的数据类型，包括简单类型和组合类型，数组名 arrayName 为一个合法的标识符，[]指明该变量是一个数组类型变量。例如：

int intArray[]；或 int[] intArray；声明了一个整型数组，数组中的每个元素为整型数据。注意：不允许在数组后的方括号内指定数组元素的个数。

例如，int[5] a;　//错误

char c[6];　//错误

2. 数组的初始化和使用

一维数组定义之后，必须经过初始化才可以引用。数组的初始化分为静态初始化和动态初始化两种：

静态初始化：在定义数组的同时对数组元素进行初始化，例如：

int　intArray[]={1,2,3,4}; //定义了一个含有 4 个元素的 int 型数组。

数据元素类型数组名[]={初值 0，初值 1，…，初值 n}；

例如，int x[]={1,2,3,4,5,6};

提示：可以不特别指明数组的长度，编译器会自动判断。对数组元素的赋值还可以通过单独方式进行。

动态初始化：使用运算符 new 为数组分配空间，对于简单类型的数组，其格式如下。

数组名=new　数组元素的类型[个数];

例如，a=new int[5];

c=new char[6];

注意：数组用 new 运算符分配内存空间的同时，数组的每个元素都会自动被赋于一个默认值：整数为 0，实数为 0.0，boolean 为 false，引用型为 null。而对于复合类型的数组，需要经过两步空间分配。

首先：type arrayName[]=new type[arraySize];

然后：arrayName[0]=new type(paramList);

　　　　…

　arrayName[arraySize-1]=new type(paramList);

例如：

```
String stringArray[];  //定义一个 String 类型的数组
stringArray = new String[3];  //给数组 stringArray 分配 3 个应用
//空间，初始化每个引用值为 null
stringArray[0]=new String("how");
stringArray[1]=new String("are");
stringArray[2]=new String("you");
```

数组元素的访问：数组名[下标]。访问规则：下标从 0 开始；下标可以是整型数或表达式，如 a[3+i](i 为整数)。每个数组都有一个属性 length 指明它的长度，如 x.length 指出数组 x 所包含的元素个数。

【例 3-7】 学生成绩数组。

```
import java.util.Scanner;
```

```
public class Score1 {
    public static void main(String arg[]){
        double[] stuScore = new double[10];
        System.out.println("请输入学生成绩：");
        for (int i = 0; i < 10; i++){
            Scanner input = new Scanner(System.in);
            stuScore[i] = input.nextDouble();
        }
        System.out.println("你输入的学生成绩为");
        for (int i = 0; i < 10; i++){
            System.out.println("第"+i+"个"+stuScore[i]);
        }
    }
}
```

从例 3-7 中可见，数组的使用一般包含数组的声明、初始化和数组元素的访问。

3.4.2　多维数组

虽然一维数组可以处理一些简单的数据，但是在实际应用中仍显不足，所以 Java 语言提供了多维数组。Java 中的数组可以是一种复合数据类型，其每个元素的数据类型都是相同的，数据元素可以是基本类型，复合类型(类对象)，还可以是数组。所以 Java 中多维数组都被看作数组的数组。比如二维数组是一个特殊的一维数组，其每一个元素又是一个一维数组。以二维数组为例来说明，高维数组与此类似。Java 中允许二维数组中每行的元素个数不同，即每行的列数可以不同。

1. 二维数组的声明与初始化

数组元素类型数组名[][];

数组元素类型[][]数组名;

数组名＝new 数据元素类型[行数][列数];

例如：int a[][];

int [][]a;

a=new int[3][4];

2. 二维数组的初始化和引用

二维数组的初始化也分为静态和动态两种。

静态初始化：在定义数组的同时为数组分配空间。

int　intArray[][]={{1,2},{2,3},{3,4}};

不必指出数组每一维的大小，系统会根据初始化时给出的初始值的个数自动算出数组每一维的大小。

动态初始化：对高维数组来说，分配内存空间有下面两种方法。

简洁的方式：

数组元素类型数组名[][]＝new 数据元素类型[行数][列数];

数组元素类型[][]数组名＝new 数据元素类型[行数][列数];

例如：int a[][]=new int[3][4];

int [][]b=new int[5][6];

注意：与一维数组相同，用 new 运算符为数组申请内存空间时，很容易在数组各维数的指定中出现错误，二维数组要求必须指定高层维数(行数)。

正确的申请方式，只指定数组的高层维数，如：

int myArray[][]=new int[3][];

正确的申请方式，指定数组的高层维数和低层维数，如：

int myArray[][]=new int[3][4];

错误的申请方式，只指定数组的低层维数，如：

int myArray[][]=new int[][8];

错误的申请方式，没有指定数组的任何维数，如：

int myArray[][]=new int[][];

二维数组的引用：对二维数组中每个元素，引用方式为：

arrayName[index1][index2]

其中 index1 和 index2 为数组下标，为整型常数和表达式，都是 0 序的。

例：在二维数组中指定不同行的长度，理解多维数组的组织形式。

```
public class NumArray1 {
    public static void main(String args[]){
        int a[][]={{12,1,2,3,4},{4,56,7},{4,6,77,6},{23,5},{34}};
        for(int i=0;i<a.length;i++){
            for(int j=0;j<a[i].length;j++){
                System.out.print(" "+a[i][j]+" ");
            }
            System.out.println();
        }
    }
}
```

理解了其中 "for(int j=0; j<a[i].length; j++)" 中 "j<a[i].length; " 的意义，就理解了二维数组被称为“数组的数组”的意义了。多维数组都被看作数组的数组。比如二维数组是一个特殊的一维数组，其每一个元素又是一个一维数组。

【例 3-8】 在一个表中,二维数组查找一个数。

```
public class Score2 {
    public static void main(String args[]) {
    int a[][] = { { 12, 1, 2, 3, 4 }, { 4, 56, 7 }, { 4, 6, 77, 6 },
        { 23, 5 }, { 34 } };
        int temp ;
        System.out.println("请输入要查找的数");
         Scanner input = new Scanner(System.in);
         temp=input.nextInt();
        for (int i = 0; i < a.length; i++) {
            for (int j = 0; j < a[i].length; j++) {
                if (a[i][j] == temp) {
                    System.out.print("找到"+temp+"在第"+ i +"行,第"+ j +"列");
                }
            }
        }
    }
}
```

3.5　静态属性和静态方法

首先来分析如下程序。

```
public class StaticError {
    String mystring = "hello";
    public static void main(String args[]) {
        System.out.println(mystring);
    }
}
```

程序在编译时报如下的错误。

```
Exception in thread "main" java.lang.Error: Unresolved compilation problem:
    Cannot make a static reference to the non-static field mystring
    at ch3.StaticError.main(StaticError.java:6)
```

为什么会产生这个错误？那是因为，类是一般特性的描述，是一个抽象的概念。对象才是实实在在的实例。当编写一个类时，其实是在描述其对象的属性和行为，而并没有产生实质的对象，只有通过 new 关键字才会产生出对象，这时系统才会分配内存单位，对象才可以供外部调用。所以在对类中的成员变量和成员方法进行调用之前，一定不要忘记创建该类的对象。对于上例可以做如下修改。

```
public static void main(String args[]) {
    StaticError s=new StaticError();
    System.out.println(s.mystring);
    }
```

但是，在实际的软件开发过程中，有的时候人们希望无论是否产生了对象，或是产生了多少对象，某些特定的数据在内存中只有一份，例如所有的中国人都有国家名称，每个中国人都共享这一国家名称。不必为每个中国人的实例对象单独分配一个用于代表国家名称的变量，类似于在 C 语言当中学习的全局变量。这个时候，怎么办呢？Java 中通过 static 关键字来解决这个问题。

在类内使用关键字 static 修饰的成员变量和成员方法分别称为静态变量和静态方法，也称为类变量和类方法，而不使用 static 修饰的成员变量和成员方法称为对象变量和对象方法。

3.5.1　静态变量

静态变量的特点是它不是属于某个对象的，而是属于整个类的，它们在类被载入的时候就被创建，只要类存在，staitc 变量就存在，因此静态变量不保存在某个对象的存储单元中，而是保存在类的公共内存单元中，任何一个类的对象都可以访问它，修改它。静态变量一旦被某个对象修改后，则保存修改后的值，直到下次被修改为止。因此，静态变量对于类的所有对象来讲，是一个公用变量。

静态变量的定义格式如下。

static　类型变量名；

【例 3-9】

```
public class Chinese {
    static String country = "中国";
    String name;
    int age;
    void singOurCountry() {
        System.out.println("啊！，亲爱的" + country);
    }
    public static void main(String args[]) {
        //直接用了“类名.成员名”的方式访问静态变量
        System.out.println("我们的国家叫" + Chinese.country);
        //也可以采用“对象名.成员名”的方式访问静态变量
        Chinese ch1 = new Chinese();
        System.out.println("我们的国家叫" + ch1.country);
        ch1.singOurCountry();
    }
}
```

静态变量可以通过“类名.成员名”的方式直接访问，也先创建一个对象，采用“对象名.成员名”的方式进行访问。因此对于上例还有另一种改错方法，就是将变量 mystring 定义成静态的，static String mystring = "hello";从而可以对其直接访问。

由于静态成员变量能被所有对象所共享，所以可以用它来实现一些特殊的效果。如果想统计在程序运行中一共产生了多少个实例对象，可以用下面的方法。

```
public class StaticDemo {
    private static int count=0;
    public StaticDemo(){
    count=count+1;
    }
}
```

如何统计一个类在程序中目前有多少个实例对象呢？

```
public class StaticDemo {
    private static int count = 0;
    public StaticDemo() {
        count = count + 1;
    }
    public void finalize() {
        count = count - 1;
    }
}
```

3.5.2 静态方法

静态方法和静态属性一样是属于整个类的，不是属于某个对象的。调用静态方法可以通过“类名.方法名”的方式进行访问，也可以先创建对象，通过“对象名.方法名”的方式进行访问。

静态方法在使用过程中要注意如下几点。

(1) 在创建对象时，由于非静态方法是属于对象的，因此在对象占用的内存中有该方法的代码。而静态方法是属于整个类的，因此在对象占有的内存中没有该方法。静态方法在内存中的代码是随着类的定义而进行分配的，它不被某个对象所专有。

(2) 在静态方法里只能直接调用类中其他的静态成员(包括变量和方法)，而不能直接访问类中的非静态成员。这是因为对象非静态的方法和变量，需要先创建一个类的实例对象后才可以使用，而静态的方法在使用前不用创建任何对象。

(3) 静态方法不能以任何方式引用 this 和 super 关键字，原因和上面一样，因为静态方法在使用前不用创建任何实例对象，当静态方法被调用时，this 所引用的对象根本就没有产生。

(4) main( )方法是静态的，因此 Java 虚拟机在执行 main 方法时不创建 main 方法所在的类的实例对象，因此在 main 方法中不能直接访问该类的非静态的成员，必须创建该类的一个实例对象后，才能通过这个对象去访问类中的非静态成员。

(5) 可以使用类名直接调用静态方法，也可以使用某个对象名调用静态方法。

3.6　封　　装

3.6.1　包

Java 要求源程序文件名与主类的类名相同，因此若要将多个类放在一起时(即保存在同一个目录中)，就要保证各类名不能重复。但是在工程实践中，一个软件系统可能包含成百上千个类，如果这些类都保存在一个目录中，类名冲突的可能性就很大；另外，一个软件系统一般都包含不同的模块，完成不同模块功能的类都堆积在一起，也不方便管理。是不是应该有某种机制来管理这些类？

为了更好地管理这些类，Java 语言中引用了包(package)的概念来管理类。就像文件夹把各种文件组织在一起，使硬盘更清晰、有条理一样，Java 语言中的包把各种类组织在一起，使得程序功能清楚、结构分明。

1. 包的概念

包是 Java 语言提供的一种区别类名的机制，是类的组织方法。在物理存储时包就对应一个文件夹，包中还可以包含包，称为等级。同一个包中的类名不能重复，不同包中的类名可以相同，在引用某一个包中的某一个类时，不但要指定类名，而且要指定包名，通过“.”来表示包的层次，如日期类 java.util.Date。在编写 Java 源程序时可以声明类所在的包，就像保存文件时要说明文件保存在哪个文件夹一样。

2. 创建包

若要建立一个包，只要以 package 语句作为源文件的第一条语句，指明该文件中定义的类所在的包，它的格式为：

package 包名 1[.包名 2[.包名 3]…];

经过 package 的声明之后，则在该文件内的所有类或接口都被纳入相同的包中。在磁盘上物理存储源程序和字节码文件时，应按相应的文件夹层次结构进行存储。例如：

package com;

在当前文件夹下创建一个子文件夹“com”，存放这个包中包含的所有.class 文件。

package com.hcit.cs;

在“package com.hcit.cs;”语句中的符号“.”代表目录分隔符，即该语句创建了 3 个文件夹。第一个是当前文件下的子文件夹 com，第二个是 com 下的子文件夹 hcit，第三个是 hcit 下的子文件夹 cs,当前包中的所有类就存放在这个文件夹 cs 里。

3. 引用包

要在当前类中引用不同包中别的类(该类可能是系统类也可能是自己定义的类)，首先必须将该类引用过来，否则编译不通过。如果要使用别的包中的类，必须在源程序中用 import 语句导入所需要的类。import 语句的格式为：

import 包名 1[.包名 2[.包名 3…]].类名|*;

其中 import 是关键字，包名 1[.包名 2[.包名 3…]].类名|*；表示包的层次关系，与 package 语句相同，它对应于文件夹。类名是指所要导入的类，如果要从一个类库中导入所有类，则使用“*”表示包中所有的类。多个包名及类名之间用圆点“.”分隔。例如：

```
import java.util.List;
import java.util.ArrayList;
```

Java 编译器为所有程序自动隐含地导入包 java.lang，因此读者无需用 import 语句导入它所包含的所有类，就可使用其中的类(如类 String)。但是若要使用其他包中的类，就必须用 import 语句导入。

3.6.2 访问控制权限

在一个应用系统中会有一个或多个甚至很多个的模块,也会有成百上千个类。应用系统要完成指定的功能，那么不同的模块间、不同的类之间、不同的方法间就会互相调用，参数传递，有着千丝万缕的联系。那么在类、类中的方法和属性被别人访问时，就会对属性造成影响，这种影响有时是人们希望的，有时又是人们不希望出现的，也就是说需要进行适当的控制，既要与外界保持必要的联系，又是保证自己的固定属性不能被别人任意修改。这就是访问权限的问题，当一个类可以被访问时，对类内的成员变量和成员方法而言，其应用范围可以通过施以一定的访问权限来限定。就好比，世界上各个国家一样，现在是一个国际化的世界，各国之间需要进行交流，但这种交流又都是受到各国控制和监督的，以保证其国家利益和安全。Java 中关于访问权限控制有 4 个关键字进行修饰，具体意义见表 3-2。

表 3-2 访问权限控制

	同一个类中	同一个包中	不同包中的子类	不同包中的非子类(任意类)
private	★			
default (没有修饰字)	★	★		
protected	★	★	★	
public	★	★	★	★

public：任何其他类，对象只要可以看到这个类的话，那么它就可以存取变量的数据，或使用方法。

default (前边没有修饰字的情况)：在同一程序包中出现的类才可以直接使用它的数据和方法。如果父类中有方法或是属性为 friendly 类型(即没有权限修饰符)，则不同包中的子类将不能继承该方法。

protected：同一类、同一包可以使用。不同包的类要使用，必须是该类的子类。

private：不允许任何其他类存取和调用。

对于这 4 个修饰字，private 和 public 很好理解也很好区别，而 default (前边没有修饰字的情况)和 protected 比较容易混淆。给读者打个比方，就好比父亲和子女属于不同的国籍，但是由于有血缘关系，那么在默认情况下，因为不同的国家，那么各自在为自己的国家利益在奋斗，是不能来往的，这就是缺省情况。但是呢，他们之间毕竟有血缘关系，出于家族的保护(protected)在儿子出现生活困难时，父亲还是要出手帮助，这就是 protected。

【例 3-10】 比较 default 和 protected 的特点。在包 ch5.test 中定义类 Test2，其中有方法 out( )，在包 package ch5 中定义类 Test1 继承类 Test2，当 out( )用 protected 修饰时，编译通过，当去掉 protected 采用缺省权限修饰字时，编译错误。

```
Exception in thread "main" Java.lang.Error: Unresolved compilation problem:
    The method out() from the type SuperTest is not visible
    at ch3.SonTest.main(SonTest.Java:6)
父类:
package ch3.test;
public class SuperTest {
    String str1="adsfsad";
    protected void out(){
        System.out.print(str1);
    }
}
子类:
package ch3;
import ch3.test.*;
public class SonTest extends SuperTest{
    public static void main(String args[]){
        SonTest t1=new SonTest();
        t1.out();
    }
}
```

3.6.3　封装

在进行应用程序的设计时，应尽量避免一个模块直接修改或操作另一个模块的数据，模块设计追求强内聚(许多功能尽量在类的内部独立完成，不让外界干预)，弱耦合(提供给外界专门的调用接口，而且要尽量少)。这就是面向对象程序设计封装的特点。

封装就是将抽象得到的数据和行为(或功能)相结合，形成一个有机的整体，也就是将数据与操作数据的源代码进行有机的结合，形成“类”，其中数据和函数都是类的成员。封装的目的是增强安全性和简化编程，使用者不必了解具体的实现细节，而只是要通过外部接口和某一特定的访问权限来使用类的成员。Java 中通过包、类和访问权限修饰字等来实现封装。封装的大致原则如下。

(1) 把尽可能多的东西藏起来，对外提供简捷的接口。

(2) 把所有的属性隐藏起来，不让外界直接对属性进行操作，如图 3.9 所示。

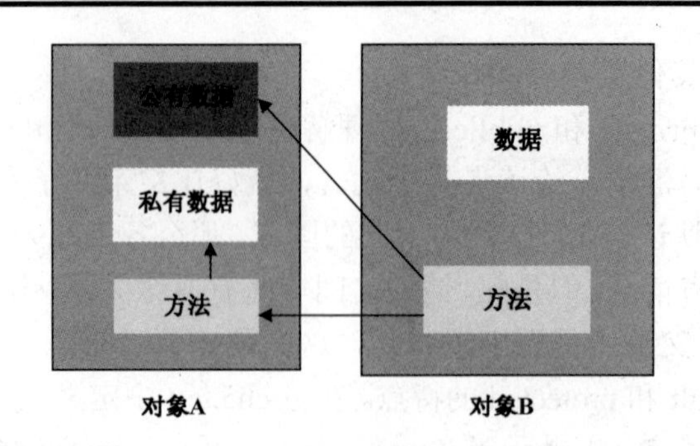

图 3.9　封装

【例 3-11】 类 Dog 有一个属性年龄 age，如果外界能对其直接进行操作，那么可以给 age 赋值-100，也可以赋值 3000，这样明显不合理。那么可以将 age 属性能用 private 关键字进行修补，外界不能操作。但是为了让外界可以对其访问，提供两个公有方法，一个读取 age 的值，一个实现给 age 赋值，在赋值中加上自己的判断，这样就保证了数据的合理性。

```
class Person {
    private int age;
    public void setAge(int i){
        if(i<0||i>150) return;//如果参数不合理，则直接返回
        age=i;
}
public int getAge(){
    return age;
    }
}
public class TestPerson {
      public static void main(String args[]){
        Person p1=new Person();
        P1.setAge(30);//通过 setAge()方法给 p1 年龄赋值 30 岁;
        System.out.println(p1.getAge());//通过 getAge()方法得到 p1 年龄
    }
}
```

在以后的数据库编程实践中人们经常的会将数据库中的每一个表对应到一个类，数据库表中的字段对应类的属性，那么这些属性都被 private 修饰，同时也会为每一个属性分别设计 setXXX( )和 getXXX( )方法，从而实现对数据库表的封装。这样的类也称为实体类，也可以称之为 JavaBean。

可以看到通过封装使一部分成员充当类与外部的接口，而将其他的成员隐蔽起来，这样就达到了对成员访问权限的合理控制，使不同类之间的相互影响减少到最低限度，进而增强数据的安全性和简化程序的编写工作。

3.6.4　工作任务：用数组实现学生信息数据的存取

【任 务 3.2】 用数组实现学生信息数据的存取

【任务描述】 在[任务 3.1]实现系统框架的基础上，实现数据的录入和输出功能，从而实现系统的基本功能。

【任务分析】 (1) 定义一个学生实体类 Student，用来在各个类中传递学生成绩数据。(2)

在信息录入类中定义一个 Student 类型的一维数组用来存储学生信息数据，因为这个数据要在各个类中共享，需要设为静态的；StuInfoEnter( )方法中实现数据录入。(3)学生信息输出类中实现显示所有学生信息的方法 showStuInfo( )，同时为了动态地得到数组的实际长度，增加一个求数据长度的方法 getLength( )。由于数组作为数据存储器并不是最终选择，所以在这里只是实现输出所有学生信息方法，而不去实现单个学生查询和排序。

【任务实现】

第一步：学生信息录入类的实现。

```
/**
 * 学生信息录入类
 */
import java.util.*;
public class StuInfoEnterFrame {
    static Student  stuScore[]=new Student[10];
    private Scanner scan = new Scanner(System.in);
    //学生信息录入方法
    public void StuInfoEnter()  {
        System.out.println("*********学生信息录入*********");
         for(int j=0;j<10;j++){
            Student stu = new Student();
            System.out.println("\n");
            System.out.println("当输入 exit 则打破循环终止输入操作");
            //当在输入姓名和学号时输入"exit"则打破循环终止输入操作
            System.out.print("请输入学生姓名：");
            String name = scan.next();
            if(name.equals("exit"))
                break;
            else
                stu.setStuName(name);
            System.out.print("请输入学生学号：");
            String num = scan.next();
            if(num.equals("exit"))
                break;
            else
                stu.setStuNum(num);
            //如果输入"-1"，则停止该学生录入，直接跳至下个学生的录入
            System.out.print("请输入该学生思想品德测评成绩：");
            double moralScore = scan.nextDouble();
            if(moralScore==-1.0) continue;
            stu.setMoralScore(moralScore);

            System.out.print("请输入学生德育加分：");
            double moralScoreAdd = scan.nextDouble();
            if(moralScoreAdd==-1.0) continue;
            stu.setMoralScoreAdd(moralScoreAdd);

            System.out.print("请输入学生德育扣分：");
            double moralScoreRed = scan.nextDouble();
            if(moralScoreRed==-1.0) continue;
            stu.setMoralScoreRed(moralScoreRed);
```

```
            System.out.print("请输入该学生课程成绩：");
            double inteScore = scan.nextDouble();
            if(inteScore==-1.0) continue;
            stu.setInteScore(inteScore);

            System.out.print("请输入该学生智育加分：");
            double inteScoreAdd = scan.nextDouble();
            if(inteScoreAdd==-1.0) continue;
            stu.setInteScoreAdd(inteScoreAdd);

            System.out.print("请输入学生体育成绩：");
            double phyScore = scan.nextDouble();
            if(phyScore==-1.0) continue;
            stu.setPhyScore(phyScore);

            System.out.print("请输入学生体育扣分：");
            double phyScoreRed = scan.nextDouble();
            if(phyScoreRed==-1.0) continue;
            stu.setPhyScoreRed(phyScoreRed);
            stu.toString();//初始化综合成绩
            stuScore[j]=stu;//向学生集合中添加学生类
        }

        int i = 0;
        do{
            i = SelectOptions();
        }
        //如果选项不为'1'或'2'则继续显示选择画面
        while(i != 2 && i != 1);
        switch(i){
            case 1:StuInfoEnter();break;
            case 2:
                new MainFrame().showMain();break;
        }
    }
    //功能选项响应方法
    public int SelectOptions(){
        System.out.println("*********学生信息录入结束*********");
        System.out.println("1.继续登记学生信息");
        System.out.println("2.返回主界面");
        System.out.print("请选择操作编号并按回车键：");
        int i = scan.nextInt();
        return i;
    }
}
```

第二步：学生信息输出类的实现，在这里仅去实现输出所有学生信息的方法。

```
/**
 * 学生信息查询类
 */
```

```
import java.util.*;
public class StuInfoShow {
    private Scanner scan = new Scanner(System.in);
    //学生信息子系统界面
    public void showStuInfoFrame(){
        System.out.println("*********学生信息统计子系统*********");
        System.out.println("1.显示所有学生详细信息");
        System.out.println("2.查询单个学生详细信息");
        System.out.println("3.返回主界面");
        System.out.println("4.退出系统");
        System.out.print("请选择操作编号并按回车键: ");
        selectOptions();
    }
    //功能选项选择响应方法
    public void selectOptions(){
        int i = scan.nextInt();
        switch(i){
            case 1:
                showStuInfo();
                break;
            case 2:
                showOneStuInfo();
                break;
            case 3:
                new MainFrame().showMain();
                break;
            case 4:
            System.out.println("退出系统…");System.exit(0);break;
            default:
                System.out.print("输入有误! 重新输入: ");
                selectOptions();
                break;
        }
    }
    //显示所有学生信息
    public void showStuInfo(){
        //当 stu_list 为空或者长度为 0，则要求先进行成绩录入
         if(getLength()== 0)
            System.out.println("请先进行成绩录入! ");
        else    {
            System.out.println("***查询所有学生信息***");
        System.out.println("学生姓名"+"\t"+"学号"+"\t"+"德育成绩"+"\t"
        +"智育成绩"+"\t"+"体育成绩"+"\t"+"综合成绩");
            for(int i=0;i<getLength();i++){
                Student stu=new Student();
                stu = stuscore[i];
                System.out.println(stu.getStuName()+"\t"+stu.getStuNum()
                +"\t"+stu.getMoralScore()+"\t"+stu.getInteScore()+"\t"
                +stu.getPhyScore()+"\t"+stu.getTotalScore());
            }
        }
        System.out.println("所有学生信息查询完毕! ");
```

```
        showStuInfoFrame();
    }
    //显示单个学生信息
    public void showOneStuInfo(){
        System.out.println("单个学生信息查询完毕！");
        showStuInfoFrame();
    }
        public int getLength(){
        int result=0;
        for(int i=0;i<stuscore.length;i++){
            result=i;
            if(stuscore[i]==null)break;

        }
        return result;
    }
}
```

【任务拓展】 在这里请读者思考一个问题，数组虽然可以用来存储数据，但是它的容量在定义时就必须确定，容量开大了浪费空间，容量开小了不够，这是一个矛盾。所以数组并不是最终选择，将在后面的章节中学习使用集合类来实现数据的动态存储。

3.7 继　　承

继承是指通过某种机制(通过关键字 extends 指定两个类之间的继承关系)，使得当前定义的类可以使用现有类的所有可以继承的功能(属性和方法)而不用重新编写原来的类，从而简化类的定义，实现代码的复用，通过继承创建的新类称为"子类"或"派生类"，被继承的类称为"基类"、"父类"或"超类"。所以继承也可以这样进行表述：子类可以继承父类的属性和方法,以实现代码复用。继承是面向对象技术贴近自然,贴近人才思维习惯的又一例证。

Java 只支持单继承，不允许多重继承，即一个类只能有一个父类，但可以有多层继承，即一个类可以继承某一个类的子类，如类 B 继承了类 A，类 C 又可以继承类 B，那么类 C 也间接继承了类 A。Object 类是 Java 类层中的最高层类，是所有类的超类。继承通过在类的声明中加入 extends 子句来创建一个类的子类：

```
public class SubClass extends SuperClass{
……
}
```

如果默认 extends 子句，则该类为 java.lang.Object 的子类。即所有类在没有通过 extends 关键字指定其父类时，则自动默认继承 Object。

子类可以继承父类中访问权限设定为 public、protected、default(父类和子类在同一个包中)成员变量和方法，但是不能继承访问权限为 private 的成员变量和方法。

【例 3-12】 类 Animal 具有类型、性别、年龄等属性以及 say( ), run( ), toString( )等方法。类 Dog 继承了类 Animal，并有自己的属性 name 和方法 watch( )。

```
class Animal {
    String type;
```

```
    String sex;
    int age;
    public void say() {
        System.out.print("一般都能发出叫声");
    }
    public void run() {
        System.out.print("一般都都能运动");
    }
    public String toString(){
        return "该动物为:"+type+"类,今年"+age+"岁,"+sex;
    }
}

class Dog extends Animal {
    String name;
    public void watch() {
        System.out.print("狗是人类最忠诚的朋友，能帮助主人看家护院");
    }
public class TestAnimal {
    public static void main(String args[]){
        Dog d=new Dog();
        d.type="京巴狗";
        d.age=3;
        d.sex="雄性";
        d.name="琪琪";
        System.out.println(d.toString()+"名叫:"+d.name);

    }
}
```

1. 子类对父类构造方法的继承

子类无条件地继承父类不带参数的构造方法，当通过子类构造方法创建子类对象时，先执行父类不含参数的构造方法，再执行子类的不含参数的构造函数。

在例 3-12 中，分别在 Animal 类和 Dog 类中的不带参数的构造方法中加上一行输出语句，以检验创建子类对象时，对父类和子类构造方法的调用情况。

```
public  Animal(){
    System.out.print("来到父类 Animal 中不带参数的构造方法");
    }
public Dog(){
    System.out.print("来到子类 Dog 中不带参数的构造方法");
    }
```

执行结果如图 3.10 所示，可以看出在创建子类对象时，先去调用了父类对的构造方法 Animal( )，然后才是调用子类的构造方法 Dog( )。

```
来到父类Animal中不带参数的构造方法
来到子类 Dog中不带参数的构造方法
该动物为:京巴狗类,今年3岁,雄性名叫:琪琪
```

图 3.10　程序执行结果

所以如果一个类有可能要被继承，在定义了带参数的构造方法后,一定要忘记加上无参数的构造方法，因此一旦系统中定义了自己的构造方法,系统就不会自动创造不带参数的构造方法了,而子类无条件的继承父类中不带参数的构造方法,而且出现编译错误。

例如在上例中，在 Animal 类中去掉不带参数的构造方法，而定义一个带参数的构造方法，那么系统中就不会自动生成默认的构造方法了。这时在子类 Dog 中就会出现编译错误，如图 3.11 所示。

```
public Animal(String type,String sex,int age){
    this.type=type;
    this.sex=sex;
    this.age=age;
    }
```

```
    public Animal(String type,String sex,int age){
        this.type=type;
        this.sex=sex;
        this.age=age;
    }
    public void say() {
        System.out.print("一般都能发出叫声");
    }
    public void run() {
        System.out.print("一般都都能运动");
    }
    public String toString(){
        return "该动物为:"+type+"类,今年"+age+"岁,"+sex;
    }
}
class Dog extends Animal {
    String name;
    public void watch() {

Exception in thread "main" java.lang.Error: Unresolved compilation problem:
        Implicit super constructor Animal() is undefined for default constructor. M

        at ch3.Dog.<init>(TestDog.java:24)
        at ch3.TestDog.main(TestDog.java:33)
```

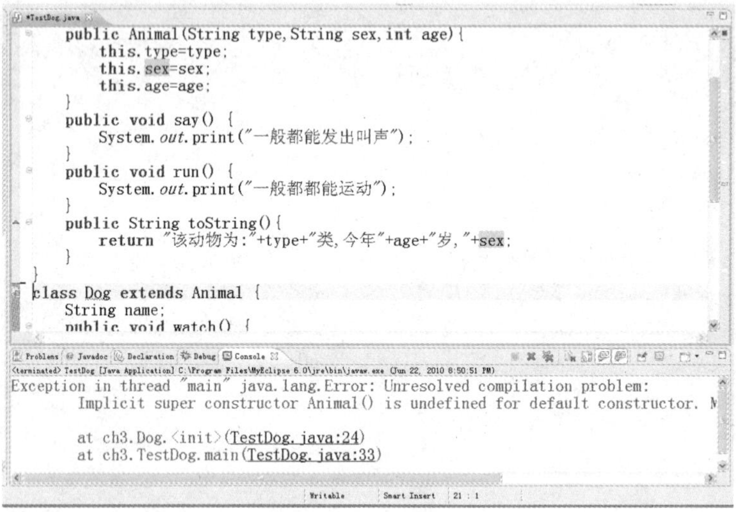

图 3.11 出错信息

这时在类 Animal 类中加上如下不带参数的构造方法就可以了。

```
public  Animal(){

    }
```

2. 子类对父类构造方法的调用

如果子类调用父类的构造函数，则通过 super( )关键字来实现，但是注意 super( )必须是第一行语句。

【例 3-13】

```
class Animal {
    String type;
    String sex;
    int age;
    public Animal(String type,String sex,int age){
        this.type=type;
        this.sex=sex;
        this.age=age;
```

```
    }
    public  Animal(){
    }
    public void say() {
        System.out.print("一般都能发出叫声");
    }
    public void run() {
        System.out.print("一般都都能运动");
    }
    public String toString(){
        return "该动物为:"+type+"类,今年"+age+"岁,"+sex;
    }
}
class Dog extends Animal {
    String name;
    public void watch() {
    System.out.print("狗是人类最忠诚的朋友，能帮助主人看家护院");
    }
    public Dog(String type,String sex,int age,String name){
        super(type,sex,age);//调用父类的构造方法
        this.name=name;
    }
}
public class TestAnimal {
    public static void main(String args[]){
        Dog d=new Dog("京巴狗","雄性",10,"琪琪");
        System.out.println(d.toString()+"名叫:"+d.name);
    }
}
```

3. 方法重写

当一对父子俩走在一起时，经常听到这样的感叹，“看，这爷俩长得一模一样”，这就是所说的继承；但是也会听到这样的话：“这孩子的鼻子长得比他爸爸的好看多了”这就是生物学上的变异，那么在 Java 面向对象的程序设计中也存在这样的现象，就是方法的重写即指在子类中重新定义父类中已有的方法。

首先在类 Animal 中有一个输出信息的方法 toString( )，那么在子类 Dog 中，由于多了一个属性，虽然继承了这个方法，但是明显感觉不好用，在输出信息时还需要人为地加一句话，所以在子类中要去重写这个方法。还有由于类 Animal 中对动物的运动方法和声音没有办法去定义，只能是笼统地说明一下一般能发出声音，一般能活动。现在的子类是很具体的狗，那么它发出的声音就是“汪汪”，它的运动方法就是四肢协调配合行走，所以也要改写这两个方法。

【例 3-14】

```
class Animal {
    String type;
    String sex;
    int age;
    public Animal(String type,String sex,int age){
        this.type=type;
        this.sex=sex;
```

```
        this.age=age;
    }
    public  Animal(){
        System.out.println("来到父类 Animal 中不带参数的构造方法");
        }
    public void say() {
        System.out.print("一般都能发出叫声");
    }
    public void run() {
        System.out.print("一般都能运动");
    }
    public String toString(){
        return "该动物为:"+type+"类,今年"+age+"岁,"+sex;
    }
}
class Dog extends Animal {
    String name;
    public void watch() {
        System.out.print("狗是人类最忠诚的朋友，能帮助主人看家护院");
    }
    public Dog(String type,String sex,int age,String name){
        super(type,sex,age);
        this.name=name;
    }
    public void say() {
        System.out.print("狗类发出的声音是汪汪");
    }
    public void run() {
        System.out.print("狗类的运动方法是四肢奔跑");
    }
    public String toString(){
        return "该动物为:"+type+"类,今年"+age+"岁,"+sex+"名字叫:"+name;
    }
}
public class TestDog {
    public static void main(String args[]){
        //注意在这里定义的是父类 Animal 的变量
        Animal a=new Dog("京巴狗","雄性",10,"琪琪");
        System.out.println(a.toString());
        a.run();
        a.say();
    }
}
```

输出结果为：

```
该动物为：京巴狗类，今年 10 岁，雄性名字叫：琪琪
狗类的运动方法是四肢奔跑
狗类发出的声音是汪汪
```

注意：在上例中以下几行语句务必理解。

```
Animal a=new Dog("京巴狗","雄性",10,"琪琪");
```

```
System.out.println(a.toString( ));
a.run( );
a.say( );
```

注意定义的是 Animal 类型的变量，但是创建的对象是 Dog 类的对象，因为狗中动物，那么 Dog 类的对象可以给 Animal 类型的变量赋值，这个容易理解。但是在 a.toString( ), a.run( ); a.say( ); 的执行过程中是调用 Animal 类里的方法呢，还是调用 Dog 类里的方法呢？

从以上的结果中可以看出，调用的是 Dog 类的方法，这种现象叫做动态邦定，即对于重写的方法，Java 运行时系统根据调用该方法的实例的类型来决定选择调用哪个方法。这一点读者一定要理解，后面所要讲解的多态，也是基于这一点的。

同样，子类也可以重写或覆盖父类中的属性。

4. 子类和父类之间的转换

子类和父类对象之间的转换，包含两个方面，一是子类转换成父类，一是父类转换成子类。

对于子类转换成父类，由于父类描述的更一般，子类描述的更具体，所以子类对象可以归属到父类中，即子类可以自动转换成父类对象。只是读者在使用过程中要注意动态绑定的问题。

当父类对象转换为子类对象时，必须要强制类型转换。转换格式为：

(子类名)父类对象。父类对象向子类对象强制转换时，通常用运算符 instancedof 判断要转换的对象是否为子类对象，如果不是则不能转换，否则程序会产生错误。

例：假设主人还有一个宠物 Cat,那么 Cat 类也继承自 Animal，同时有自己的特有方法“逮耗子”。在测试类中增加一个主人逗宠物玩的方法。那么根据不同的宠物对象，向主人展现不同的特点。

【例 3-15】

```
class Cat extends Animal {
    String name;
    public void catchmouse() {
    System.out.println("猫也是人类最忠诚的朋友，能帮助主人逮耗子");
    }
    public Cat(String type,String sex,int age,String name){
        super(type,sex,age);
        this.name=name;
    }
    public void say() {
        System.out.println("猫类发出的声音是苗苗");
    }
    public void run() {
        System.out.println("猫类的运动方法是四肢奔跑");
    }
    public String toString(){
    return "该动物为:"+type+"类,今年"+age+"岁,"+sex+"名字叫:"+name;
    }
}
public class TestAnimal {
    //由于可能有多个子类对象，此处只能是用父类的类型变量作方法的形参
    public void play(Animal a){
        if(a instanceof Dog){//判断是不是Dog类的对象
            Dog d=(Dog)a;//强制将父类对象转换成子类
```

```
            d.watch();
        }else if(a instanceof Cat){//判断是不是Cat类的对象
            Cat c=(Cat)a;//强制将父类对象转换成子类
            c.catchmouse();
        }
    }
    public static void main(String args[]){
        TestAnimal t=new TestAnimal();
        Dog d=new Dog("京巴狗","雄性",10,"琪琪");
        t.play(d);
        Cat c=new Cat("波斯猫","雌性",3,"美美");
        t.play(c);
    }
}
```

3.8 多　　态

所谓多态,即同一个事物所表现出来的多种状态，例如动物这一般都可以发出叫声，但是狗发的叫声是“汪汪”，猫发出的叫声是“喵喵”。多态性是面向对象的程序设计的一个重要特性。

Java 语言中的多态性表现之一是允许出现重名现象，在同一个类中允许完成不同功能的多个方法使用同一个名字，但其参数列表不同，即方法重载。这种也叫编译时多态，由于前面章节已讨论过方法的重载，这是不再论述。

另一种多态是系统根据运行时的情况来决定做什么操作，就是前面所提到的“动态绑定”，比如在某个方法中调用动物的 say(Animal a)方法，在实际运行中根据传过来的对象不同发出不同的叫声，传递的 Dog 类的对象，发出“汪汪”的声音，传递的 Cat 类对象，发出“喵喵”的声音。这种多态也叫运行时多态。

【例 3-16】进一步修改【例 3-15】，宠物主人，让他的宠物唱歌，即发出叫声，修改 TestAnimal 类的 play( )方法。由于宠物对象可能是猫，也可能是狗，所以 play( )方法的参数，只能是采用 Animal 类型的变量，以“不变应万变”。

【例 3-16】

```
public class TestAnimal {
    public void play(Animal a){//通过基类的变量作为参数，以不变应万变
        a.say();//动态绑定，在运行过程中根据传过来的调用具体的方法
    }
    public static void main(String args[]){
        TestAnimal t=new TestAnimal();
        Dog d=new Dog("京巴狗","雄性",10,"琪琪");
        t.play(d);
        Cat c=new Cat("波斯猫","雌性",3,"美美");
        t.play(c);
    }
}
```

多态的两个特点如下。

(1) 应用程序不必为每一个派生类(子类)编写功能调用，只需要对抽象基类进行处理即可。

这一招叫“以不变应万变”，可以大大提高程序的可复用性。例如在例 3-16 中不需要为每一个宠物类创建一个方法调用，而只需要在 play( )方法中接受宠物类的共同的父类 Animal 类的变量作为参数，在方法体中通过父类的变量调用 say( )方法，那么在程序运行过程中根据所传递的实际对象参数执行招待相应对象中的 say( )方法。

(2) 派生类的功能可以被基类的方法或引用变量调用，这叫后兼容。作为主类不需要去考虑将来还会产生多少派生类，这样可以提高程序的可扩充性和可维护性。

3.9　抽象类和接口

3.9.1　抽象类

通过 3.8 节中关于动物、狗、猫等类之间的关系，理解了继承和多态。其实读者可能也会发现这样一个问题，就是在设计基类 Animal 时，对于其发出声音的方法 say( )和对于其运动的方法 run( )并不很好地去描述。因为动物有千万种，猫、狗、蛇、人都可以称之为动物，动物这一概念只是具体动物的抽象，具体的动物所表现出来的声音和运动方法千差万别。在这种情况下，在定义其基类时，对于其中的方法可以不去做具体的方法实现，而用抽象方法进行描述，那么这个类也就成了抽象类。

【例 3-17】 对于上一节中例 3-16 中多态的案例，可以把基类 Animal 改写成如下形式。

```
abstract class  Animal {
    String type;
    String sex;
    int age;
    public Animal(String type,String sex,int age){
        this.type=type;
        this.sex=sex;
        this.age=age;
    }
    public  Animal(){
        System.out.println("来到父类Animal中不带参数的构造方法");

    }
    public abstract void say() ;
    public abstract void run() ;
    public String toString(){
        return "该动物为:"+type+"类,今年"+age+"岁,"+sex;
    }
}
```

通过以上代码可以发现抽象类可以拥有没有方法体的抽象成员，抽象成员的具体代码是在其派生类(子类)中实现的。

【例 3-18】 人们都知道台式计算机的主板上都有一个扩展槽，用来安装声卡、网卡、显卡等零件，这些即零件都有统一的接口标准，以方便插到主板的插槽里，且计算机主板控制其工作，比如开始、停止等，但是这些零件所表现出来的工作内容很不一样，比如声卡是发声音，网卡是连接网络，显卡是用来显示数据的。其实，这些零件统称为即插件(通用描述，基类或父类)。可以通过抽象类和抽象方法，用如下代码来描述这些即插件的基类，定义这些即插件有一个方法 start( )和一个方法 stop( )。

```
abstract class Plug {
    public abstract void start();  //抽象方法，不做具体的实现
    public abstract void stop();   //抽象方法，不做具体的实现
}
class SoundCard extends Plug{
    //子类根据实际情况具体实现方法
    public  void start(){
        System.out.println("声卡开始工作,将声音信号经转换后传到麦克风");
    }
    //子类根据实际情况具体实现方法
    public  void stop(){
        System.out.println("声卡被禁用");
    }
}
public class TestPlug {
        public static void main(){
        Plug p=new SoundCard();
        p.start();
        p.stop();
    }
}
```

下面，来总结一下抽象方法和抽象类。有些超类中的方法不是很具体,不是很容易做出具体的实现，可以将这些方法用 abstract 修饰，从而不做具体实现，此时类也必须用 abstract 修饰。由于抽象类中的抽象方法没有具体的实现，因此抽象类不能被实例化，也就是不能用 new 关键字去产生对象。抽象类只能作为其他类的超类，这一点与最终类(final 类)正好相反。子类在继承了抽象的父类后,对其抽象方法做具体实现。

抽象类抽象方法的作用，好比定义一个模板，子类按此模板去实现。规定只有实现这些最基本的东西才能称之为……

抽象类中的方法可以全部是抽象方法，也可以部分为抽象方法。

抽象类的子类可以重写父类中全部的抽象方法，也可以部分重写父类中的抽象方法。如果只是部分重写，则该子类还为抽象，还是要被继承。

3.9.2 接口

如果一个抽象类中的所有方法都是抽象的，就可以将这个类用另外一种方式来定义，也就是接口定义。Java 把完成特定功能的若干属性和方法组织成相对独立的属性和方法的集合，并把这一集合定义为接口，并且在接口中的这些属性都是静态的常量值。

接口(interface)就是方法定义和常量值的集合。从本质上讲，接口是一种特殊的抽象类，这种抽象类只包含常量和方法的定义，而没有方法的实现。

1. 接口的定义

```
[public] interface interfaceName [extends SuperInterfaceList]
{
    …… //常量定义和方法定义
}
```

接口名称要符合 Java 标识符命名规则。接口与一般的类一样，也具有成员变量与成员方法，但成员变量一定要赋初值，且不能被修改。若省略成员变量的修饰符，系统默认为 public static final；而其成员方法必须是抽象方法，方法前即使省略修饰符，系统仍然默认为 public abstract。

上【例 3-18】中描述的计算机主板和声卡之间的关系，即插件也可以用接口来进行描述，其代码如下。

```
interface  Plug {
    public abstract void start();
    public abstract void stop();
    }
```

2. 实现接口

接口和抽象类相似，只能被继承，不能被实例化，但继承一个接口不叫继承，而叫实现，用 implements 关键来表示一个类实现某个接口。一个类在实现一个接口时，则该类可以使用接口中定义的常量，但必须实现接口中定义的所有方法。

如上【例 3-18】中，声卡继承抽象类 Plug 可以改成实现接口 Plug。其代码如下。

```
class SoundCard implements Plug{//通过 implements 关键实现接口
    public  void start(){
        System.out.println("声卡开始工作,将声音信号经转换后传到麦克风");
    }
    public  void stop(){
        System.out.println("声卡被禁用");
    }
}
```

3. 接口的继承

与类相似，接口也有继承性。定义一个接口时可通过 extends 关键字声明该新接口是某个已存在的接口的子接口。它将继承父接口的所有变量和方法。但与类的继承不同的是，一个接口可以有一个以上的直接父接口，它们之间用逗号分隔，形成父接口列表。新接口将继承所有父接口中的变量与方法。如果子接口中定义了与父接口同名的常量或者相同的方法，则父接口中的常量被隐藏，方法被重载。

4. 接口的作用

利用接口可实现多重 继承，即一个类可以实现多个接口，在 implements 子句中用逗号分隔。Java 不支持多继承，即一个类只能有一个父，利用接口可以达到多继承的效果。

接口的作用和抽象类相似，只定义原型，不直接定义方法的内容。

3.9.3 抽象类和接口的比较

(1) 接口中定义的变量均为公有的，静态的，最终的常量(public static final)。接口中定义的方法即使没有特别声明均为抽象的和公共的(public abstract)，而抽象类中不是。

(2) 实现接口时要实现接口中定义的所有方法；抽象类的子类可全部重写所有抽象方法；也可以不全重写，此时字类还是一个抽象类。

3.10 内 部 类

3.10.1 内部类

在一个类的内部声明的类，称为内部类(也叫内嵌类)。内部类只能在包含它的类中使用，同时它可以看作是该包含类的一段特殊代码，可以直接使用该包含类的变量和方法。

内部类编译后也会形成一个单独的 class，但它附属于其包含类。创建内部类的对象时会有一个对外部类对象的引用，所以一般只能在非静态方法里创建内部类对象。

【例 3-19】 创建一外部类 Outer，在其非静态方法中调用内部类。

```
class Outer {
    int outer_i = 100;//外部类中的属性
    //在外部类的方法中创建内部类的对象,并调用其中的方法
    void test() {
        Inner in = new Inner();
        in.display();
    }
    //内部类,且在内部类中调用外部类中的属性
    public class Inner {
        void display() {
            System.out.println("display:outer_i=" + outer_i);
        }
    }
}

public class InnerClassDemo {
    public static void main(String args[]) {
        Outer outer = new Outer();
        outer.test();
    }
}
```

程序输出结果：display:outer_i=100;

从上面的代码中可以看出，可以把一个类定在中另一个类中，这就是内部类。那何时使用内部类？一般来说使用内部类有如下两点考虑：①内部类使得程序代码更为紧凑，程序更具模块化；②由于内部类被看作类中的一段特殊的代码，其可以直接调用类中的成员，因此在一些复杂的调用关系中，使用内部类可以使成员间的调用更方便。可以试着将上面的 Inner 类改成 Outer 类外部实现，就能体会到麻烦。

内部类可以直接使用外部类的成员，但外部类不能直接使用内部类的成员，这时必须创建内部类的一个实例，通过对象名来访问内部类的成员。

【例 3-20】 在类 Anonymous 中定义了一个内部类 SoundCard，SoundCard 又继承了接口 Plug。

```
public class Anonymous {
    //主板通过该方法实现对即插件的调用，这里也体现了多态
    public void usePlug(Plug p) {
```

```
        p.start();
        p.stop();
    }
    //声卡类被定义在Anonymous类中，成为内部类
    class SoundCard implements Plug {
        public void start() {
            System.out.println("Du  du…");
        }

        public void stop() {
            System.out.println("sound stop");
        }
    }
        public Sound getSound() {
        return new Sound();
    }

    public static void main(String args[]) {
        Anonymous m1 = new Anonymous ();
        m1.usePlug(m1.getSound());
    }
```

注意在该代码中，public Sound getSound( )方法一定要有，那是因为创建内部类的对象时会有一个对外部类对象的引用，不能通过静态的 main( )直接创建内部类的对象，而需要通过一个非静态的方法来创建内部类的对象。

3.10.2　内部匿名类

匿名类就是没有名字的类，是将类和类的方法定义在一个表达式范围里。在内部类仅需要使用一次的时候，可以对代码进行进一步的简化，如上【例 3-20】中假设声卡类仅被利用一次。那么，在 main 方法中，在调用 usePlug 方法时，不用事先定义类 SoundCard，可以在给 usePlug 方法传递参数时，临时创建一个类 Plug 的匿名子类的实例对象。代码如下。

```
public class Anonymous {
    public void usePlug(Plug p) {
        p.start();
        p.stop();
    }

    public static void main(String args[]) {
        Anonymous m1 = new Anonymous();
        m1.usePlug(new Plug(){
            public void start() {
                System.out.println("Du  du…");
            }
            public void stop() {
                System.out.println("sound stop");
            }
        });
    }
}
```

上面的程序相当于定义了一个类 Plug 的子类，但没给这个类起名字，接着创建了这个子类的一个实例对象，可以分 3 步走来理解这一过程。

(1) 在 usePlug( )方法调用中，写上 new Plug( ){}，也就是在 new PCI( )的后面加上一对大括号，就表示要产生一个类 Plug 的匿名子类的实例对象，并传递给 usePlug( )方法。写完效果如下：m1.usePlug(new Plug( ){});

(2) 匿名子类的所有代码实现(包括成员方法和变量)都要在那对大括号间增加。

(3) 为了有个直观的程序代码层次，先用回车键将那对大括号分开成两行，效果如下。

```
m1.usePlug(new Plug(){
});
```

最后在那对大括号增加匿名子类的所有实现代码，这就是内部匿名类的实现过程，在图形界面程序中对控件增加事件处理时，经常用到内部匿名类。

3.11 工作任务：综合案例

【任务 3.3】 教学管理系统登录功能

【任务描述】 在学校教务管理系统中，有 3 种读者，一种是系统管理员，一种是学生，一种是教师，编写 Java 类实现该继承关系。系统管理员/学生/教师都有读者名和密码属性，并都有 login 和显示自身信息的方法，另外，学生拥有班级和成绩两个特殊属性以及查询成绩这一方法，教师拥有部门和工资两个特殊属性以及查询工资这一方法，系统管理员可以添加学生和教师信息。由于教师和学生个人信息不同，所以学生和教师重载基类的 DisplayInfo 方法。

【任务分析】 对于此类问题，首先应该抽象 3 类读者共有的特征，在此基础上，再派生普通类型的读者，类关系图如图 3.12 所示。

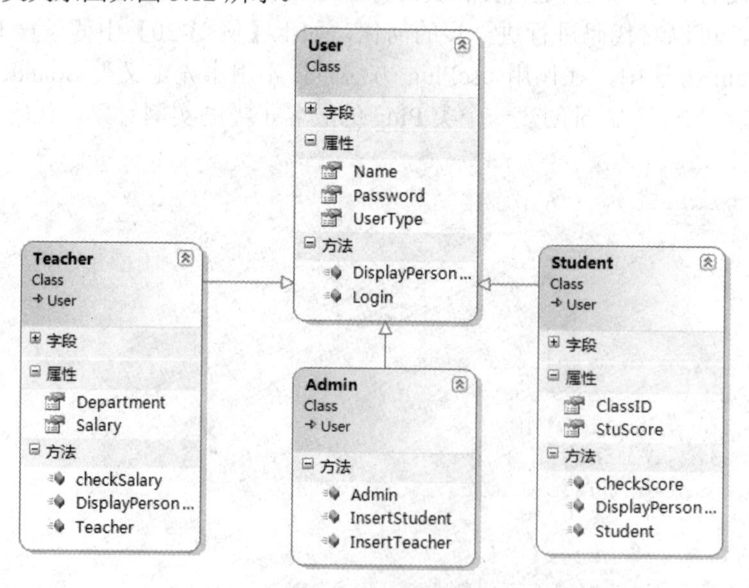

图 3.12 继承关系

【任务实现】

第一步：创建名为 User 的基类，基类定义了 userName 和 password 属性，以及 login 和

displayInfo 方法。

```
class User {
    String userName;// 读者名
    String password;// 密码
    String userType;// 读者类型
    public void login() {
        if (userName.equals("1") && password.equals("1")) {
            displayPersonInfo();
        }
    }
    public void displayPersonInfo() {
        System.out.println("姓名:," + userName);
        System.out.println("读者类型:," + userType);
    }
}
```

第二步：创建名为“StudUser”的派生类，具备班级和成绩两个特殊属性，以及查询成绩的特殊方法，覆盖基类的显示个人信息方法。

```
class StuUser extends User {
    String classID;
    float stuScore;
    public StuUser() {
        userType = "学生";
    }
    public void displayPersonInfo() {
        super.displayPersonInfo();
        System.out.println("班级:" + classID);
    }
    public void checkScore() {
        System.out.println("成绩:" + this.stuScore);
    }
}
```

第三步：创建名为“TeacherUser”的派生类，具备部门和工资两个特殊属性，以及查询工资的特殊方法，覆盖基类的显示个人信息方法。

```
class TeacherUser extends User {
    String department;// 部门
    float salary;// 工资
    public TeacherUser() {
        userType = "教师";
    }
    public void displayPersonInfo() {
        super.displayPersonInfo();
        System.out.println("部门:" + this.department);
    }
    public void checkSalary() {
        System.out.println("工资:" + this.salary);
    }
}
```

第四步：创建名为“SysManager”的派生类，具备插入学生信息和插入教师信息两个方法。

```
class SysManager extends User {
    public SysManager() {
        userType = "管理员";
    }
    public StuUser insertStudent() {
        StuUser stu = new StuUser();
        stu.userName = "张晓晓";
        stu.classID = "310730";
        stu.stuScore = 70;
        return stu;
    }
    public TeacherUser insertTeacher() {
        TeacherUser teacher = new TeacherUser();
        teacher.userName = "李沙沙";
        teacher.department = "计算机系";
        teacher.salary = 5000;
        return teacher;
    }
}
```

第五步：在主类“EduAdmin”的 main 方法中调用以上类。

```
public class EduAdmin {
    public static void main(String[] args) {
        // 系统管理员登录
        SysManager sys = new SysManager();
        sys.userName = "1";
        sys.password = "1";
        sys.login();
        System.out.println("------------------------------");
        // 系统管理员录入学生和教师信息
        StuUser stu = sys.insertStudent();
        TeacherUser teac = sys.insertTeacher();
        // 显示学生信息，查询成绩
        stu.displayPersonInfo();
        stu.checkScore();
        System.out.println("------------------------------");
        // 显示教师信息，查询工资
        teac.displayPersonInfo();
        teac.checkSalary();
        System.out.println("------------------------------");
    }
}
```

第六步：最终运行结果如下。

```
姓名:,1
读者类型:,管理员
------------------------------
姓名:,张晓晓
读者类型:,学生
```

```
班级:,310730
成绩:,70.0
------------------------------
姓名:,李沙沙
读者类型:,教师
部门:计算机系
工资:5000.0
```

【任 务 3.4】 俄罗斯方块图形生成功能

【任务描述】 在俄罗斯方块程序中，有 L 形，T 形，田形等多种形状，它们是图形的多种形态，可以创建一个名为 Shape 的基类，而后派生 L 形，T 形等，之后可以在运行时动态绘制各种形状。

【任务分析】这也是一个由基类派生类的例子，俄罗斯方块的每个图形至少包含以下方法:显示当前图形信息；绘制图形。其中绘制图形方法在基类中应该是抽象的，即没有具体的方法体，如图 3.13 所示。

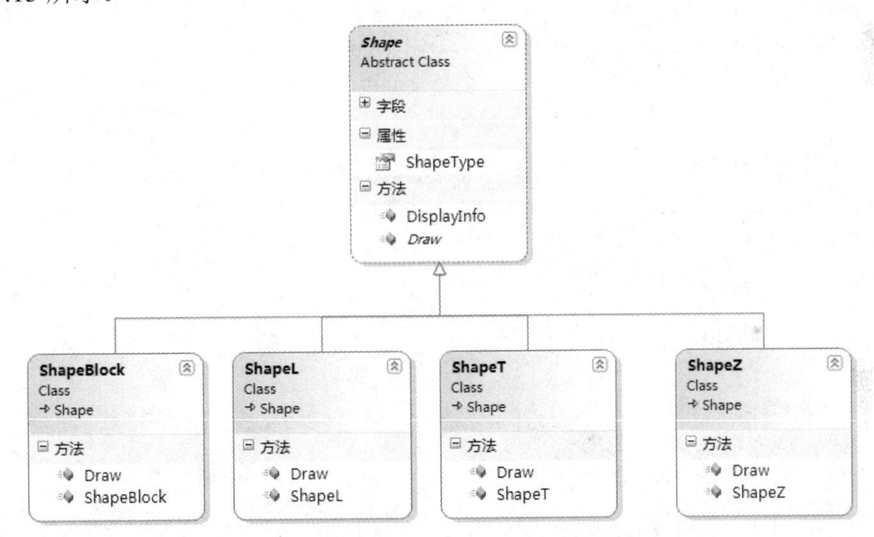

图 3.13　类图(Draw 为抽象方法，Shape 为抽象类)

【任务实现】

第一步：创建名为“Shape”的抽象类，包括“shapeType”属性和显示信息方法，以及抽象方法绘制，具体代码如下。

```
abstract class Shape{
    String shapeType;
    public void displayInfo(){
        System.out.println("当前图形类型" + shapeType);
    }
    public abstract void draw();
}
```

第二步：创建名为“ShapeL”的派生类，实现基类的“draw”方法，代码如下。

```
class ShapeL extends Shape{
    public ShapeL(){
        shapeType = "L形";
```

```
    }
    public  void draw(){
        System.out.println("¦");
        System.out.println("¦");
        System.out.println("¦");
        System.out.println("-----");
    }
}
```

第三步：创建名为“ShapeT”的派生类，实现基类的“draw”方法，具体代码如下。

```
class ShapeT extends Shape {
    public ShapeT() {
        shapeType = "T形";
    }
    public  void draw(){
        System.out.println("-----");
        System.out.println("   ¦");
        System.out.println("   ¦");
    }
}
```

第四步：创建名为“ShapeZ”的派生类，实现基类的“draw”方法，具体代码如下。

```
class ShapeZ extends Shape{
    public ShapeZ(){
        shapeType = "Z形";
    }
    public void draw(){
        System.out.println("----");
        System.out.println("    ¦");
        System.out.println("    ¦");
        System.out.println("    ----");
    }
}
```

第五步：创建名为“ShapeBlock”(田字形)的派生类，实现基类的“draw”方法，具体代码如下。

```
class ShapeBlock extends Shape{
    public ShapeBlock(){
        shapeType = "田形";
    }
    public void draw(){
        System.out.println(" ----------");
        System.out.println("¦    ¦    ¦");
        System.out.println("¦    ¦    ¦");
        System.out.println(" --------- ");
        System.out.println("¦    ¦    ¦");
        System.out.println("¦    ¦    ¦");
        System.out.println(" --------- ");
    }
}
```

第六步：在主类(测试类)中添加如下代码，实现随机生成图形，通过产生 0～3 之间的随机整数分别对应“L”，“T”，“Z”，“田”4 种图形。

```
public class TestShape {
    public static void main(String[] args){
        Random rnd=new Random();
        while (true){
            Shape shape = null;
            int type=rnd.nextInt(4);
            switch (type){
                case 1:
                    shape = new ShapeBlock();
                    break;
                case 2:
                    shape = new ShapeL();
                    break;
                case 3:
                    shape = new ShapeT();
                    break;
                case 4:
                    shape = new ShapeZ();
                    break;
            }
            if (shape != null){
                shape.displayInfo();
                shape.draw();
                System.out.println("----------------------");
                try{
                Thread.sleep(1000);//防止刷新太快,让系统停止 1 秒
                }catch(Exception e){
                    e.printStackTrace();
                }

            }
        }
    }
}
```

【任务拓展】

新知识点：java.util.Random 类

Java 实用工具类库中的类 java.util.Random 提供了产生各种类型随机数的方法。它可以产生 int、long、float、double 以及 Goussian 等类型的随机数。其中的方法为 nextInt(int n); 返回一个伪随机数，它是从此随机数生成器的序列中取出的、在 0(包括)和指定值(不包括)之间均匀分布的 int 值。

要提高性能，则只需创建一个 Random，以便随着时间的推移可以生成很多随机数，而不要重复新建 “Random ”来生成一个随机数。

Thread.Sleep 方法 将当前线程阻止指定的毫秒数。

课 后 作 业

1. 什么是面向对象的程序设计？

2. 什么是类？什么是对象？类和对象有何区别与联系？

3. Java 中如何定义和使用类？举例说明。

4. 编写一个程序，显示水果的定购行情。定义一个带有参数的构造方法，这些参数用于存放产品名，数量和价格。在主程序中输出 3 种不同的水果。

5. 什么是构造方法？构造方法有何作用？

6. 什么是类的封装？类的封装在 Java 中如何体现？

7. 编写一个学生类，封装学生的学号、姓名、成绩等信息。再编写一个主类，主类中有一个打印学生信息的方法，该方法接受学生类对象为参数，并依次输出学生信息；main( ) 方法中生成学生类对象，并调用打印方法输出学生信息。

8. 简述数组的概念及应用。

9. 编写程序实现对一个数组里的整型数据进行排序。要求单独实现一个排序的方法，在主方法中调用该排序方法。

10. 什么是继承？类的继承有什么好处？

11. 编写一个程序，用于创建一个名字 Employee 的父类和两个名为 Manager 和 Director 的子类。Employee 类包含 3 个属性和一个方法，属性为 name,basic 和 address,方法名为 show,用于显示这些属性值。Manager 类有一个名为 department 的属性，Directoro 类有一个名为 transport 的附加属性。创建 Manager 和 Director 的类并显示其详细信息。

12. 编写一个程序，用于重写父类 Addition 中名为 add( )的方法，该方法没有实质性的操作，仅输出一条信息。add( )方法在 NumberAddition 类中将两个整数相加，而在 TextConcatenation 类则连接两个 String 字符串。创建主类测试两个子类中的 add( )方法。

13. 什么是多态？多态的两种类型有什么区别？

14. 简述抽象类和接口之间的主要差别。

15. 分析系统的 Random 类，列出其所有的重载方法。

16. 建立名为 Shape 的基类，要求是抽象类，在该类中提供一个 public abstract double Area( ) 的抽象方法，建立名为 Circle 的派生类，包括半径属性，实现面积计算，再建立一个名为 Rectangle 的派生类，包括长和宽两个属性，实现面积的计算。

第4章 Java常用类

本章要点

- String 类
- StringBuffer 类
- 处理日期的类
- 包装类
- Math 类
- Java 集合框架

任务描述

任务编号	任务名称	任务描述
任务4.1	用集合类实现学生信息的存取，完成一个功能较为完善的系统	在[任务3.2]中发现用数组实现数据的存取有很多的不便，在学习了集合类后可以采用ArrayList或是Vector来实现数据的存取，实现系统框架的基础上，实现数据的录入和输出功能，从而实现系统的基本功能

本书前面章节许多例子中都用到了 String、Integer 和 Math 等类。本章对一些常用类的用法做了归纳。由于 Java 类库非常庞大，本书不可能一一介绍所有类的用法。所以读者要养成查阅 JavaAPI 文档的习惯，在需要用到某个不太熟悉的类时，可以从 API 文档中获取这个类的详细信息。

4.1 String 类

多个字符排成一串就构成了字符串，字符串在程序设计中使用广泛。在 Java 中定义了 String 和 StringBuffer 两个类来处理字符串的各种操作。这两个类位于 java.lang 包中，默认情况下不需要导入该包。

4.1.1　String 常用构造方法和成员方法

String 类有很多构造方法，可以查看 String 类的 API 文档，String 常用构造方法如下。

(1) String( ) //初始化一个新创建的 String 对象，它表示一个空字符序列。

(2) String(byte[] bytes) //构造一个新的 String，方法是使用平台的默认字符集解码字节的指定数组。

(3) String(byte[] bytes, String charsetName) //构造一个新的 String，方法是使用指定的字符集解码指定的字节数组。

(4) String(char[] value) //分配一个新的 String，它表示当前字符数组参数中包含的字符序列。

(5) String(String original) //初始化一个新创建的 String 对象，表示一个与该参数相同的字符序列(即新创建的字符串是该参数字符串的一个副本)。

(6) String(StringBuffer buffer) //分配一个新的字符串，以 StringBuffer 对象为参数。

String 类常用方法：

(1) int length( )：返回指定字符串长度(字符个数)。例如：

```
String str = "abc";
System.out.println(str.length()); //打印 3
```

(2) char charAt(int index)：返回指定索引处的字符

```
String str = "abc";
System.out.println(str.charAt(1)); //打印“b”
```

(3) String concat(String str)：连接字符串

```
String str1 = "abc";
String str2 = str1.concat("efg");
System.out.println(str2);//打印“abcefg”
```

(4) boolean endsWith(String suffix)、boolean startsWith(String prefix)：测试字符串是否以指定字符串为开头或后缀，如果是则返回 true 否则返回 false。例如：

```
String str = "smaString";
System.out.println(str.starWith("sma")); //打印 true
System.out.println(str.endsWith("ing")); //打印 true
```

(5) trim( ):返回字符串的一个去除前后空格的副本。例如：

```
String str = "smaString";
System.out.println(str); //打印 "smaString"
System.out.println(str.trim()); //打印“smaString”
```

(6) boolean equals(Object o)：比较此字符串与指定的对象,如果所含字符串相同时返回 true，否则返回 false。例如：

```
String str1 = "compare";
String str2 = new String("compare");
System.out.println(str1.equals(str2)); //打印 true
```

(7) bytes[]getBytes(String charsetName)：使用指定的字符集将此 String 解码为字节序列，并将结果存储到一个新的字节数组中。

```
String str = "中国"; //以平台默认字符集(Unicode)创建字符串对象
//将 str 以 UTF-8 解码成 bytes 数组，再以该数组生成 String 对象指定 UTF-8 解码
String str_utf_8 = new String(str.getBytes( "UTF-8" ), "UTF-8" );
System.out.println(str_utf_8); //打印“中国”;
```

(8) int lastIndexOf(String str)：返回在此字符串中最右边出现的指定子字符串的索引。例如：

```
String str = "abcde";
System.out.println(str.lastIndexOf("e")); //打印 4
System.out.println(str.lastIndexOf("de")); //打印 3
```

(9) String replaceAll(String regex, String replacement)： 使用给定的 replacement 字符串替换此字符串中的每个 regex 子字符串。例如：

```
String str = "sssString";
String str_replace = str.replaceAll("sss","sma");
System.out.println(str_replace);//打印“smaString”
```

(10) char[] split(String regex)： 根据给定的字符串 regex(正则表达式)将字符串拆分成为字符数组。下面通过 String_test.java 来演示 split 方法的使用。

【例 4-1】

```
public class Split_test {
    public static void main(String[] args){
        String str = "2010-06-01-19-56";
        String[] str_split = str.split("-");//以"-"为标志将字符串拆分
    for(int i=0;i<str_split.length;i++)//循环打印字符数组元素
        {           System.out.println("str_split["+i+"]="+str_split[i]);
        }
    }
}
```

运行程序后控制台输出如图 4.1 所示。

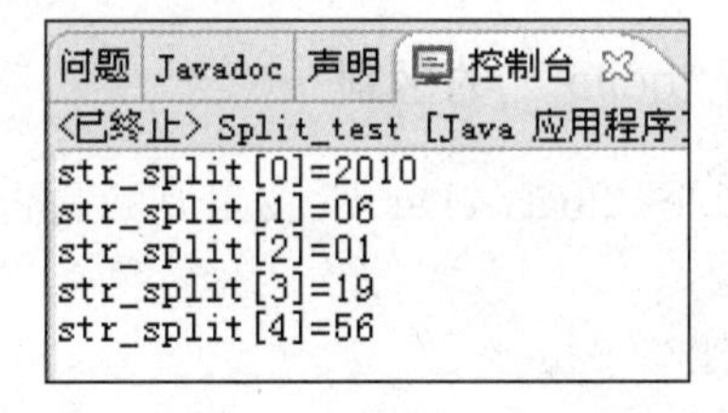

图 4.1　Split_test.java 运行结果图

(11) String substring(int beginIndex, int endIndex)、String substring(int beginIndex)：返回一个新字符串，它是此字符串的一个子字符串。前一个方法子串在源串中起始位置为 beginIndex，结束位置为 endIndex-1。下面通过 StringSub_test.java 来演示方法的使用。

【例 4-2】

```
public class StringSub_test {
    public static void main(String[] args) {
        String str_test = "JavaProgramming";
        String sub1 = str_test.substring(4);
        String sub2 = str_test.substring(4,7);
        System.out.println(sub1);
```

```
        System.out.println(sub2);
    }
}
```

运行程序后控制台输出如图 4.2 所示。

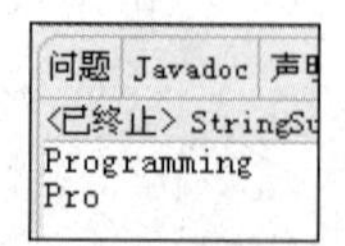

图 4.2　StringSub_test 运行结果图

(12) String toLowerCase( )、String toUpperCase( )：将字符串化为小写或者大写。例如：

```
String str = "abcDEfg123";
System.out.println(str.toLowerCase());//打印“ABCDEFG123”
System.out.println(str.toUpperCase());//打印“abcdefg123”
```

(13) String valueOf(double d)：返回 double 参数的字符串表示形式。例如：

```
double d = 1.23456;
String d_toString = String.valueOf(d);
System.out.println(d_toString);//打印“1.23456”
```

(14) String valueOf(float f)：返回 float 参数的字符串表示形式。例如：

```
float f = 1.23;
String f_toString = String.valueOf(d);
System.out.println(f_toString);//打印“1.23456”
```

(15) String valueOf(int i)：返回 int 参数的字符串表示形式。例如：

```
int i = 10;
String int_toString = String.valueOf(i);
System.out.println(int_toString);//打印“10”
```

4.1.2　“hello”与 new String(“hello”)的区别

在对基本类型(例如 int、double、float、char 等)变量判断是否相等时使用“==”符号。例如：

```
int x = 1;int y = 1;
System.out.println(x==y);//打印 true
```

但是对于字符串的判断，如果也使用“==”则返回的结果可能和预期的结果不一致。例如：

```
String str1 = "abc";
String str2 = new String("abc");
System.out.println(str1 == str2);//打印 false
```

在上例中预期 str1 与 str2 的比较应该返回 true 但是并不如人们所料。这是为什么呢？在讲解之前首先要了解下堆栈和常量池。栈是由 Java 虚拟机分配区域，用于保存线程执行的动作和数据引用。栈是一个运行的单位，Java 中一个线程就会相应有一个线程栈与之对应。堆是由 Java 虚拟机分配用于保存对象等数据的区域。而常量池是在堆中分配出来的一块区域，用于存储显示的 String、Float 和 Integer 等。例如：String str = "hello"，该 "hello" 显示赋值则被存储在常量池中。

看一下 Java 代码。

```
String str1 = "hello";
String str2 = "hello";
String str3 = "hel"+"lo"
String str4 = new String("hello");
String str5 = new String("hello");
System.out.println(str1 == str2);//打印 true
System.out.println(str1 == str3);//打印 true
System.out.println(str1 == str4);//打印 false
System.out.println(str1 == str5);//打印 false
System.out.println(str4 == str5);//打印 false
```

str1 和 str2 引用自常量池中同一个 String 对象，而编译器对 str3 做了优化，首先拼接字符串形成一个新的 String 对象 "hello"，然后在常量池直接寻找该字符串对象，如果存在则直接引用该字符串。str4 和 str5 在堆中重新生成了两个 String 对象，如图 4.3 所示。

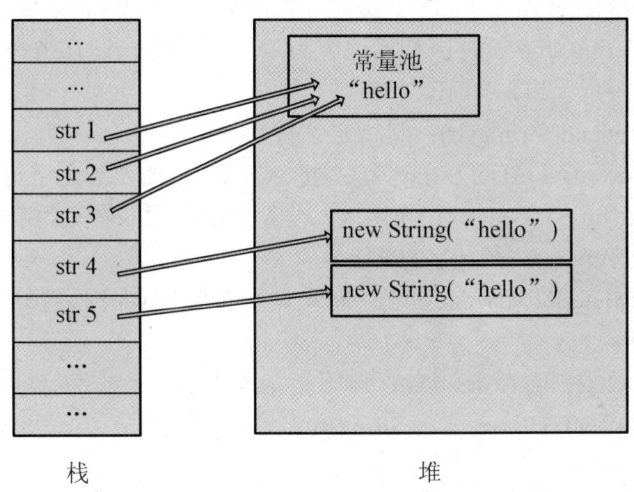

图 4.3　Java 的 String 对象存储和赋值机制

在以上的分析中可知，如果想判断两个字符串是否一致不应该使用“==”符号，应该用 String 类中的 equals( )方法。该方法是祖先类 Object 中的成员方法，在 String 类继承并重写了该方法。人们可以调用此方法校验两个字符串是否相等。例如：

```
String str1 = new String("hello");
String str2 = new String("hello");
System.out.println(str1.equals(str2));//打印 true
```

4.2　StringBuffer 类

4.2.1　比较 String 类与 StringBuffer 类

String 类和 StringBuffer 类都是用来处理字符串的，在 StringBuffer 中也提供了 length( )、toString( )、charAt( )、substring( )等方法。它们表示的字符在字符串中的索引位置也是从 0 开始的。

StringBuffer 与 String 使用起来有不少相同点，但是他们内部的实现却有很大差别。String 类是不可变类，而 StringBuffer 类是可变类。也许会在编程中使用“+”来连接字符串以达到附加字符串的目的，但每次调用“+”都会产生一个新的 String 对象。如果程序附加字符串操作很频繁，并不建议使用“+”来进行字符串连接。所以在频繁附加字符串的地方应该使用 StringBuffer 类。

4.2.2 StringBuffer 类常用构造方法和成员方法

StringBuffer 类的使用与 String 类有很多相似之处，他们大部分使用方法与 String 是一样的。String 在调用 replace( )、toLowerCase( )、toUpperCase( )等方法时会产生新字符串对象，而 StringBuffer 类则会改变字符串本身不会产生新的对象。

StringBuffer 类常用构造方法如下。

(1) StringBuffer( )：建立一个空的缓存区，默认长度为 16。

(2) StringBuffer(int length)：建立一个缓冲区长度为 length 的空缓冲区。

(3) StringBuffer(String str)：缓冲区初始内容为 str，并提供一个 16 个字符的空间再次分配。

StringBuffer 类常用成员方法如下。

(1) StringBuffer append(String str)：将指定字符串加到此字符序列。

(2) StringBuffer insert(int offset,String str)：将字符串 str 插入到此字符序列指定位置。

(3) void setCharAt(int pos,char ch)：使用 ch 设置指定位置 pos 上的字符。

(4) StringBuffer reverse( )：翻转字符串。

(5) StringBuffer delete(int start,int end)：删除调用对象从 start 位置开始到 end 指定索引-1 位置的字符序列。

(6) StringBuffer deleteCharAt(int pos)：删除指定索引 pos 上的字符。

下面通过 StringBufferTest.java 演示 StringBuffer 类的使用。

【例 4-3】

```
public class StringBufferTest {
public static void main(String[] args)  {
    StringBuffer buf = new StringBuffer("hcaet");
    buf.reverse( );//反转生成"teach"
    buf.insert(0, "JavaI");//插入"JavaI",生成"JavaIteach"
    buf.insert(10, "booksStudy");
    buf.delete(14, buf.length( )+1);//"JavaIteachbook"
    buf.insert(10, " ");//"JavaIteach book"
    buf.setCharAt(4, ' ');//"Java teach book"
    buf.append(" v1.0");
    System.out.println(buf);
    }
}
```

运行程序后控制台输出如图 4.4 所示。

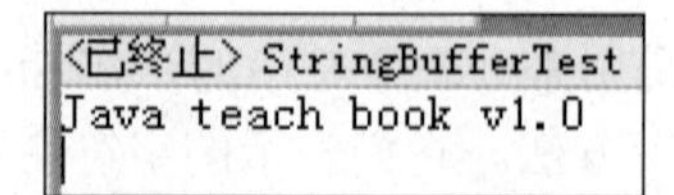

图 4.4　示例输出结果

4.3　处理日期的类

4.3.1　java.tuil.Date 和 java.text.SimpleDateFormat 类

类 Date 表示特定的瞬间，精确到毫秒。常用获取 Date 类对象的方法有以下几种。

Date( )：分配 Date 对象并初始化此对象，以表示分配它的时间。

Date(long date)：分配 Date 对象并初始化此对象，以表示从标准基准事件(1970 年 1 月 1 日 00:00:00 GMT)以来的指定毫秒数。

Date 类常用方法如下。

long getTime( )：返回子 1970 年 1 月 1 日 00:00:00 GMT 以来此 Date 对象的毫秒数。

Stromg toString( )：把此 Date 对象转换为以下形式的 String：dow mon dd hh:mm:ss zzz yyyy。其中：dow 是一周中的某一天 (Sun, Mon, Tue, Wed, Thu, Fri, Sat)。

Date 类中的方法不易于实现国际化，大部分方法都被废弃了。而 java.text.SimpleDateFormat 类是一个以与语言环境有关的方式来格式化和解析日期的具体类。它可以格式化日期类对象(即将日期对象转化成文本字符串)、解析文本转化成日期类对象。

SimpleDateFormat 类常用构造方法如下。

SimpleDateFormat( )：用默认的模式和默认语言环境的日期格式符号构造 SimpleDateFormat。

SimpleDateFormat(String pattern)：用给定的模式和默认语言环境的日期格式符号构造 SimpleDateFormat。

SimpleDateFormat 类常用成员方法如下。

String format(Date date)：将一个 Date 格式化为日期/时间字符串。

Date parse(String source)：从给定的字符串开始分析文本，以生成一个日期。

下面通过 DateTest.java 来演示 Date 类和 SimpleDateFormat 类使用方法。

【例 4-4】

```
import java.text.*;
import java.util.Date;
public class DateTest {
    public static void main(String[] args){
        Date date = new Date();//根据当前系统事件生成 Date 对象
        SimpleDateFormat sdf=new SimpleDateFormat("yyyy 年 MM 月 dd 日 EEE HH:mm:ss");
        String date_str = date.toString();
        String date_format = sdf.format(date);//根据规定的格式格式化 Date 对象
        System.out.println(date_str);
        System.out.println(date_format);
        String date_test = "2010 年 06 月 01 日 星期二 06:06:06";
        try {
            Date date2 = sdf.parse(date_test);
            System.out.println(date2);
        }
        catch(ParseException pe){
            pe.printStackTrace();
        }
    }
}
```

运行程序后控制台输出如图 4.5 所示。

图 4.5　Date 示例输出结果

4.3.2　java.tuil.Calendar 类

Calendar 日历类是一个抽象类，主要用于日期字段之间相互操作，设置和获取日期数据的特定部分。Calendar 类的 set( )和 get( )方法可以用来设置和读取日期的特定部分，比如年、月、日、分和秒等。

可以使用 Calendar.getInstance( )方法获取 Calendar 类实例或调用它的子类 GregorianCalendar 的构造方法。GregorianCalendar 采用格林尼治标准时间。

GregorianCalendar 类常用构造方法如下。

(1) GregorianCalendar( )：在具有默认语言环境的默认时区内使用当前时间构造一个默认的 GregorianCalendar。

(2) GregorianCalendar(int year, int month, int dayOfMonth)：在具有默认语言环境的默认时区内构造一个带有给定日期设置的 GregorianCalendar。

(3) GregorianCalendar(int year, int month, int dayOfMonth, int hourOfDay, int minute)：为具有默认语言环境的默认时区构造一个具有给定日期和时间设置的 GregorianCalendar。

(4) GregorianCalendar(int year, int month, int dayOfMonth, int hourOfDay, int minute, int second)：为具有默认语言环境的默认时区构造一个具有给定日期和时间设置的 GregorianCalendar。

GregorianCalendar 类常用方法如下。

(1) void add(int field, int amount)：根据日历规则，将指定的(有符号的)时间量添加到给定的日历字段中。

(2) Date getTime( ): 返回一个表示此 Calendar 时间值(从历元至现在的毫秒偏移量)的 Date 对象。

(3) void set(int field, int value)：将给定的日历字段设置为给定值。

(4) void setTime(Date date)：使用给定的 Date 设置此 Calendar 的时间。

(5) longgetTimeInMillis( )：返回此 Calendar 的时间值，以毫秒为单位。

下面通过 CalendarTest.java 来演示 Calendar 类的使用。

【例 4-5】

```
import java.util.Calendar;
import java.util.Date;
import java.util.GregorianCalendar;
import java.text.*;
public class CalendarTest {
    public static void main(String[] args) {
        Calendar cal = new GregorianCalendar();
        System.out.print("当前格林尼治时间--");
```

```
        System.out.print(" 年: "+cal.get(Calendar.YEAR));
        System.out.print(" 月: "+cal.get(Calendar.MONTH));
        System.out.print(" 日: "+cal.get(Calendar.DATE));
        //Calendar 类中星期日 Calendar.SUNDAT 是 1
        System.out.print(" 星期: "+(cal.get(Calendar.DAY_OF_WEEK)-1));
        System.out.print(" 小时: "+cal.get(Calendar.HOUR_OF_DAY));
        System.out.print(" 分: "+cal.get(Calendar.MINUTE));
        System.out.println(" 秒: "+cal.get(Calendar.SECOND));
        Date date = cal.getTime();
        SimpleDateFormat sdf = new SimpleDateFormat("yyyy 年 MM 月 dd 日
            EEE HH:mm:ss");
        String date_format = sdf.format(date);
        System.out.println("今天是: "+date_format);
        //给 Date 设置时间
        cal.set(Calendar.DATE,20);
        cal.add(Calendar.HOUR, 4);
        cal.add(Calendar.DAY_OF_WEEK, -2);
        System.out.println("修改后的时间为: "+cal.getTime());
        System.out.println("修改后的时间为: "+sdf.format(cal.getTime()));
    }
}
```

运行程序后控制台输出如图 4.6 所示。

```
问题 Javadoc 声明 控制台
<已终止> CalendarTest [Java 应用程序] C:\Program Files\Java\jdk1.6.0_10\bin\java
当前格林尼治时间-- 年: 2010 月: 5 日: 28 星期: 1 小时: 13 分: 37 秒: 3
今天是: 2010年06月28日 星期一 13:37:03
修改后的时间为: Fri Jun 18 17:37:03 CST 2010
修改后的时间为: 2010年06月18日 星期五 17:37:03
```

图 4.6　Calendar 类示例输出结果

4.4 包 装 类

Java 语言用包装类把基本类型数据转换为对象。每个 Java 基本类型在 java.lang 包中都有一个响应的包装类，见表 4-1。

表 4-1　基本类型和与之对应的包装类

基本类型	包装类
boolean	Boolean
byte	Byte
char	Character
short	Short
int	Integer
long	Long
float	Float
double	Double

将基本类型包装成类就可以将基本类型转化成对象来处理了。包装类中提供了一系列使用的方法，类中的方法可以处理其包装的基本类型数据。

4.4.1　包装类的构造方法

每个包装类都有几种重载形式(以 Double 类为例)。

```
Double d1 = new Double(1.0);
Double d2 = new Double("1.0");
```

除 Character 类，其他的包装类都可以以一个字符串为参数来构造他们的实例。例如：

```
Integer i = new Integer("123");
Boolean b = new Boolean("tRuE");//这里“ture”字符串不需要考虑大小写
```

当包装类的构造方法参数为 String 型时，字符串不能为空，而且该字符串必须可以解析为相应的基本类型的数据，否则编译虽然能通过但是运行时会抛出 NumberFormatException 异常。例如：语句 Double d = new Double("abc");抛出异常如图 4.7 所示。

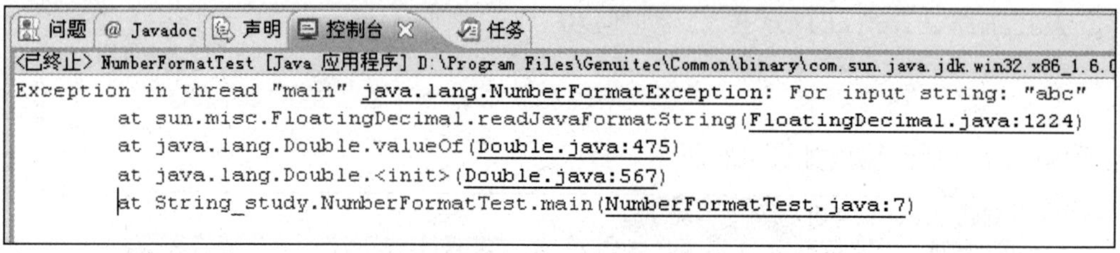

```
问题 @ Javadoc 声明 控制台 ✕ 任务
<已终止> NumberFormatTest [Java 应用程序] D:\Program Files\Genuitec\Common\binary\com.sun.java.jdk.win32.x86_1.6.0
Exception in thread "main" java.lang.NumberFormatException: For input string: "abc"
        at sun.misc.FloatingDecimal.readJavaFormatString(FloatingDecimal.java:1224)
        at java.lang.Double.valueOf(Double.java:475)
        at java.lang.Double.<init>(Double.java:567)
        at String_study.NumberFormatTest.main(NumberFormatTest.java:7)
```

图 4.7　包装类异常(一)

由异常报告可以看出，程序无法将字符串“abc”解析为 double 类型。

4.4.2　包装类的常用方法

Charater 类和 Boolean 类都直接继承 Object 类，除此之外，其他的包装类都是 java.Number 的直接子类，因此都继承或者覆盖重写 Number 类中的方法。

Number 类主要方法如下。

byte byteValue( )：以 byte 形式返回指定的数值。

doubledoubleValue( )：以 double 形式返回指定的数值。

floatValue( )：以 float 形式返回指定的数值。

intValue( )：以 int 形式返回指定的数值。

longValue( )：以 long 形式返回指定的数值。

shortValue( )：以 short 形式返回指定的数值。

包装类都覆盖了 Object 类中的 toString( )方法，以字符串形式返回被包装的基本类型。除了 Charater 类和 Boolean 类外，包装类都有 valueOf(String)静态工厂方法，可以将指定字符串解析成与之对应的基本类型。同样，参数字符串不能为空，而且必须可以解析为相应的基本类型。否则编译可以通过，但是运行时会抛出 NumberFormatException 异常。例如以下语句运行时将会抛出该异常。

```
String str = "123abc";
Double d = Double.valueOf(str); //抛出 NumberFormatException 异常
```

抛出异常效果如图 4.8 所示。

```
问题 @ Javadoc 声明 控制台 ☒ 任务
<已终止> NumberFormatTest [Java 应用程序] D:\Program Files\Genuitec\Common\binary\com.sun.java.jdk.win32.x86_1.6.0.013
Exception in thread "main" java.lang.NumberFormatException: For input string: "123abc"
	at sun.misc.FloatingDecimal.readJavaFormatString(FloatingDecimal.java:1224)
	at java.lang.Double.valueOf(Double.java:475)
	at String_study.NumberFormatTest.main(NumberFormatTest.java:7)
```

图 4.8　包装类异常(二)

JDK1.5 及以后版本运行基本类型和包装类型进行混合运算。在 JDK1.5 版本之前，数学运算表达式中操作单元必须是基本类型，并且结果也必须是基本类型。例如以下语句。

```
double d = 123.456*3*3;//合法
Double d = new Double("123.456")*new Integer(3)*3;//不合法，编译出错
```

在 JDK1.5 及以后版本中上面两个语句均合法。CalculateTest.java 演示了包装类型的混合运算。

【例 4-6】

```
public class CalculateTest {
    public static void main(String[] args) {
        Double d = Double.valueOf("123.456");
        Integer i = new Integer(3);
        Double d2 = Double.valueOf("3.3");
        int ii = 6;
        System.out.println(d*i*d2-ii);
    }
}
```

运行程序后控制台输出如图 4.9 所示。

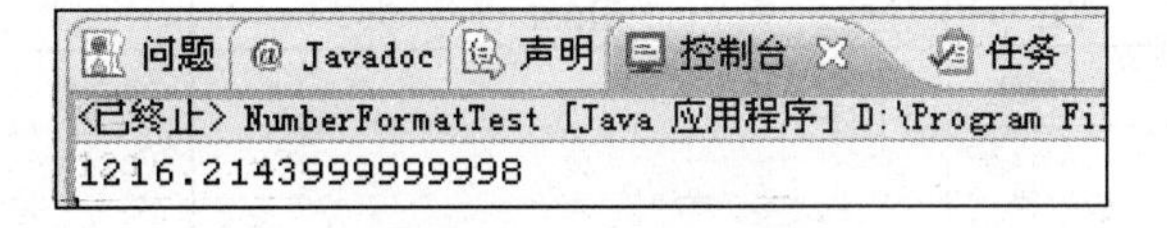

图 4.9　包装类混合运算

4.5　Math 类

java.lang.Math 类提供了很多用于数学运算的静态方法，包括指数运算、对数运算、平方根运算和三角运算等。Math 还有两个静态常量：E(自然对数)和 PI(圆周率)。Math 类是 final 类型，因此不可以被继承。Math 类的构造方法是 private 的，所以也不可以被实例化。

Math 类常用方法有以下几种。

(1) abs( )：返回绝对值。

(2) ceil( )：返回大于或等于参数的最小整数。

(3) floor( )：返回小于或等于参数的最大整数。

(4) max( )：返回两个参数的较大值。

(5) min( )：返回两个参数的较小值。

(6) random( )：返回 0.0 和 1.0 之间的 double 类型的随机数，包括 0.0 但不包括 1.0。

(7) round( )：返回四舍五入的整数值。

(8) sin( )：正弦函数。

(9) cos( )：余弦函数。

(10) tan( )：正切函数。

(11) exp( )：返回自然对数的幂。

(12) sqrt( )：平方根函数。

(13) pow( )：幂运算。

表 4-2 归纳了各种方法的参数类型和与之对应的返回参数类型。

表 4-2　Math 类中各方法参数类型和其返回类型比对表

方法名	参数类型	返回类型
ceil	double	double
floor		
exp		
pow		
log		
sqrt		
rint		
min max	float,float	float
	double,double	double
	long,long	long
	int,int	int
round	double	long
	float	int
acos	double	double
asin		
atan		
cos		
sin		
tan		
abs	long	long
	int	int
	float	float
	double	double
random	无参数	double

下面通过 MathTest.java 来演示 Math 类常用方法方法的使用。

【例 4-7】

```
public class MathTest {
    public static void main(String[] args) {
    System.out.println("3.3 和 3.5,大的数为:"+Math.max(3.3, 3.5));//输出最大的数
```

```
        System.out.println("求比 3.3 小的最大整数:"+Math.floor(3.3));
        System.out.println("求 sin(π/6):"+Math.sin(Math.PI/6));
        System.out.println("求 3.3 的平方根:"+Math.sqrt(3.3));
        System.out.println("随机取 0-100 之间的整数:"+ Math.round
            (Math.random()*100));
        System.out.println("随机取 0-100 之间的整数:"+ Math.round
            (Math.random()*100));
        System.out.println("随机取 0-100 之间的整数:"+ Math.round
            (Math.random()*100));
    }
}
```

运行程序后控制台输出如图 4.10 所示。

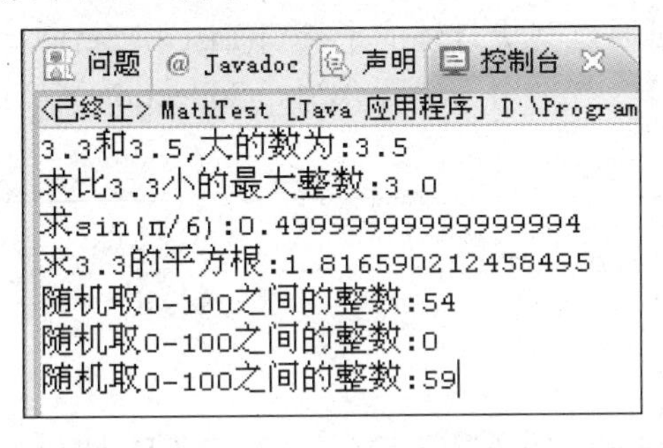

图 4.10　Math 类示例

4.6　Java 集合框架

在 Java 中专门设计了一组类，他们实现了各种方式的数据存储，这种专门用来存储其他对象的类，被称作为容器类，这组类和接口的设计结构也被统称为集合框架(Collection Framework)。所有集合类都位于 java.util 包中。与 Java 中数组不同，Java 集合中不能存放基本数据类型，只能存放对象的引用。本节将对常用集合类的使用进行简要介绍。

Java 集合框架中各种容器类关系如图 4.11 所示。

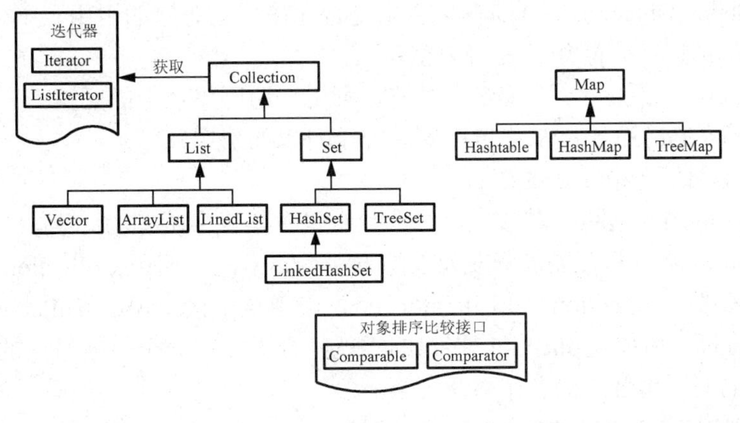

图 4.11　Java 集合框架容器类关系图

Java 集合主要分为 3 种类型。

Set(集)：集合中的对象不按照特定方式排序，不允许有重复对象。某些实现类可以对集合中对象按特定方式排序。

List(列表)：集合中的对象按照索引位置排序，允许有重复对象。List 与数组有些相似。

Map(映射)：集合中每个元素包含一个键(Key)和一个值(Value)，集合中键不可以重复，值可以重复。

本节将对集合框架容器类相关用法做简要的介绍。

4.6.1　Collection 和 Iterator 接口

在 Collection 接口中声明了适用于 Java 集合(包括 Set 和 List)的通用方法，JDK 不提供此接口的任何直接实现，而是通过其更具体的子接口(List 和 Set)实现。Collection 接口有众多的实现类，后面的章节将会对一些常用类进行介绍。Collection 接口的 API 文档截图如图 4.12 所示：

java.util
接口 Collection<E>

所有超级接口：
Iterable<E>

所有已知子接口：
BeanContext, BeanContextServices, BlockingQueue<E>, List<E>, Queue<E>, Set<E>, SortedSet<E>

所有已知实现类：
AbstractCollection, AbstractList, AbstractQueue, AbstractSequentialList, AbstractSet, ArrayBlockingQueue, ArrayList, AttributeList, BeanContextServicesSupport, BeanContextSupport, ConcurrentLinkedQueue, CopyOnWriteArrayList, CopyOnWriteArraySet, DelayQueue, EnumSet, HashSet, JobStateReasons, LinkedBlockingQueue, LinkedHashSet, LinkedList, PriorityBlockingQueue, PriorityQueue, RoleList, RoleUnresolvedList, Stack, SynchronousQueue, TreeSet, Vector

图 4.12　Collection 接口

Collection 接口中的常用方法如下。

boolean add(Object o)：相机和中加入一个对象的引用

void clear( )：删除集合中所有对象。

boolean contains(Object o)：判断在集合中是否存在特定对象的引用。

boolean isEmpty( )：判断集合是否为空。

Iterator iterator( )：返回一个 Iterator 对象，可用来遍历集合中的元素。

boolean remove(Object o)：从集合中删除一个对象的引用。

int size( )：返回集合中元素的数目。

Object[] toArray( )：返回一个数组，这个数组包含集合中所有的元素。

在 Collection 对象中并未提供获取元素的方法。如果需要遍历 Collection 中的元素，一般采用 Iterator 遍历器。Collection 接口 Iterator<E>，实现这个接口说明 Collection 允许对象称为“foreach”语句目标。所以 Collection 接口的实现集合类都有一个与之对应的遍历器。可以使用遍历器(Iterator)遍历集合中的各个对象元素。

Iterator 接口中定义的方法如下。

boolean hasNext( )：判断是否还有元素存在。

Object next( )：返回迭代的下一个元素。

void remove( )：删除迭代器返回的最后一个元素。

1. Set 接口实现类

Set 是最简单的一种集合，集合中的对象不按照特定方式排序，并且没有重复对象。也就是说当容器中已经存储一个相同的元素时，无法添加一个完全相同的元素。Set 接口中最常用的实现类有 3 个，HashSet、LinkedHashSet、TreeSet，重点介绍 HashSet。

下面通过 HashSetTest.java 来演示 HashSet 的使用方法。

【例 4-8】

```
import java.util.HashSet;
import java.util.Iterator;
public class HashSetTest {
    public static void main(String[] args) {
        HashSet hs = new HashSet();
        hs.add("Jack");
        hs.add("Lilei");
        hs.add("Mike");
        hs.add("Hanmeimei");
        hs.add("Lintao");
        System.out.println("集合 hs 是否为空: "+hs.isEmpty());
        Iterator it = hs.iterator();
        while(it.hasNext()){
            String str = (String)it.next();
            System.out.println(str);
        }
    }
}
```

运行程序后控制台输出如图 4.13 所示。

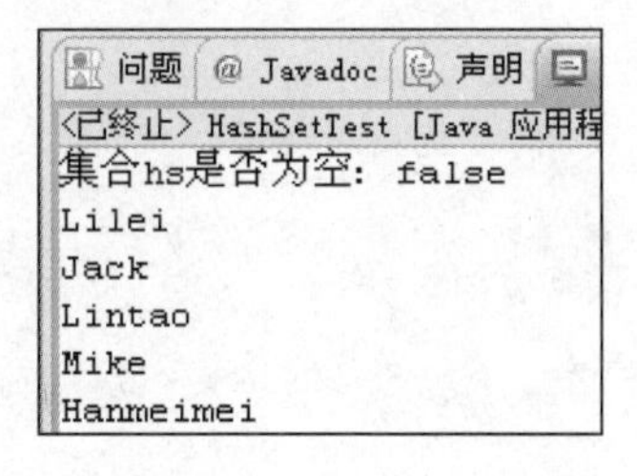

图 4.13　HashSet(一)

从图 4.13 可以看出迭代出来的顺序和添加的顺序并不一致，这也说明了 HashSet 并不保存添加顺序。这里只是将 String 对象按照自然顺序输出。

如果要存放自定义类的对象又该怎么办呢。必须重写 equals( )方法和 hashCode( )方法，它们是祖先类 Object 的方法，需要重写覆盖这两个方法。Set 在添加元素时系统会调用对象的 hashCode( )方法来，根据该方法返回的值依据特定算法将该对象存放到一个地址上，如果该地址上已存在一个元素，则将调用对象的 equals( )方法来比较两个对象是否相同，如果返回 true 则说明这两个元素相同则停止存放，如果不同则覆盖已存在的元素。所以在重写 equals( )和 hashCode( )方法时要注意，如果两个对象一样，则他们的 hashCode( )放回值一定要相同。

【例 4-9】 创建学生成绩类 Stu_Cj.java：

```
public class Stu_Cj {
    private String stu_num; //学号
    private String course; //课程
    private Float score; //分数
    public Stu_Cj(String stu_num,String course,float score)   {
        this.stu_num = stu_num;
        this.course = course;
        this.score = score;
    }
    public Stu_Cj(){}
    //重写 equals()方法
    public boolean equals(Object o){
        Stu_Cj sc = (Stu_Cj)o;
        this.stu_num = this.stu_num == null ? "" : this.stu_num;
        this.course = this.course == null ? "" : this.course;
        sc.stu_num = sc.stu_num == null ? "" : sc.stu_num;
        sc.course = sc.course == null ? "" : sc.course;
        return this.stu_num.equals(sc.stu_num)&&this.course.equals(sc.course);
    }
    //重写 hashCode()方法
    public int hashCode()   {
        int hash = 0;
        hash = this.stu_num.hashCode()*33+hash;
        hash = this.course.hashCode()*33+hash;
        return hash;
    }
    //重写 toSting 用于打印输出对象
    public String toString(){
        return "学号: "+this.stu_num+" 课程: "+this.course+" 成绩: "+this.score;
    }
    /**
     * @return the stu_num
     */
    public String getStu_num() {
        return stu_num;
    }
    /**
     * @param stu_num the stu_num to set
     */
    public void setStu_num(String stu_num) {
        this.stu_num = stu_num;
    }
    /**
     * @return the course
     */
    public String getCourse() {
        return course;
    }
    /**
     * @param course the course to set
```

```
     */
    public void setCourse(String course) {
        this.course = course;
    }
    /**
     * @return the score
     */
    public Float getScore() {
        return score;
    }
    /**
     * @param score the score to set
     */
    public void setScore(Float score) {
        this.score = score;
    }
}
```

下面通过 HashSetTest2.java 来演示存储自定义对象。

【例 4-10】

```
import java.util.HashSet;
import java.util.Iterator;

public class HashSetTest2 {
    public static void main(String[] args){
        HashSet hs = new HashSet();
        hs.add(new Stu_Cj("001","math",90f));
        hs.add(new Stu_Cj("001","physics",90f));
        hs.add(new Stu_Cj("001","chemica",90f));
        hs.add(new Stu_Cj("002","math",93f));
        hs.add(new Stu_Cj("002","physics",93f));
        hs.add(new Stu_Cj("002","chemica",93f));
        hs.add(new Stu_Cj("003","math",98f));
        hs.add(new Stu_Cj("003","physics",98f));
        hs.add(new Stu_Cj("003","chemica",98f));
        //添加重复元素
        hs.add(new Stu_Cj("003","math",99f));
        hs.add(new Stu_Cj("003","physics",99f));
        hs.add(new Stu_Cj("003","chemica",99f));
        Iterator it = hs.iterator();
        while(it.hasNext()){
            Stu_Cj sc = (Stu_Cj)it.next();
            //打印输出对象 sc
            System.out.println(sc);
        }
    }
}
```

运行程序后控制台输出如图 4.14 所示。

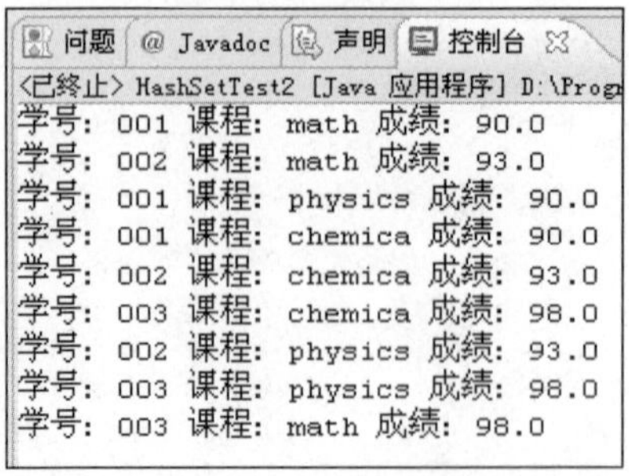

```
问题 @ Javadoc 声明 控制台
<已终止> HashSetTest2 [Java 应用程序] D:\Prog
学号: 001 课程: math 成绩: 90.0
学号: 002 课程: math 成绩: 93.0
学号: 001 课程: physics 成绩: 90.0
学号: 001 课程: chemica 成绩: 90.0
学号: 002 课程: chemica 成绩: 93.0
学号: 003 课程: chemica 成绩: 98.0
学号: 002 课程: physics 成绩: 93.0
学号: 003 课程: physics 成绩: 98.0
学号: 003 课程: math 成绩: 98.0
```

图 4.14　HashSet(二)

由图可见重复的元素并未添加至集合中，这也印证了 HashSet 中不允许出现同样的元素。

2. List 接口实现类

List 接口继承了 Colletion 接口，它是一个允许存在重复元素的有序集合。List 接口不但能够对列表一部分进行处理，还可以具体对某个索引进行操作。List 接口主要实现类包括 ArrayList 和 Vector。

ArrayList 与 Vector 都实现了接口 List，它们之间最大的区别就是 Vector 是线程同步的，而 ArrayList 没有进行同步。同时，Vector 类中重写了 toString( )方法，可以直接将 Vector 集合中的元素打印输出显示。由于两类比较相似，本书重点讲解 Vector 集合，在使用上 ArrayList 与 Vector 类同。

Vector 类继承了 List 接口同时也增加了一些方法，主要有以下几种。

void addElement(Object o)：将元素添加至向量尾部。

void insertElementAt(Object o,int index)：将元素加到指定索引处，此后元素的索引向后移动 1 个单位。

void setElementAt(Object o,int index)：将元素加到指定索引处取代原来的元素。

removeElement(Object o)：将向量中相应的元素删除。

removeAllElements( )：删除向量中所有元素。

下面通过 VectorTest.java 来演示 Vector 的使用。

【例 4-11】

```
import java.util.Vector;
public class VectorTest {
    public static void main(String[] args){
        Vector v = new Vector();
        v.addElement(new Stu_Cj("001","math",90f));
        v.addElement(new Stu_Cj("002","math",93f));
        v.addElement(new Stu_Cj("003","math",98f));
        //添加重复元素
        v.addElement(new Stu_Cj("003","math",99f));
        System.out.println("添加完毕: ");
        //直接打印元素
        System.out.println(v);
        System.out.println("删除元素 3: ");
        v.remove(3);
        System.out.println(v);
        System.out.println("移除所有元素: ");
```

```
        System.out.println(v);
    }
}
```

运行程序后控制台输出如图 4.15 所示。

```
问题 @ Javadoc 声明 控制台 任务
<已终止> VectorTest [Java 应用程序] D:\Program Files\Genuitec\Common\binary\com.sun.java.jdk.win32.x86_1.6.0.013\bin\javaw.exe (20
添加完毕:
[学号: 001 课程: math 成绩: 90.0, 学号: 002 课程: math 成绩: 93.0, 学号: 003 课程: math 成绩: 98.0, 
删除元素3:
[学号: 001 课程: math 成绩: 90.0, 学号: 002 课程: math 成绩: 93.0, 学号: 003 课程: math 成绩: 98.0]
移除所有元素:
[学号: 001 课程: math 成绩: 90.0, 学号: 002 课程: math 成绩: 93.0, 学号: 003 课程: math 成绩: 98.0]
```

图 4.15　Vector 实例结果

【例 4-12】 用 ArrayList 实现对书籍信息的存储。

```
import java.util.*;
public class ListDemo {
    public static void main(String args[]) {
        List list=new ArrayList();
        Book it1 = new Book("100", "Java 程序设计项目化教程", "徐义晗");
        Book it2 = new Book("101", "C#程序设计项目化教程", "宋桂岭");
        Book it3 = new Book("102", "JSP 应用开发教程", "王志勃");
        Book it4 = new Book("103", "asp.net 基础及应用", "管曙亮");
        list.add(it1);
        list.add(it2);
        list.add(it3);
        list.add(it4);
        ListDemo ld = new ListDemo();
        ld.output(list);
    }
    //输出集合中元素信息
    public void output(List list){
        for(int i=0;i<list.size();i++){
            Book nt=(Book)list.get(i);
            nt.output();
            }
    }
}
//书籍类
class Book {
    String id;
    String name;
    String writer;
    public Book(String id, String name, String writer) {
        this.id = id;
        this.name = name;
        this.writer = writer;
    }
    public void output() {
        System.out.println(id + ": " + name + ": " + writer);
    }
}
```

程序运行结果如图 4.16 所示。

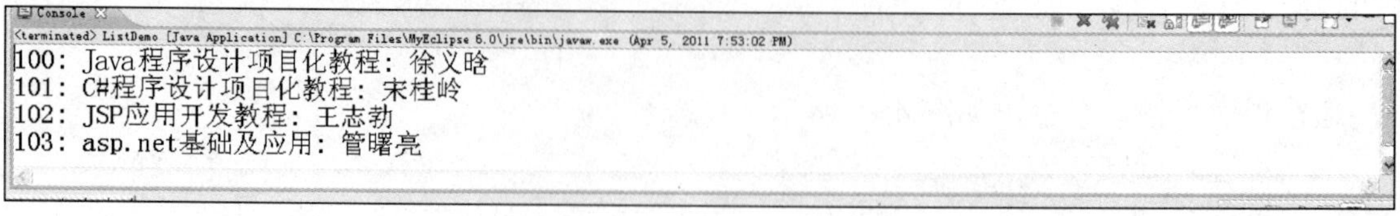

```
<terminated> ListDemo [Java Application] C:\Program Files\MyEclipse 6.0\jre\bin\javaw.exe (Apr 5, 2011 7:53:02 PM)
100: Java程序设计项目化教程: 徐义晗
101: C#程序设计项目化教程: 宋桂岭
102: JSP应用开发教程: 王志勃
103: asp.net基础及应用: 管曙亮
```

图 4.16　ArrayList 实例结果

4.6.2　Map 接口

Map 接口不是 Collection 的子类，Map(映射)是一种把键对象和值对象进行映射的集合，它的每一个元素都包含了一对键对象和值对象。Map 接口的 API 文档如图 4.17 所示。

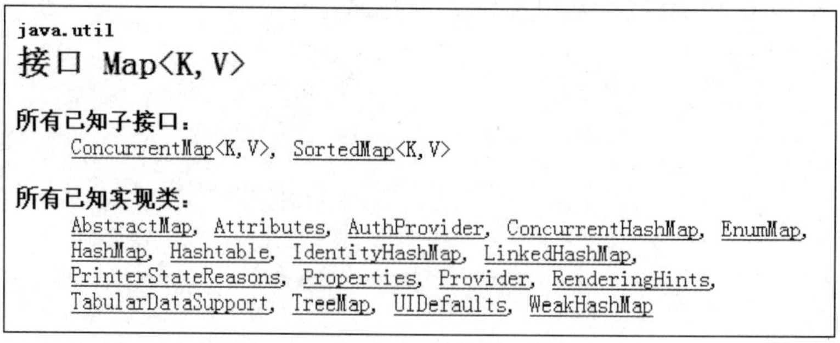

```
java.util
接口 Map<K, V>

所有已知子接口：
    ConcurrentMap<K, V>, SortedMap<K, V>

所有已知实现类：
    AbstractMap, Attributes, AuthProvider, ConcurrentHashMap, EnumMap,
    HashMap, Hashtable, IdentityHashMap, LinkedHashMap,
    PrinterStateReasons, Properties, Provider, RenderingHints,
    TabularDataSupport, TreeMap, UIDefaults, WeakHashMap
```

图 4.17　Map 接口

Map 接口定义了存储键(Key)值(Value)映射对的方法，Map 中不能有重复的键，Map 中存储的键值对是通过键来唯一标识的，Map 的“键”是用 Set 存放的，所以键对应的类必须重写 hashCode( )和 equals( )方法，通常用 String 类作为键。

Map 接口中定义的一些常用方法如下。

Object put(Object key,Object value)：向 Map 中放入一个键值对，如果该键存在，则与此键对应的值将被新值取代。

Object remove(Object key)：删除指定键值对。

void putAll(Map t)：将来自特定影响的所有元素添加给该映像。

void clear( )：清除所有键值对映射。

Object get(Object key)：获得与关键对象 key 相关的值对象。

boolean containsKey(Object key)：判断 Map 中是否存在键对象 key。

boolean containsValue(Object value)：判断 Map 中是否存在值对象 value。

int size( )：返回当前 Map 中的映射对数。

Set keySet( )：返回 Map 中的键对象，存放于 Set 中。

Collection values( )：返回 Map 中的值对象，存放于 Collection 对象中。

1. 实现类 HashMap

HashMap 是使用频率最高的一个容器，允许使用 null 值和 null 键，不保存映射的排列顺序，在随着键值插入时，该排序还可能是变化的。

下面通过 HashMapTest.java 来演示 HashMap 的用法。

【例 4-13】

```
import java.util.HashMap;
import java.util.Iterator;
import java.util.Set;

public class HashMapTest {
    public static void main(String[] args) {
        HashMap hm = new HashMap();
        hm.put("001", "Jack");
        hm.put("002", "Lilei");
        hm.put("003", "Sma");
        hm.put("004", "Mike");
        hm.put("005", "Smith");
        System.out.println("HashMap_hm:");
        System.out.println(hm);
        Set key = hm.keySet();
        Iterator it = key.iterator();
        while(it.hasNext()))  {
            String name = (String)hm.get(it.next());
            if(!it.hasNext())  {
                System.out.print(name);
            }
            else
                System.out.print(name+",");
        }
    }
}
```

运行程序后控制台输出如图 4.18 所示。

```
问题 @ Javadoc 声明 控制台 任务
<已终止> HashMapTest [Java 应用程序] D:\Program Files\Genuitec\Commo
HashMap_hm:
{004=Mike, 005=Smith, 001=Jack, 002=Lilei, 003=Sma}
Mike,Smith,Jack,Lilei,Sma
```

图 4.18　HashMap

2. 实现类 Properties

Properties 类表示了一个持久的属性集。Properties 可保存在流中或从流中加载。属性列表中每个键及其对应值都是一个字符串。图 4.19 是 Properties 的 API 文档截图，由图可知，Properties 类继承自 Hashtable，自 Java1.2 以来，HashMap 类实现了 Map 接口，所以 Properties 也具有 Map 的特性。不过 Properties 类存放的键值对都是字符串，在读取数据时不建议使用 put( )、putAll( )、get( )等方法，应该使用 setProperties(String key, String value)、getProperties(String key)等方法。

下面通过 PropertiesTest.java 来演示 Properties 类的使用，首先先创建一个属性文件，在包 API_Study 下新建名为 student.properties 的属性文件，在文件(图 4.20)中输入数据。

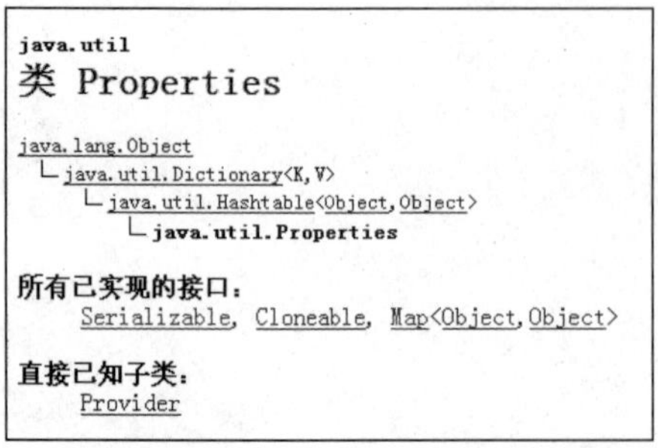

```
java.util
类 Properties

java.lang.Object
  └ java.util.Dictionary<K,V>
      └ java.util.Hashtable<Object,Object>
          └ java.util.Properties

所有已实现的接口：
    Serializable, Cloneable, Map<Object,Object>

直接已知子类：
    Provider
```

图 4.19　Propertie 类

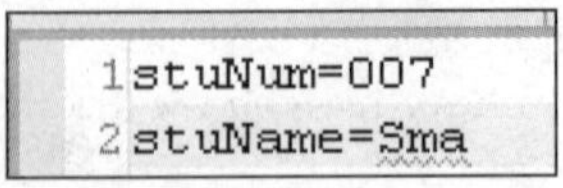

```
1 stuNum=007
2 stuName=Sma
```

图 4.20　属性文件

编写程序如下。

【例 4-14】

```
java.io.File;
import java.io.FileInputStream;
import java.io.IOException;
import java.io.InputStream;
import java.util.Properties;

public class PropertiesTest {
    public static void main(String[] args){
        try {
            InputStream is = new FileInputStream(new File
                ("API_Study/student.properties"));
            Properties prop = new Properties();
            prop.load(is);
            String name = prop.getProperty("stuName");
            String num = prop.getProperty("stuNum");
            System.out.println("num:"+num);
            System.out.println("name:"+name);
            prop.setProperty("stuScore", "98.5");
            String score = prop.getProperty("stuScore");
            System.out.println("新增属性 stuScore:");
            System.out.println("score:"+score);
        }
        catch(IOException ioe){
            ioe.printStackTrace();
        }
    }
}
```

运行程序后控制台输出如图 4.21 所示。

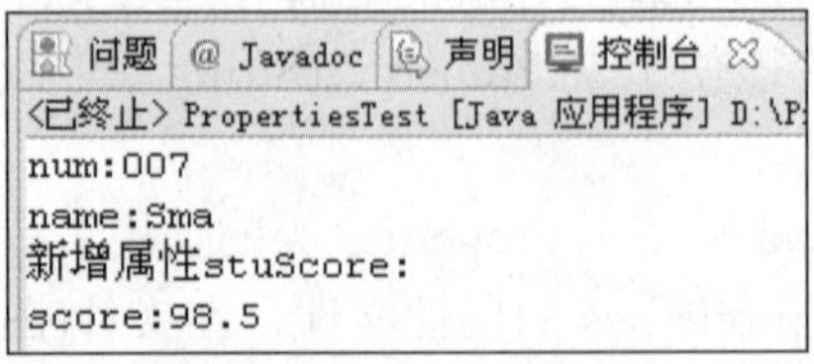

```
问题 @ Javadoc 声明 控制台
<已终止> PropertiesTest [Java 应用程序] D:\P
num:007
name:Sma
新增属性stuScore:
score:98.5
```

图 4.21　Properties 类示例结果

这里要注意的是在添加新属性后属性文件 student.properties 内容并未改变。

4.6.3 工作任务：用集合类实现学生成绩信息的存取

【任 务 4.1】 用集合类实现学生信息的存取，完成一个功能较为完善的系统

【任务描述】 在[任务 3.2]中发现用数组实现数据的存取有很多的不便，在学习了集合类后可以采用 ArrayList 或是 Vector 来实现数据的存取。在实现系统框架的基础上，实现数据的录入和输出功能，从而实现系统的基本功能。

【任务分析】 (1)系统登录类、系统主界面类、学生实体类不变。(2)在信息录入类中定义一个静态的 ArrayList 变量，public static ArrayList stu_list = new ArrayList( ); (3)修改信息录入类和信息输出类中的相应方法。

【任务实现】

第一步：学生信息录入类的实现。

```
/**
 * 学生信息录入类
 */
import java.util.*;
public class StuInfoEnterFrame {
    private Scanner scan = new Scanner(System.in);
    public  static ArrayList stu_list = new ArrayList();
        //学生信息录入方法
    public void StuInfoEnter(){
        System.out.println("*********学生信息录入*********");
        while(true) {
            Student stu = new Student();
            System.out.println("\n");
            System.out.println("当输入 exit 则打破循环终止输入操作");
            //当在输入姓名和学号时输入"exit"则打破循环终止输入操作
            System.out.print("请输入学生姓名：");
            String name = scan.next();
            if(name.equals("exit"))
                break;
            else
                stu.setStuName(name);
            System.out.print("请输入学生学号：");
            String num = scan.next();
            if(num.equals("exit"))
                break;
            else
                stu.setStuNum(num);
            //当输入"-1"，则停止该学生录入，直接跳至下个学生的录入
            System.out.print("请输入该学生思想品德测评成绩：");
            double moralScore = scan.nextDouble();
            if(moralScore==-1.0) continue;
            stu.setMoralScore(moralScore);

            System.out.print("请输入学生德育加分：");
            double moralScoreAdd = scan.nextDouble();
            if(moralScoreAdd==-1.0) continue;
```

```
            stu.setMoralScoreAdd(moralScoreAdd);

            System.out.print("请输入学生德育扣分: ");
            double moralScoreRed = scan.nextDouble();
            if(moralScoreRed==-1.0) continue;
            stu.setMoralScoreRed(moralScoreRed);

            System.out.print("请输入该学生课程成绩: ");
            double inteScore = scan.nextDouble();
            if(inteScore==-1.0) continue;
            stu.setInteScore(inteScore);

            System.out.print("请输入该学生智育加分: ");
            double inteScoreAdd = scan.nextDouble();
            if(inteScoreAdd==-1.0) continue;
            stu.setInteScoreAdd(inteScoreAdd);

            System.out.print("请输入学生体育成绩: ");
            double phyScore = scan.nextDouble();
            if(phyScore==-1.0) continue;
            stu.setPhyScore(phyScore);

            System.out.print("请输入学生体育扣分: ");
            double phyScoreRed = scan.nextDouble();
            if(phyScoreRed==-1.0) continue;
            stu.setPhyScoreRed(phyScoreRed);
            stu.toString();//初始化综合成绩
            stu_list.add(stu);//向学生集合中添加学生类
        }
        int i = 0;
        do{
            i = SelectOptions();
        }
        while(i != 2 && i != 1);//如果选项不为'1'或'2'则继续显示选择画面
        switch(i)
        {
            case 1:StuInfoEnter();break;
            case 2:
                //MainFrame.setStu_list(stu_list);
                new MainFrame().showMain();break;
        }
    }
    //功能选项响应方法
    public int SelectOptions(){
        System.out.println("*********学生信息录入结束*********");
        System.out.println("1.继续登记学生信息");
        System.out.println("2.返回主界面");
        System.out.print("请选择操作编号并按回车键: ");
        int i = scan.nextInt();
        return i;
    }
}
```

第二步：学生信息查询类的实现。

```
/**
 * 学生信息查询类
 */
import java.util.*;
public class StuInfoShow {
    private Scanner scan = new Scanner(System.in);
    private ArrayList list =new ArrayList();
    public StuInfoShow() {
        list = StuInfoEnterFrame.stu_list;
    }
        //学生信息子系统界面
    public void showStuInfoFrame()  {
        System.out.println("*********学生信息统计子系统*********");
        System.out.println("1.显示所有学生详细信息");
        System.out.println("2.查询单个学生详细信息");
        System.out.println("3.返回主界面");
        System.out.println("4.退出系统");
        System.out.print("请选择操作编号并按回车键：");
        selectOptions();
    }
    //功能选项选择响应方法
    public void selectOptions()  {
        int i = scan.nextInt();
        switch(i){
            case 1:
                showStuInfo();break;
            case 2:
                showOneStuInfo();break;
            case 3:
                new MainFrame().showMain();break;
            case 4:
                System.out.println("退出系统...");System.exit(0);break;
            default:
                System.out.print("输入有误！重新输入：");selectOptions();break;
        }
    }
    //显示所有学生信息
    public void showStuInfo()   {
        //当 stu_list 为空或者长度为 0，则要求先进行成绩录入
        if(list == null)
            System.out.println("请先进行成绩录入！");
        else if(list.size() == 0)
            System.out.println("请先进行成绩录入！");
        else    {
            regroupStu_list();
            Iterator it = list.iterator();
            System.out.println("***查询所有学生信息***");
            System.out.println("学生姓名"+"\t"+"学号"+"\t"+"德育成绩"+"\t"
                +"智育成绩"+"\t"+"体育成绩"+"\t"+"综合成绩");
            while(it.hasNext())
```

```
            {
                Student stu = (Student)it.next();
                System.out.println(stu);
            }
        }
        System.out.print("查询完毕！按任意键并回车继续");
        scan.next();
        showStuInfoFrame();
    }
    //显示单个学生信息
    public void showOneStuInfo()    {
        //当stu_list为空或者长度为0，则要求先进行成绩录入
        if(list == null)
            System.out.println("请先进行成绩录入！");
        else if(list.size() == 0)
            System.out.println("请先进行成绩录入！");
        else    {
            System.out.println("***查询单个学生信息***");
            System.out.print("请输入学号：");
            String num = scan.next();//取学号
            Student stu = searchStudent(num);
            if(stu == null){
                System.out.println("不存在该学生");
            }
            else    {
                System.out.println("学生姓名"+"\t"+"学号"+"\t"+"德育成绩"+"\t"
                    +"智育成绩"+"\t"+"体育成绩"+"\t"+"综合成绩");
                System.out.println(stu);//将学生信息输出，
                    在这里默认调用Student类的toString()方法
            }
        }
        System.out.print("查询完毕！按任意键并回车继续");
        scan.next();
        showStuInfoFrame();
    }
    //从ArrayList中筛选出指定学号的Student
    private Student searchStudent(String stunum){
        Iterator it = list.iterator();
        Student stu = null;
        while(it.hasNext()){
            Student s = (Student)it.next();
            if(s.getStuNum().equals(stunum)){
                stu = s;break; //如果找到学生中断查找循环
            }
        }
        return stu;
    }

    //重组学生list按照综合成绩从高到低排序
    private void regroupStu_list() {
        //如果只有一个学生信息则不需要重组
        if(list.size() == 1)    {
```

```
            return;
        }
        else    {
            Student stu = null;
            //冒泡排序重组学生集合
            for(int i=0;i<list.size();i++) {
                for(int j=0;j<list.size()-i-1;j++)
                {
                    Student s1 = (Student)(list.get(j));
                    Student s2 = (Student)(list.get(j+1));
                    if(s1.getTotalScore()<s2.getTotalScore()){
                        list.set(j, s2);list.set(j+1, s1);
                    }
                }
            }
        }
    }
}
```

【任务发布】

对系统测试运行后需要将其发布脱离编译环境运行。本系统是在 Eclipse 3.2 环境中编写的，下面将讲解在 Eclipse 3.2 下如何发布项目。首先右击项目在弹出窗口中单击【导出】打开导出界面如图 4.22 所示。

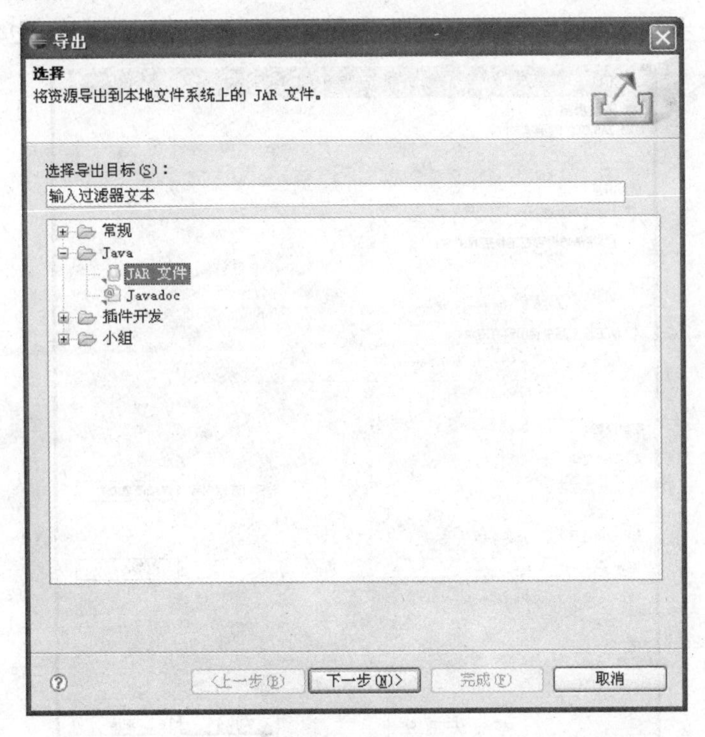

图 4.22　发布界面

单击【下一步】，打开下一界面，选择导出文件存放地址，如图 4.23 所示。

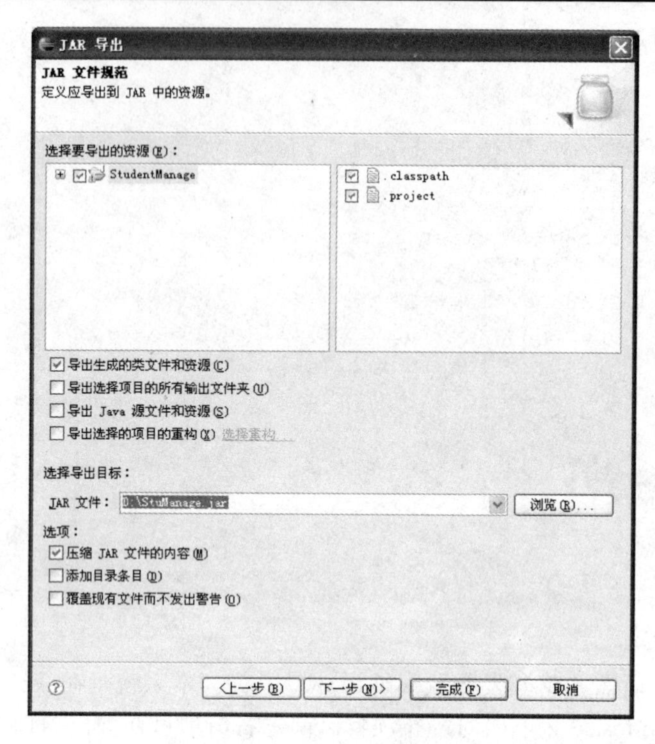

图 4.23　导出文件地址

再单击【下一步】，在打开的界面中选择入口类为 stu.Login，如图 4.24 所示。

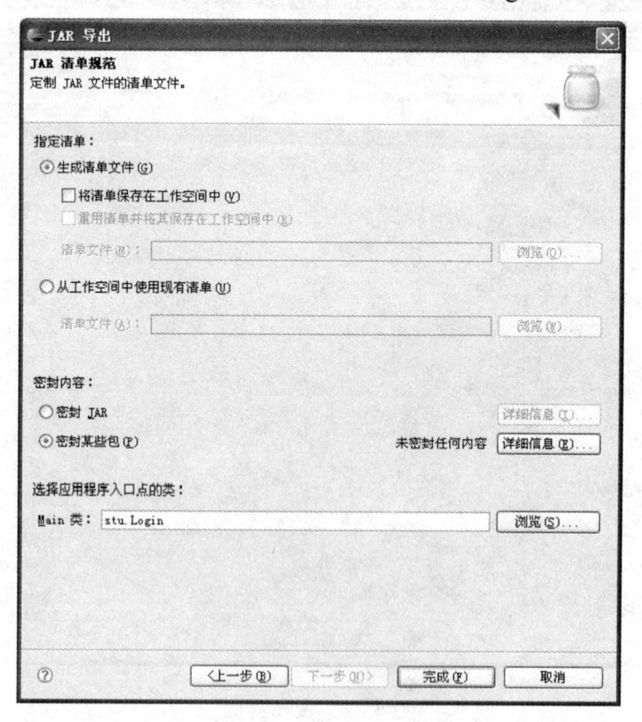

图 4.24　入口类

单击【完成】将在 D 盘根目录下生成一个名为 StuManage.jar 的 jar 文件。

通过【开始】菜单中的运行打开命令行，切换至 D 盘，输入命令 java 1 jar StuManage.jar

按 Enter 键即可打开系统进行操作，如图 4.25 所示。

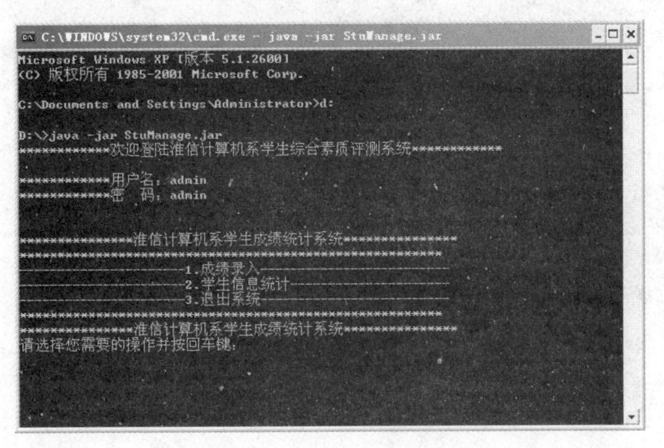

图 4.25　运行系统

【任务拓展】

至此整个系统的编写、调试及发布工作已经完成。由于是学习 Java 基本知识以后的第一个应用系统的开发，学生会有无从下手的感觉，也会出现各种各样的错误和异常，教师在教学过程中一定要“手把手”的带着学生一起来完成第一个项目。尤其是对扫描仪类 Scanner 类，在运行过程中会出现很多的异常情况，我们将在下一章中去给出解决方案。

课 后 作 业

1. 输入 5 种水果的英文名称，如葡萄 grape，桔子 orange，香蕉 banana，苹果 apple，桃 peach，编写一个程序，按字典顺序输出这些水果名称。

2. 随机输入一个人的姓名(中国人习惯，单姓)，然后分别输出姓和名。

3. 创建一个类 Cat 包含属性 name，在构造方法中进行初始化，添加一个方法 show( )，用以打印 name 属性的值。创建一个类 CatTest，添加 main 方法，实现创建一个 ArrayList，向其中添加几个 Cat 对象，遍历该集合，并且对每个 Cat 对象调用 show( )方法。

4. 创建一个类 Stack，代表堆栈(其特点为：后进先出)，添加方法 add(Object obj)以及 get( )，添加 main 方法进行验证，要求：使用 LinkedList 实现堆栈，在向 LinkedList 中添加时，使用 addLast 方法，在从 LinkedList 中取出时，使用 removeLast 方法。

5. 创建一个类 Book，包含属性：title(标题)，使用构造方法进行初始化，重写 toString( )方法，用以返回 Title 属性的值。创建一个类 BookTest，添加 main 方法，要求：使用 HashMap 进行存储，键为 Book 对象的编号，值为 Book 对象，通过某一个编号获取 Book 对象，并打印该 Book 对象的标题。

6. 根据你的理解，请说明一下 ArrayList 和 LinkedList 的区别。

7. 创建一个类 Queue，代表队列(其特点为先进先出)，添加方法 add(Object obj)以及 get( )，并添加 main( )方法进行效果验证。

8. 创建一个 HashMap 对象，用来存取学员的姓名和成绩，键为学员姓名(使用 String 类型)，值为学员的成绩(为 Integer 类型)，在主方法中从 HashMap 对象中获取这些学员的成绩并打印出来。修改其中一名学员的成绩，然后再打印所有学员的成绩。

第5章 异常处理

本章要点

- ➢ 异常的概念
- ➢ 异常的分类
- ➢ 异常的处理
- ➢ 自定义异常

异常是程序运行过程中出现的错误事件。在程序中产生异常现象是非常普遍的。在 Java 编程语言中，对异常的处理有非常完备的机制。

任务描述

任务编号	任务名称	任务描述
任务5.1	学生综合素质评定系统优化	在系统运行时用户输入相关数据时，经常会出现针对Scanner类的异常信息，这是因为Scanner当输入的数据类型不匹配时会报InputMismatchException异常，本任务将集中处理该异常信息

5.1 异常的概念

异常就是程序在运行过程中由于硬件设备问题、软件设计错误、缺陷等导致的程序错误。在软件开发的过程中，很多情况都将导致异常的产生，例如想打开的文件不存在、操作数超出预定范围、访问的数据库打不开等。

在 Java 中，异常用对象表示。在一个方法的运行过程中，如果发生了异常，则这个方法(或者是 Java 虚拟机)生成一个代表该异常的对象，该异常对象中包括了异常事件的类型以及发生异常时应用程序目前的状态和调用过程。

【例 5-1】中给出了一段代码，该段代码实现的功能是定义一个字符串数组，通过循环输出数组中的各个元素。

【例 5-1】

```
public class ex1 {
    public static void main(String args[]) {
        String languages[] = { "Java", "c", "c++", "c#" };
        int i = 0;
        while (i < 5) {
            System.out.println(languages[i]);
            i++;
        }
    }
}
```

在程序的运行过程中，首先打印输出数组中的 4 个数组元素，当 i 的值变为 4 的时候，数组下标越界，程序发生异常。程序报数组下标越界异常。程序的运行结果如图 5.1 所示。

```
Console
<terminated> ex1 [Java Application] C:\Program Files\MyEclipse 6.5 Blue\jre\bin\javaw.exe (May 31, 2010 8:19:18 PM)
Java
c
c++
c#
Exception in thread "main" java.lang.ArrayIndexOutOfBoundsException: 4
        at ex1.main(ex1.java:7)
```

图 5.1　程序运行结果

5.2　异常的分类

Java 类库中定义了丰富的异常类表示各种各样的异常，所有这些异常类都是由 Throwable 继承而来的。Throwable 类有两个子类：Error 和 Exception。如果类库中的异常类不能满足要求，还可以自己定义异常类。图 5.2 显示了部分异常类的层次结构图。

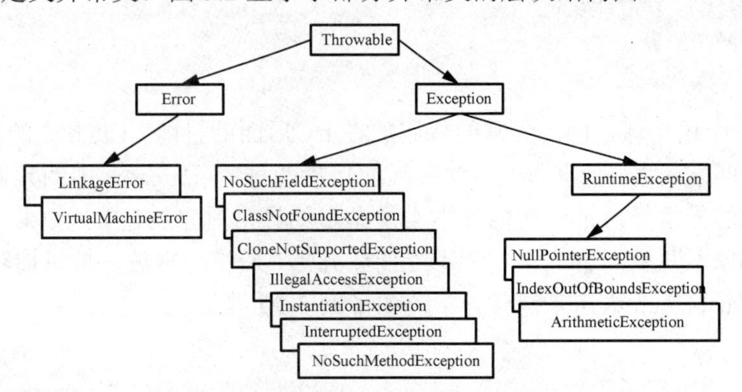

图 5.2　部分异常类的层次结构图

Error 类的子类描述了 Java 虚拟机的内部错误和资源耗尽错误。例如动态链接失败、线程死锁、图形界面错误、虚拟机错误等。Error 类的对象由 Java 虚拟机生成并抛弃，程序中通常不对这类错误进行处理。

Exception 类是所有异常类的父类。其子类对应了各种各样可能出现的异常事件。该类又分为 RuntimeException 和非运行时 Exception。

RuntimeException 是一类特殊的异常。Java 虚拟机在运行时生成的异常，这类异常在正常编译时通常发现不了，只有在运行时才会产生，如被 0 除、数组下标越界等。其产生比较频繁、处理麻烦。如果显式地声明或捕获对程序可读性和运行效率影响很大，因此由系统自动检测并将它们交给缺省的异常处理程序。用户可以不对其进行处理，必要时也可以处理。

非运行时 Exception 是一般程序中可预知的问题，其产生的异常可能会带来意想不到的结果。例如文件不存在、类定义不明确等。Java 编译器要求 Java 程序必须捕获或声明所有的非运行时异常。如果不处理则编译不能通过。

5.3 异常的处理

Java 编程语言使用异常处理机制为程序提供了处理错误的能力。Java 的异常处理是通过 5 个关键字来实现的：try、catch、finally、throw 和 throws。

如果某段代码的运行可能会产生异常，则把这段代码放到 try 语句块中；在 catch 语句块中根据异常的类型来捕获并处理异常；无论是否产生异常，finally 中的代码都要被执行；在方法的声明中，通过 throws 来标明该方法可能抛出的各种异常；在方法体中用 throw 来抛出一个异常。

5.3.1 捕获异常

在 Java 中，对容易发生异常的代码，可以通过 try-catch 语句进行捕获。在 try 语句块中编写可能发生异常的代码，然后在 catch 语句块中捕获执行这些代码时可能发生的异常。使用格式如下。

```
try {
        可能产生异常的代码
    } catch (异常类 异常对象) {
        异常处理代码
    }
```

try 语句是一个语句块，抛出异常的代码放在 try 后面的{}内。catch 中的异常类必须与 try 抛出的异常对象匹配，才能捕获异常。这种匹配包括两种情况：catch 中的异常类就是 try 抛出的异常对象对应的异常类；catch 中的异常类是抛出的异常对象的超类。如果 catch 中的异常类与抛出的异常对象不匹配，catch 语句就不能捕获异常，最终异常被虚拟机捕获。对于【例 5-1】中的代码，使用 try-catch 语句来捕获异常，如【例 5-2】所示。

【例 5-2】

```
public class ex2 {
    public static void main(String args[]) {
        String languages[] = { "Java", "c", "c++", "c#" };
        int i = 0;
        try {
```

```
            while (i < 5) {
                System.out.println(languages[i]);
                i++;
            }
        } catch (ArrayIndexOutOfBoundsException e) {
            System.out.print("捕获到异常！");
            System.out.print(e.getMessage());
        }
            System.out.print("数组元素输出结束！");
    }
}
```

try-catch 程序块的执行流程比较简单，首先执行的是 try 语句块中的语句，可能会有 3 种情况。

(1) 如果 try 块中的所有语句都正常执行完毕，则 catch 块中的所有语句都将被忽略。【例 5-2】中，如果将 while(i<5)改为 while(i<4)时，try 语句块中代码将正常执行，catch 语句块中代码不会执行，输出结果如图 5.3 所示。

```
Console ⊠
<terminated> ex2 [Java Application] C:\Program Files\MyEclipse 6.5 Blue\jre\bin\javaw.exe (Jun 2, 2010 12:20:18 AM)
Java
c
c++
c#
数组元素输出结束！
```

图 5.3　正常情况下的输出结果

(2) 如果 try 语句块在执行过程中碰到异常，并且这个异常与 catch 中声明的异常类型相匹配，那么 try 块中其余剩下的代码将被忽略，相应的 catch 块将会被执行。【例 5-2】中当 i＝4 时，将抛出 ArrayIndexOutOfBoundsException 类型的异常，程序跳入 catch 语句块中，输出结果如图 5.4 所示。

图 5.4　抛出异常情况下的输出结果

图 5.4 描述了异常事件的详细信息，这是通过异常对象的 getMessage( )方法得到的。还可以通过异常对象的 printStackTrace( )方法来跟踪异常事件发生时执行堆栈的内容。

(3) 如果 try 语句块在执行过程中碰到异常，而抛出的异常在 catch 块里面没有被声明，那么方法立刻退出。修改【例 5-2】中的代码，更换 catch 语句块中的异常类型，让它与 ArrayIndexOutOfBoundsException 类型不兼容，如【例 5-3】所示。

【例 5-3】

```
public class ex3 {
    public static void main(String args[]) {
        String languages[] = { "Java", "c", "c++", "c#" };
        int i = 0;
        try {
            while (i < 5) {
                System.out.println(languages[i]);
                i++;
            }
        } catch (NullPointerException e) {
            System.out.print("捕获到异常！");
            System.out.print(e.getMessage());
        }
        System.out.print("\n数组元素输出结束！");
    }
}
```

在程序运行的过程中，当 i=4 时，将抛出 ArrayIndexOutOfBoundsException 类型的异常，由于这种类型的异常在 catch 块中没有被捕获，程序运行将会中断。程序发生异常被迫中断时，会在控制台输出异常堆栈信息，如图 5.5 所示。

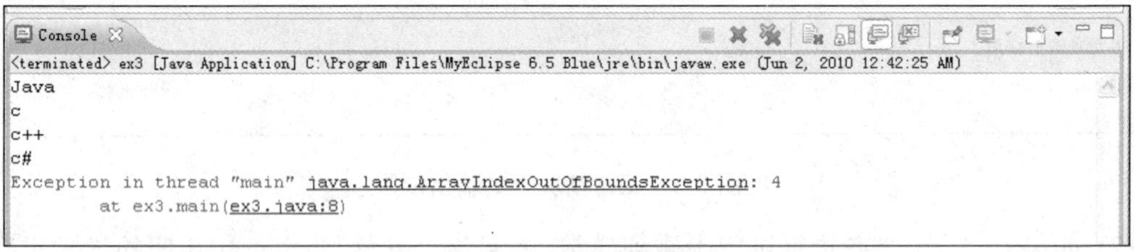

```
Console
<terminated> ex3 [Java Application] C:\Program Files\MyEclipse 6.5 Blue\jre\bin\javaw.exe (Jun 2, 2010 12:42:25 AM)
Java
c
c++
c#
Exception in thread "main" java.lang.ArrayIndexOutOfBoundsException: 4
        at ex3.main(ex3.java:8)
```

图 5.5　程序异常中断

在 try 语句块中的一段代码可能会引发多种类型的异常，这时，可以在一个 try 语句块后面跟多个 catch 语句块，分别处理不同类型的异常。由于父类可以捕获子类的异常，在 catch 语句排列时应该从特殊的具体的异常类型到一般的异常类型，最后出现的一般是 Exception 类。

在运行的过程中，系统从上到下对 catch 语句块中的异常类型进行检测，并执行第一个遇到的类型匹配的 catch 语句，其他的 catch 语句将会被忽略。如果没有匹配的 catch 语句，异常将由 Java 虚拟机捕获并处理。

现在要完成这样一个任务：键盘输入两个整数 a、b 的值，打印输出 a/b 的值(取整数部分)。要求在程序中使用多重 catch 语句实现捕获各种可能出现的异常。代码实现如【例 5-4】所示。

【例 5-4】

```
public class ex4 {
    public static void main(String args[]) {
        Scanner sc = new Scanner(System.in);
        int c = 0;
        try {
            System.out.print("请输入 a 的值：");
            int a = sc.nextInt();
            System.out.println("请输入 b 的值：");
```

```
            int b = sc.nextInt();
            System.out.println("a/b 的值为：");
            c = a / b;
            System.out.print(c);
        } catch (InputMismatchException e) {
            System.out.println("请输入一个整数！");
        } catch (ArithmeticException e) {
            System.out.println("被除数 b 不能为 0！");
        } catch (Exception e) {
            System.out.print("捕获异常！");
        }
    }
}
```

代码运行后，提示输入 a 的值，如果输入“abc”，系统会抛出 InputMismatchException 异常对象，代码进入第 1 个 catch 语句块，执行其中的代码，后面的 catch 语句被忽略。程序的运行结果如图 5.6 所示。

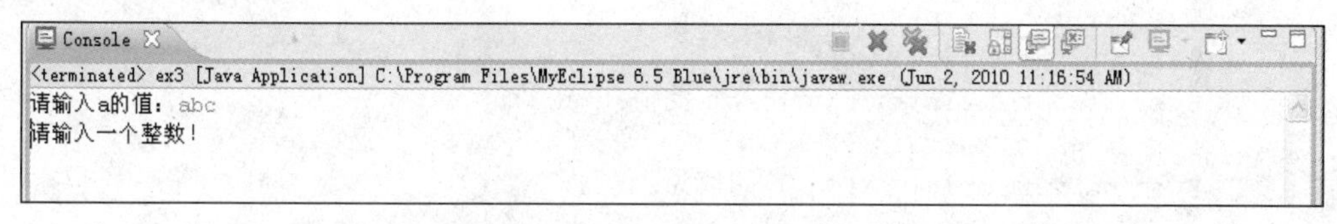

图 5.6 进入第 1 个 catch 语句块

如果在提示输入 a 时，输入 50，接着提示输入 b 的值，输入 0，此时会发生除 0 错误，系统会抛出 ArithmeticException 异常，进入第 2 个 catch 语句块，执行其中的代码，忽略其他 catch 语句块。程序的运行结果如图 5.7 所示。

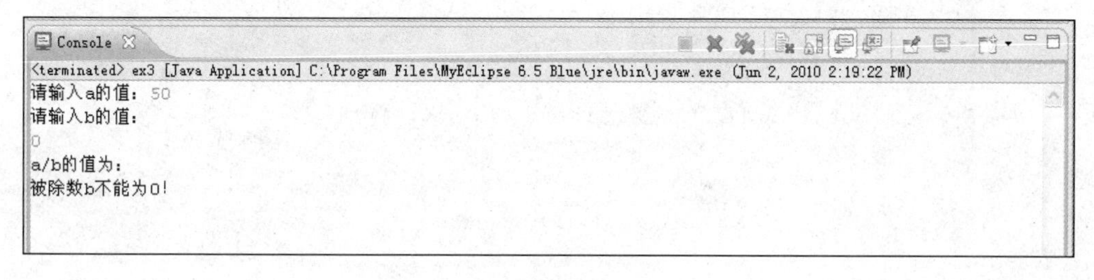

图 5.7 进入第 2 个 catch 语句块

有的时候，无论代码是否产生异常，都需要执行某些代码。例如在抛出异常前如果打开了某个文件，无论是否抛出异常，都应该关闭文件。在 try-catch 语句块后加入 finally 语句块，可以确保无论是否发生异常，finally 中的代码总是会被执行。finally 语句的异常处理语句格式如下。

```
try {
        可能产生异常的代码
    } catch (异常类 异常对象) {
        异常处理代码
    }
    finally{
        代码
    }
```

try-catch-finally 程序块的执行过程中可能会有以下 3 种情况。

(1) 如果 try 块中的所有语句都正常执行完毕，则 catch 块中的所有语句都将被忽略。执行 finally 中的语句。

(2) 如果 try 语句块在执行过程中碰到异常，并且这个异常被 catch 捕获，那么 try 块中其余剩下的代码将被忽略，相应的 catch 块将会被执行，最后执行 finally 中的语句。

(3) 如果 try 语句块在执行过程中碰到异常，而抛出的异常没有被 catch 块捕获，将跳过 try 语句块中的其他语句和 catch 语句，执行 finally 中的语句。

例 5-5 给出了一段使用 try-catch-finally 语句块的代码示例。

【例 5-5】

```
public class ex5 {
    public static void main(String args[]) {
        Scanner sc = new Scanner(System.in);
        int c = 0;
        try {
            System.out.print("请输入 a 的值：");
            int a = sc.nextInt();
            System.out.println("请输入 b 的值：");
            int b = sc.nextInt();
            System.out.println("a/b 的值为：");
            c = a / b;
            System.out.print(c);
        } catch (InputMismatchException e) {
            System.out.println("请输入一个整数！");
        } catch (ArithmeticException e) {
            System.out.println("被除数 b 不能为 0！");
        } catch (Exception e) {
            System.out.print("捕获异常！");
        } finally {
            System.out.println("进入 finally 语句块！");
        }


    }
}
```

在程序的执行过程中，输入 a 的值“er”，程序产生异常，直接进入到捕获 InputMismatchException 异常的 catch 语句块中执行操作，最后执行 finally 语句块中的语句。程序的执行效果如图 5.8 所示。

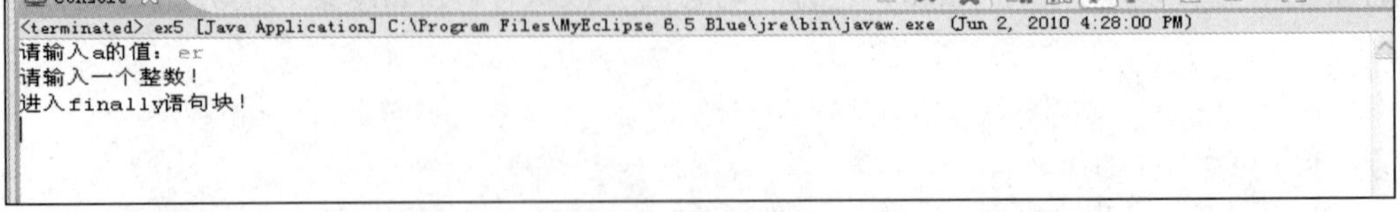

```
Console
<terminated> ex5 [Java Application] C:\Program Files\MyEclipse 6.5 Blue\jre\bin\javaw.exe (Jun 2, 2010 4:28:00 PM)
请输入a的值：er
请输入一个整数！
进入finally语句块！
```

图 5.8　异常情况下程序的运行结果

5.3.2　抛出异常

既然可以捕获各种类型的异常，那么这些异常是在什么地方抛出的呢？前面所捕获的异常，有些是由Java虚拟机生成的，有些是由Java类库中的某些类生成的，也可以在程序中生成自己的异常对象。

在编程过程中，有些问题在当前环境下是无法解决的，例如用户传入的参数错误、IO设备出现问题等，此时需要将问题交给调用者去解决。这个时候就需要抛出异常。

在Java语言中，使用throw关键字来抛出异常。throw语句的格式为：

throw 异常对象；

其中，异常对象必须继承自Throwable的异常类对象，异常抛出点后的代码在抛出异常后不再执行。在例5-6的代码中，在Student类的setid方法中抛出一个异常，原因在于在当前环境下无法解决参数问题，通过抛出异常将问题交给调用者去解决，在调用的地方捕获该异常。程序输出结果如图5.9所示。

【例5-6】

抛出异常：

```
public class Student {
    private String id;
    public void setid(String id) {
        // 判断学号是否7位
        if (id.length() == 8) {
            this.id = id;
        }
        else throw new IllegalArgumentException("学号长度应为8！");
        //测试代码是否执行到此
        System.out.print("test");
    }

    public String getId() {
        return id;
    }
}
```

捕获异常：

```
public class testStudent {
    public static void main(String args[]) {
        Student stu = new Student();
        try {
            stu.setid("123");
        } catch (IllegalArgumentException e) {
            System.out.println(e.getMessage());
        }
    }
}
```

```
Console
<terminated> testStudent [Java Application] C:\Program Files\MyEclipse 6.5 Blue\jre\bin\javaw.exe (Jun 2, 2010 11:13:44 PM)
学号长度应为8！
```

图5.9 例5-6的运行结果

5.3.3 声明异常

如果在一个方法中生成了异常，但是该方法中并不确切知道该如何对这些异常进行处理，例如 FileNotFoundException 类异常，它由 FileInputStream 的构造方法产生，但在其构造方法中并不清楚如何处理它，是终止程序的执行还是新生成一个文件。在这种情况下，可以不在当前方法中处理这个异常，而是沿着调用层次向上传递，交由调用它的方法来处理这些异常。通过声明异常，方法的调用者就会知道方法可能产生怎样的异常，可以做出相应的处理。

Java 语言中通过 throws 关键字声明某个方法可能抛出的各种异常。throws 关键字用在声明方法时，如果方法中抛出多种异常，则 throws 后面是用逗号隔开的异常类列表。例 5-7 在例 5-6 的基础上进行了修改。

【例 5-7】 抛出异常：

```
public class Student {
    private String id;
    public void setid(String id)throws IllegalArgumentException {
        // 判断学号是否 7 位
        if (id.length() == 8) {
            this.id = id;
        }
        else throw new IllegalArgumentException("学号长度应为 8！ ");
        //测试代码是否执行到此
        System.out.print("test");
    }
    public String getId() {
        return id;
    }
}
```

捕获异常：

```
public class testStudent {
    public static void main(String args[]) {
        Student stu = new Student();
        try {
            stu.setid("123");
        } catch (IllegalArgumentException e) {
            System.out.println(e.getMessage());
        }
    } }
```

5.3.4 工作任务：学生综合素质评定系统优化

【任 务 5.1】 学生综合素质评定系统优化

【任务描述】在系统运行时用户输入相关数据时，经常会出现针对 Scanner 类的异常信息，这是因为 Scanner 当输入的数据类型不匹配时会报 InputMismatchException 异常。本任务将集中处理该异常信息。

【任务分析】 scan.next( );表示接受字符串，没有匹配的问题，当出现 scan.nextDouble( );或是 scan.nextInt( )用法时就有可能出现输入数据类型的匹配问题，所以要对各个类逐一进行异常处理。

【任务实现】

第一步：主界面类中的 selectOption( )方法菜单选项输入语句“op = scan.nextInt( );”的异常处理，当用户输入非整数时报告错误信息并提醒用户重新输入。

```
//功能选项选择响应方法
public void selectOption() {
    Scanner scan = new Scanner(System.in);
    int op=0;
    try{
        op = scan.nextInt();
    }catch(InputMismatchException e ){
        System.out.println("！！！！菜单选项为整型数据！！！！");
    }
    switch(op) {
        case 1:
            sie.StuInfoEnter();break;
        case 2:
            sis.showStuInfoFrame();break;
        case 3:
            System.out.println("退出系统...");
            System.exit(0);
            break;
        default:
        System.out.println("输入错误！重新输入：");
        selectOption();
    }
}
```

第二步：学生信息录入类 StuInfoEnter( )方法中学生成绩录入语句“moralScore = scan.nextDouble( );”的异常处理，如果某个学生信息录入的数据格式有错误，通过异常处理实现停止当前学生信息的录入，跳至下个学生信息的录入。

```
public void StuInfoEnter( ){
        System.out.println("*********学生信息录入*********");
        while(true){
            Student stu = new Student();
            System.out.println("\n");
    System.out.println("当在输入姓名和学号时输入 exit 则打破循环终止输入操作");
            //当在输入姓名和学号时输入"exit"则打破循环终止输入操作
            System.out.print("请输入学生姓名：");
            String name = scan.next();
            if(name.equals("exit"))
                break;
            else
                stu.setStuName(name);
            System.out.print("请输入学生学号：");
            String num = scan.next();
            if(num.equals("exit"))
                break;
            else
                stu.setStuNum(num);
```

```
//如果不想录入当前学生信息，直接输入"-1"，即可跳至下个学生信息的录入
//如果录入的数据格式有错误，通过异常处理实现停止当前学生信息的录入，跳至下个学生信息的录入
            System.out.print("请输入该学生思想品德测评成绩：");
            double moralScore=0.0;
                try{
                    moralScore = scan.nextDouble();
                }catch(InputMismatchException e ){
                    String temp=scan.next();//清除刚才输入的错误信息
        System.out.println("你刚才输入的为："+temp+"！！！！请输入双精度浮点型数据！！！！");
                    continue;
                }
            if(moralScore==-1.0) continue;
            stu.setMoralScore(moralScore);
            System.out.print("请输入学生德育加分：");
            double moralScoreAdd=0.0;
            try{
                moralScoreAdd = scan.nextDouble();
            }catch(InputMismatchException e ){
                String temp=scan.next();//清除刚才输入的错误信息
        System.out.println("你刚才输入的为："+temp+"！！！！请输入双精度浮点型数据！！！！");
                continue;
            }
            if(moralScoreAdd==-1.0) continue;
            stu.setMoralScoreAdd(moralScoreAdd);

            System.out.print("请输入学生德育扣分：");
            double moralScoreRed=0.0;
            try{
                moralScoreRed = scan.nextDouble();
            }catch(InputMismatchException e ){
                String temp=scan.next();//清除刚才输入的错误信息
        System.out.println("你刚才输入的为："+temp+"！！！！请输入双精度浮点型数据！！！！");
                continue;
            }
            if(moralScoreRed==-1.0) continue;
            stu.setMoralScoreRed(moralScoreRed);

            System.out.print("请输入该学生课程成绩：");
            double inteScore=0.0;
            try{
                inteScore = scan.nextDouble();
            }catch(InputMismatchException e ){
                String temp=scan.next();//清除刚才输入的错误信息
        System.out.println("你刚才输入的为："+temp+"！！！！请输入双精度浮点型数据！！！！");
                continue;
            }
            if(inteScore==-1.0) continue;
            stu.setInteScore(inteScore);

            System.out.print("请输入该学生智育加分：");
            double inteScoreAdd=0.0;
            try{
```

```
            inteScoreAdd = scan.nextDouble();
        }catch(InputMismatchException e ){
            String temp=scan.next();//清除刚才输入的错误信息
    System.out.println("你刚才输入的为："+temp+"！！！！请输入双精度浮点型数据！！！！");
            continue;
        }
        if(inteScoreAdd==-1.0) continue;
        stu.setInteScoreAdd(inteScoreAdd);

        System.out.print("请输入学生体育成绩：");
        double phyScore=0.0;
        try{
            phyScore = scan.nextDouble();
        }catch(InputMismatchException e ){
            String temp=scan.next();//清除刚才输入的错误信息
    System.out.println("你刚才输入的为："+temp+"！！！！请输入双精度浮点型数据！！！！");
            continue;
        }
        if(phyScore==-1.0) continue;
        stu.setPhyScore(phyScore);

        System.out.print("请输入学生体育扣分：");
        double phyScoreRed=0.0;
        try{
            phyScoreRed = scan.nextDouble();
        }catch(InputMismatchException e ){
            String temp=scan.next();//清除刚才输入的错误信息
    System.out.println("你刚才输入的为："+temp+"！！！！请输入双精度浮点型数据！！！！");
            continue;
        }
        if(phyScoreRed==-1.0) continue;
        stu.setPhyScoreRed(phyScoreRed);
        stu.toString();//初始化综合成绩
        stu_list.add(stu);//向学生集合中添加学生类
    }
    int i = 0;
    do{
        i = SelectOptions();
    }
    while(i != 2 && i != 1);//如果选项不为'1'或'2'则继续显示选择画面
    switch(i){
        case 1:StuInfoEnter();break;
        case 2:
            new MainFrame().showMain();
            break;
    }
}
```

第三步：学生信息录入类中功能选项响应方法 SelectOptions( )中语句“i = scan.nextInt( );”的异常处理。

```
public int SelectOptions() {
    System.out.println("*********学生信息录入结束*********");
```

```
    System.out.println("1.继续登记学生信息");
    System.out.println("2.返回主界面");
    System.out.print("请选择操作编号并按回车键：");
    int i=0;
    try{
        i = scan.nextInt();
    }catch(InputMismatchException e){
        String temp=scan.next();//清除刚才输入的错误信息
    System.out.println("你刚才输入的为："+temp+"！！！！请输入整型数据！！！！");
    }
    return i;
}
```

第四步：学生信息查询类中功能选项选择响应方法 selectOptions( )中 “i = scan.nextInt( );” 语句的异常处理。

```
// 功能选项选择响应方法
    public void selectOptions() {
        int i = 0;
        try {
            i = scan.nextInt();
        } catch (InputMismatchException e) {
            String temp=scan.next();//清除刚才输入的错误信息
        System.out.println("你刚才输入的为"+temp+"！！！！菜单选项为整型数据！！！！");
        }
        switch (i) {
        case 1:
            showStuInfo();
            break;
        case 2:
            showOneStuInfo();
            break;
        case 3:
            new MainFrame().showMain();
            break;
        case 4:
            System.out.println("退出系统...");
            System.exit(0);
            break;
        default:
            System.out.println("输入有误！重新输入：");
            selectOptions();
        }
    }
```

5.4 自定义异常

Java 提供的内置异常类能够处理在编写程序过程中出现的大部分异常情况，但 Java 的异常处理机制并不局限于此，如果内置异常类不能恰当地描述问题，用户可以创建和使用自定义异常类。

自定义的异常类必须继承自 throwable 类，才能被视为异常类，通常是继承自 Exception 类或 Exception 类的子孙类。

自定义异常类在程序中的使用主要包括以下几个步骤。

(1) 创建自定义异常类。

(2) 在方法中通过 throw 关键字抛出异常对象。

(3) 如果在当前抛出异常的方法中处理异常，可以使用 try-catch 语句捕获并处理；否则在方法的声明处通过 throws 关键字指明要抛出给方法的调用者的异常。如果自定义异常类继承自运行时 Exception，可以不通过 throws 关键字指明要抛出的异常。

(4) 在异常方法的调用者中捕获并处理异常。

例 5-8 给出了一个自定义异常的示例。

【例 5-8】

```
public class MyException extends Exception {
    private String content;
    //构造方法
    public MyException(String content) {
        this.content = content;
    }
    //获取异常描述信息
    public String getContent() {
        return content;
    }
}

public class Example {
    //检查字符串元素是否都为小写字母
    public static void check(String str) throws MyException {
        char a[] = str.toCharArray();
        int len = a.length;
        for (int i = 0; i < len; i++) {
            // 当前元素是否为小写字母
            if (!(a[i] >= 'a' && a[i] <= 'z')) {
                // 抛出 MyException 异常类对象
                throw new MyException("字符串" + str + "中含有非法字符！");
            }
        }
    }
    public static void main(String args[]) {
        String str1 = "ahd23!";
        try {
            check(str1);
        } catch (MyException e) {
            System.out.println(e.getContent());
        }
    }
}
```

代码运行结果如图 5.10 所示。

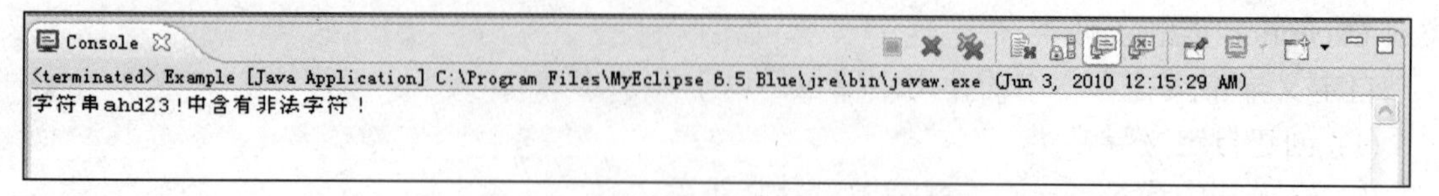

图 5.10　例 5-8 运行结果

课后作业

1. 什么是异常？简述 Java 的异常处理机制。

2. 在 Java 的异常处理机制中，try 程序块，catch 程序块和 finally 程序块各起什么作用？

3. 写一个名为 OutOfBound 的程序。在该程序中声明一个包含 10 个整型元素的数组并给这 5 个元素赋值；定义一个变量并赋值为 0，该变量用来指示数组的下标；写一个 try 语句块，在该语句块中通过增加下标的值来显示该数组中的元素；创建一个 catch 语句块，在该语句块中捕获 ArrayIndexOutOfBoundsException 异常，并输出“数组下标越界了！”的错误信息。

4. 编写一个程序提示用户从键盘输入一个数，然后从该数上减去 20，将得到结果作为定义一个数组的大小；如果定义的这个数组大小是个负数的话，程序就抛出一个自定义异常 MyException；如果有这样的异常存在的话，编写一个 catch 语句块来捕获该异常，并将该异常信息在 catch 语句块中输出。

第6章 Java输入输出流

本章要点

- Java.IO.File 类
- JavaI/O 原理
- 字节流和字符流概述
- 随机读取文件
- 对象流

任务描述

任务编号	任务名称	任务描述
任务6.1	采用文件方式永久保存学生信息数据	在系统启动时读入文件中的数据，填充到ArrayList中，在系统运行过程中动态数据暂时保存在ArrayList中，系统退出时提示是否保存到文件中

程序在运行时，有时候需要把生成的数据保存到文件中或者传输到某个目标位置中，有时候也需要从文件或者某个目标位置中读取数据，这些操作大部分都需要响应 I/O 设备。Java 执行读写操作都是通过对象实现的，接收数据的对象被称为输入流，而输出数据的对象被称为输出流。Java 对输入输出操作的支持非常强大且全面，充分利用了面向对象特性。Java 的输入输出系统紧密相连，一个输入流肯定有一个输出流与之对应。

6.1 Java.IO.File 类

很多输入输出流的创建都需要用到 File 对象，在学习输入输出流之前先学习 File 类的概念及其用法。

6.1.1 文件和目录

文件是很多程序中数据的基本初始源和目标源。文件输入输出操作在任何语言里都是存在的。在计算机系统中，文件可以被当做是相关数据记录或一组数据的集合。为了便于分类管理文件，通常会使用目录组织文件的存放，目录是一组文件的集合。这些文件和目录一般都存储在硬盘、U 盘、光盘等介质中。

在计算机系统中，所有文件数据都是以二进制数字进行存储的。在存储设备中存放的其实就是大量的二进制数字。当要使用这些文件时，系统会调用相应的程序来解码读取这些二进制数据，比如音频格式的数据，系统会调用播放器等软件来解码并播放，图片文件系统会调用图片显示程序对其进行解码而后显示画面。

6.1.2 Java 中文件的创建

文件的全名是由目录路径与文件名组成的。例如 C:\Program Files\Java\jdk1.6.0_10\bin\java.exe 是一个.exe 格式的文件的全称，其中 C:\Program Files\Java\jdk1.6.0_10\bin\是该文件的目录路径，也就是平时所说的文件夹。

在 Java 中，目录被视作一个特殊的文件，使用 File 类来统一代表目录和文件，在 File 类中可以调用相应的方法来判断是文件还是目录。

File 类常用的构造方法如下。

```
File(File parent, String child)
       //根据 parent 抽象路径名和 child 路径名字符串创建一个新 File 实例。
File(String pathname)
       //通过将给定路径名字符串转换成抽象路径名来创建一个新 File 实例。
File(String parent, String child)
       //根据 parent 路径名字符串和 child 路径名字符串创建一个新 File 实例。
```

在上述的构造方法中可以使用路径构造文件对象，也可以通过文件的父路径和文件名构造文件对象，例如：

```
File f = new File("C:\\Program Files\\test.txt");  //通过文件路径全名构造文件对象
File f = new File("C:\\Program Files", "test.txt"); //通过父路径和文件名构造对象
File f = new File(File parent, "test.txt");         //创建的文件 f 在目录 parent 下
```

分隔符也可以使用“/”，所以上述语句也可以表示成：File f = new File("C:/Program Files/test.txt");

有时为了保证程序的可移植性需要使用相对路径，java 中使用 "." 来表示当前路径。

创建一个以当前目录的对象：

```
File f = new File(".");
```

File 类中定义了很多访问属性的方法，常用属性访问方法有以下几种。

```
public boolean canRead()             //判断文件是否可读
public boolean canWrite()            //判断文件是否可写
public boolean exists()              //判断文件是否存在
public boolean isDirectory()         //判断是否是目录
public boolean isFile()              //判断是否是文件
public boolean isHidden()            //判断是否是隐藏文件
```

```
public long length()                //返回文件长度
public String getName()             //返回文件名
public String getPath()             //返回文件路径
public String getAbsolutePath()     //返回文件绝对路径
```

下面通过 FileTest.java 来演示文件的创建和属性访问。

【例 6-1】

```
public class FileTest{
    public static void main(String[] args) {
        File f1 = new File("."); //以当前目录创建文件
        System.out.println("f1 是否存在"+f1.exists());
        System.out.println("f1 是否为目录"+f1.isDirectory());
        System.out.println("f1 是否为文件"+f1.isFile());
        System.out.println("f1 的路径"+f1.getPath());
        System.out.println("f1 的绝对路径"+f1.getAbsolutePath());
        System.out.println("f1 的名字"+f1.getName());
        System.out.println("f1 是否隐藏"+f1.isHidden());
        System.out.println("f1 是否可读"+f1.canRead());
        System.out.println("f1 是否可写"+f1.canWrite());

        File f2 = new File("src/javaIO/FileTest.java");//以相对路径创建文件
        System.out.println("f2 是否存在"+f2.exists());
        System.out.println("f2 是否为目录"+f2.isDirectory());
        System.out.println("f2 是否为文件"+f2.isFile());
        System.out.println("f2 的路径"+f2.getPath());
        System.out.println("f2 的绝对路径"+f2.getAbsolutePath());
        System.out.println("f2 的名字"+f2.getName());
        System.out.println("f2 是否隐藏"+f2.isHidden());
        System.out.println("f2 是否可读"+f2.canRead());
        System.out.println("f2 是否可写"+f2.canWrite());
    }
}
```

运行程序后控制台输出如图 6.1 所示。

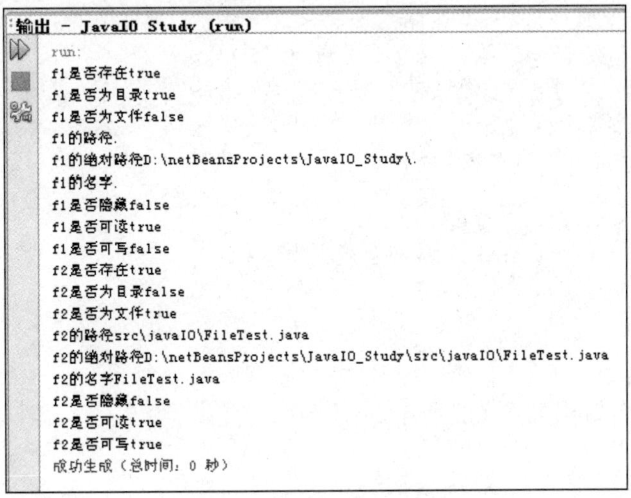

```
输出 - JavaIO Study (run)
run:
f1是否存在true
f1是否为目录true
f1是否为文件false
f1的路径.
f1的绝对路径D:\netBeansProjects\JavaIO_Study\.
f1的名字.
f1是否隐藏false
f1是否可读true
f1是否可写false
f2是否存在true
f2是否为目录false
f2是否为文件true
f2的路径src\javaIO\FileTest.java
f2的绝对路径D:\netBeansProjects\JavaIO_Study\src\javaIO\FileTest.java
f2的名字FileTest.java
f2是否隐藏false
f2是否可读true
f2是否可写true
成功生成（总时间：0 秒）
```

图 6.1　文件操作举例

程序说明：在 NetBeans 中当前目录是当前项目的目录。

6.1.3 Java 中对文件的操作

File 类中除了提供访问文件属性的方法外还提供了很多操作文件的方法，常用方法有以下几种。

```
public boolean createNewFile() //不存在时建立此文件对象的空文件
public boolean delete()        //删除文件，如果是目录必须是空才可以删除
public boolean mkdir()         //创建此抽象路径名指定的目录
public boolean mkdirs()        //创建抽象路径名指定的目录，包括所有不存在的父目录
public String[] list()         //返回此目录中所有文件和目录的名字数组
public File[] listFiles()      //返回此目录中所有文件和目录的 File 实例数组
```

下面通过 FileOperate.java 来演示文件和目录的创建。

【例 6-2】

```
import java.io.File;
import java.io.IOException;

public class FileOperate{
    public static void main(String[] args)  {
        try{
            File f_direct = new File("Directory_test");
            File f_file_direct1 = new File("Directory_test","file_direct1.txt");
            File f_file_direct2 = new File("Directory_test","file_direct2.txt");
            File f_file_direct3 = new File("Directory_test","file_direct3.txt");
            System.out.println("在当前目录下创建目录 Directory_test");
            f_direct.mkdir();
            System.out.println("在目录 Directory_test 中创建 3 个新文件");
            f_file_direct1.createNewFile();
            f_file_direct2.createNewFile();
            f_file_direct3.createNewFile();
            System.out.println("目录 Directory_test 是否存在："+f_direct.exists());
            String[] filename = f_direct.list();
            System.out.println("目录 Directory_test 中包含文件或目录有：");
            for(int i = 0;i<filename.length;i++)        {
                System.out.println(filename[i]);
            }
        }catch(IOException e){
            System.out.println("文件创建失败");
        }
    }
}
```

运行程序后控制台输出如图 6.2 所示。

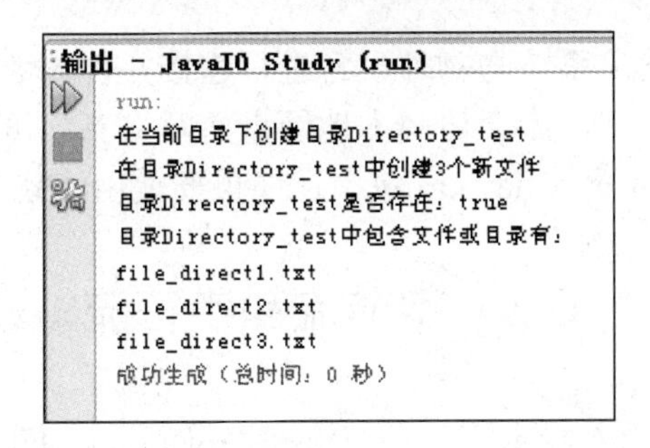

图 6.2　目录操作

这是在项目中可以发现 Directory_tes 目录及其下面的 3 个文件，如图 6.3 所示。

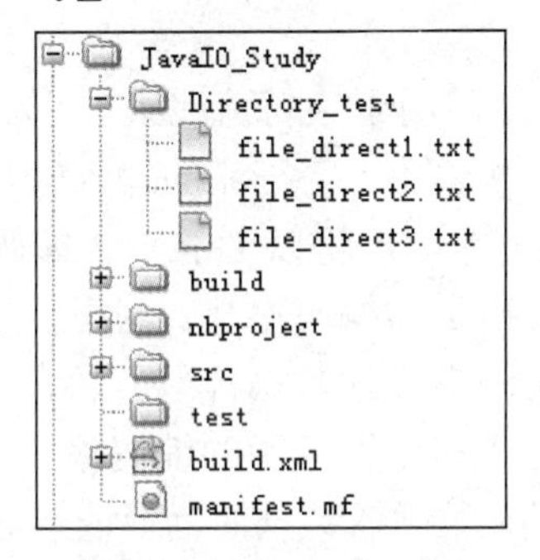

图 6.3　目录操作结果

如果要删除这 3 个新创建的文件和目录可以调用 delete( )方法，要注意的是当目录中没有文件时才可以删除目录，读者可以自己练习下如何删除文件和目录。

6.2　JavaI/O 原理

Java 中对文件的操作是以流的方式进行的。流是 Java 内存中的一组有序数据序列。Java 将数据从源(文件、内存、键盘、网络)读入到内存中，形成了流，然后将这些流还可以写到另外的目的地(文件、内存、控制台、网络)，之所以称为流，是因为这个数据序列在不同时刻所操作的是源的不同部分。

Java 中的流是对数据传递的一种抽象，它代表一组数据的集合。流就像程序和数据源的一个传输通道，当程序员需要读取数据时，需要开启一个以基于该目标数据源的输入通道，当输出数据时，需要开启一个基于目标数据源的输出通道。图 6.4 演示了 Java 通过流类与数据源互动抽象模型。

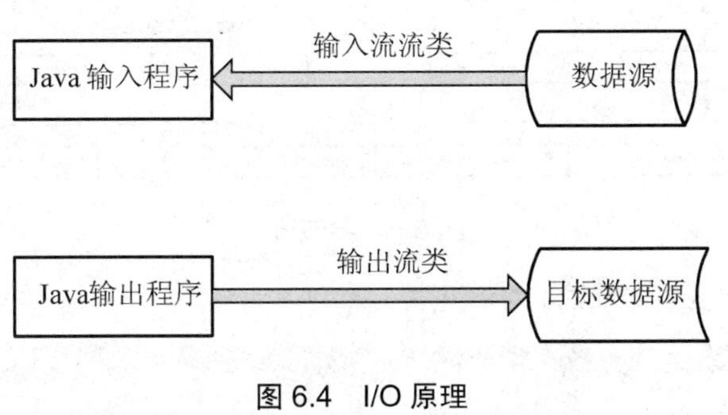

图 6.4　I/O 原理

流是通过 Java 的输入输出系统与物理设备进行连接并传输数据。连接何种物理设备这与使用的流的种类有关，比如，文件流会访问本地硬盘而网络流会访问网络上其他计算机的网络设备。Java 中有关流的类都定义在 java.io 包中，如果要使用流就要导入该包。

6.3 字节流和字符流

Java 定义了两种类型的输入输出流：字节流和字符流。在 JDK1.1 之前，Java 支持普通的字节流(以 byte 为基本处理单元的流)。但是在 Java 中存取字符文件的时候是按照 Unicode 编码的，而在 Unicode 中汉字和某些特殊符号是以 16 位二进制数来表示的，如果用字节流来处理这些数据时则显得很不方便。

从 JDK1.1 开始，Java 加入了专门用于字符流(以 char 为基本处理单元的流)处理的类。字符流专门处理 Unicode 字符的输入和输出。字符流的输入输出可以进行编码和解码转换，向目标源写入字符时，默认情况下 Java 虚拟机将以 Unicode 编码格式将数据输出，也可以按照指定编码方式将 Unicode 编码转化为指定的编码格式。同样，从数据源读取数据时，默认情况下是将目标源的数据当做 Unicode 编码格式的数据读取并输出显示，也可以将指定格式读取并转化成 Unicode 编码格式，当然这需要知道目标源的编码格式才可以。

用字节流读文件时并不需要编码。读取数据时而是直接读取数据源的字节，写入字节时也是直接将字节传输出去或者复制到文件中。

字节流和字符流又各有用处，并不能说哪种流好或者不好。在处理一些二进制文件的时候比如音频、视频和图像等文件使用字节流比较好，在处理一些文本文档等字符文件的时候，适合使用字符流。

6.3.1 字节流

Java 文件流专门操作数据源或者目标源是文件的流，这也是 Java 流中最重要的一种流。它按传输单位分主要有字节文件流和字符文件流，分别是 FileInputStream、FileOutputStream 和 FileReader、FileWriter。

字节流的基类是抽象类 InputStream 和 OutpuStream。InputStream 用于输入，OutputStream 用于输出。常用字节流类层次结构如图 6.5 所示。

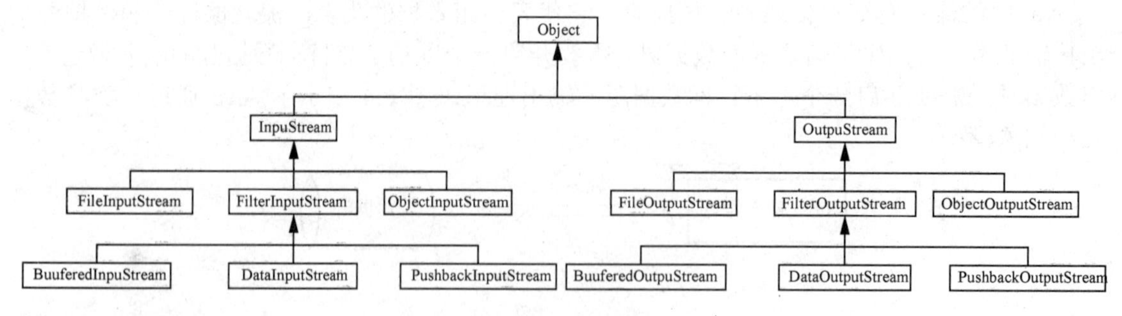

图 6.5 字节流

抽象类 InputStream 常用方法有以下几种。

```
void close() //关闭此输入流并释放与该流关联的所有系统资源。
int read() //从输入流读取下一个数据字节。
```

```
int read(byte[] b) //从输入流中读取一定数量的字节并将其存储在缓冲区数组 b 中。
int read(byte[] b, int off, int len) //将输入流中最多 len 个数据字节读入字节数组。
```

抽象类 OutputStream 常用方法有以下几种。

```
    void close() //关闭此输出流并释放与此流有关的所有系统资源。
    void flush() //刷新此输出流并强制写出所有缓冲的输出字节。
    void write(byte[] b) //将 b.length 个字节从指定的字节数组写入此输出流。
    void(byte[] b, int off, int len) //将指定字节数组从偏移量 off 开始的 len 个字节写入
此输出流。
    abstract void write(int b) //将指定字节写入此输出流。
```

1. FileInputStream 和 FileOutStream 类

FileInputStream 和 FileOutputStream 类用于从文件读取字节和向文件写入字节，适合用于二进制文件的读写。它们的所有方法都是从 InputStream 和 OutputStream 继承的，没有新定义方法。

FileInputStream 类常用构造方法有以下几种。

```
FileInputStream(File file)//通过打开一个到实际文件的连接来创建一个 FileInputStream,
该文件通过文件系统中的 File 对象 file 指定。
FileInputStream(String filename)// 通过打开一个到实际文件的连接来创建一个
FileInputStream, 该文件通过文件系统中的路径名 name 指定。
```

以上构造方法创建对象的时候如果文件不存在会抛出 FileNotFoundException 异常。

```
FileOutputStream 类常用构造方法有以下几种。
FileOutputStream(File file)//创建一个向指定 File 对象表示的文件中写入数据的文件输出流。
FileOutputStream(String filename)//创建一个向具有指定名称的文件中写入数据的输出文件流。
FileOutputStream(File file, boolean append)//创建一个向指定 File 对象表示的文件中写入
数据的文件输出流，写入时把新数据追加到原有数据后面。
FileOutputStream(String filename, boolean append)//创建一个向具有指定 name 的文件中
写入数据的输出文件流，写入时把新数据追加到原有数据后面。
使用上述构造方法创建对象的时候如果文件不存在则创建文件。如果 file 是目录或者是无法打开的文件则
会抛出 FileNotFoundException 异常。
```

下面通过 FileInputStreamTest.java 来演示 FileInputStream 的使用和效果。

【例 6-3】

```
import java.io.File;
import java.io.FileInputStream;
import java.io.FileNotFoundException;
import java.io.IOException;

public class FileInputStreamTest{
    public static void main(String[] args) {
        try{
            File f = new File("FileInputStreamTest.txt");
            FileInputStream fis = new FileInputStream(f);
            int i = 0;
            while((i = fis.read()) != -1){
                System.out.println((char)i);
            }
```

```
        }
        catch(FileNotFoundException ffe) {
            System.out.println("文件不存在！");
        }
        catch(IOException e){
            System.out.println("文件读写异常");
        }
    }
}
```

运行程序后控制台输出如图 6.6 所示。

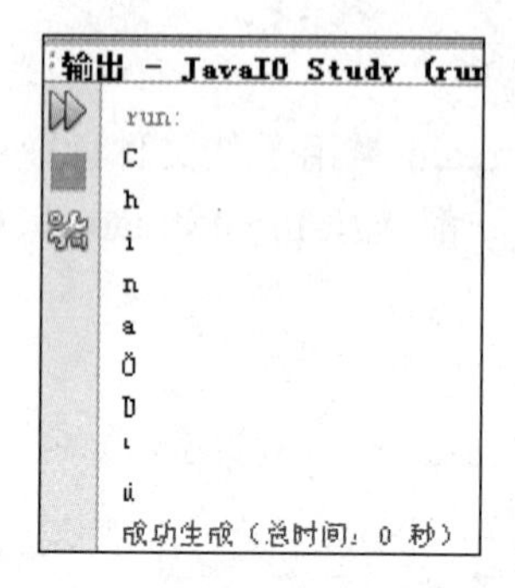

图 6.6　FileInputStream 示例

程序说明：首先需要在项目文件夹下创建文本文件 FileInputStreamTest.txt，如图 6.7 所示。

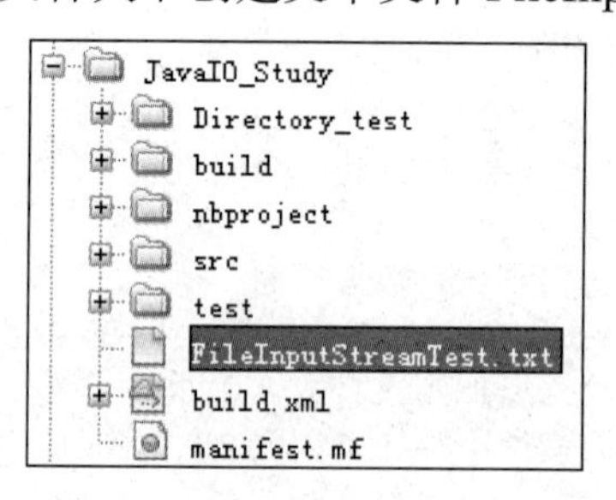

图 6.7　FileInputStream 示例结果

再在文件中输入字符，运行程序后发现英文字符能正常显示但是中文字符显示的是乱码并且“中国”两字显示了 4 个字符出来。这是因为字节流每次读取的是一个字节，而汉字由两个字节组成，这样肯定出问题，如果想输出字符必须使用字符流，这将会在后面章节介绍。

利用 FileOutputStream 向文件输出来模拟文件复制功能。

【例 6-4】

```
import java.io.File;
import java.io.FileInputStream;
import java.io.FileOutputStream;
import java.io.IOException;

public class FileOutputStreamTest{
    public static void main(String[] args) {
        try {
            File f_resource = new File("resource.txt");  //建立源文件对象
            File copy = new File("copy"); //建立存放复制文件的目录对象
```

```
            File f_copy = new File(copy,f_resource.getName());//建立复制文件对象
            copy.mkdir(); //创建文件复制目录
            FileInputStream fis = new FileInputStream(f_resource);
                                                        //根据源文件创建文件输入流
            FileOutputStream fos = new FileOutputStream(f_copy);
                                                         //根据目标文件创建输出流
            int i = -1;
            while((i = fis.read()) != -1) {
                fos.write(i);
            }
            fis.close();
            fos.close();
        }
        catch(IOException ioe){
            System.out.println("文件读写异常");
            ioe.printStackTrace();
        }
    }
}
```

程序说明：程序利用文件字节输入流和文件字节输出流进行文件复制，首先在项目目录下创建源文件-resource.txt 在里面输入内容“文件复制测试”，然后在程序中创建该源文件的 File 对象，并在项目目录下创建一个用于存放复制文件的目录 File 对象，并根据该目录对象创建一个复制文件对象，复制文件名以源文件名命名。通过输入流读取源文件数据并通过输出流将数据写入到目标文件中。运行程序后在项目目录下出现一个目录-“copy”，在目录内存放有复制文件 resource.txt，如图 6.8 所示。

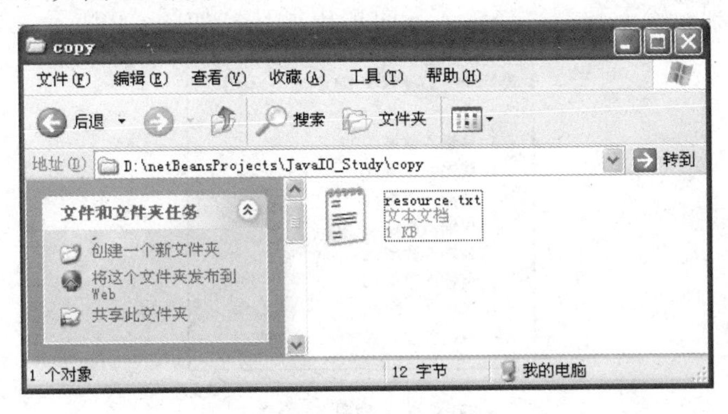

图 6.8　文件复制

打开文件内容和源文件一致。

2. System.in 控制台输入流

平时在写程序的时候经常会用到 System.out 来进行控制台输出，其实还可以利用 System 类中的 in( )方法来进行控制台输入，这和 C 语言中的 scanf 函数有些类似。

System.in 其实也是一个字节输入流。由于它继承自 InputStream 类所以 InputStream 类中的方法在 System.in 中都有。下面通过 SystemInTest.java 进行文件输入操作。

【例 6-5】

```
import java.io.File;
```

```
import java.io.FileOutputStream;
import java.io.IOException;

public class SystemInTest{
    public static void main(String[] args){
        try  {
            File f = new File("SystemIntest.txt");
            FileOutputStream fos = new FileOutputStream(f);
            while(true){
                byte[] b = new byte[1024]; //创建缓冲数组
                System.out.print("请输入数据:");
                int len = System.in.read(b);
                                        //将输入的字符放置进缓冲数组中，返回输入字符数
                if(b[0] == 'q' ) {
                    System.out.println("退出...");
                    break;
                }
                else
                  fos.write(b, 0, len); //将字符数组中从 0 偏移量开始读取 len 个字符
            }
            fos.close( );
        }
        catch(IOException e) {
            System.out.println("文件读写异常");
        }
    }
}
```

运行程序后控制台输入数据，当输入 q 时退出循环，如图 6.9 所示。

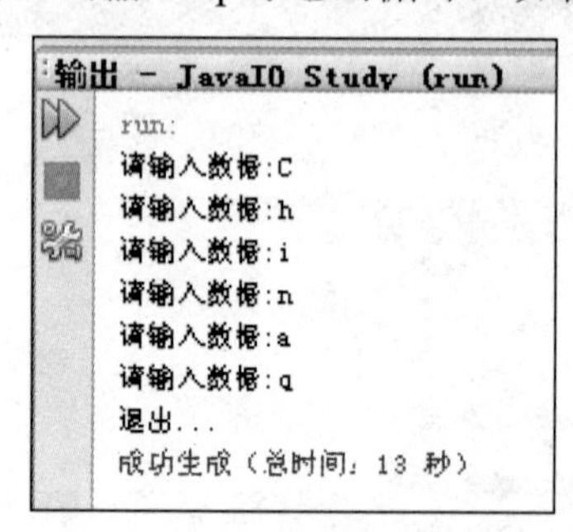

图 6.9　控制台输入

打开项目目录下 SystemIntest.txt 文件，如图 6.10 所示。

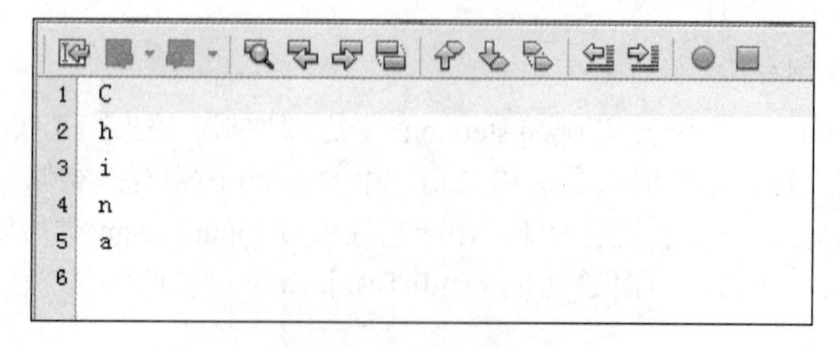

图 6.10　控制录入结果

3. BufferedInputStream 和 BufferedOutputStream

BufferedInputStream 和 BufferedOutputStream 是缓冲字节流，它们通过减少读写 I/O 设备次数来加快输入输出速度。在读取数据时，先将数据成块读取并放置在内存的缓冲区中，每次读取数据时从缓冲区读取。输出数据时，将数据先写入到内存的缓冲区中，再一次性将缓冲区中的数据写入到目标地址中。由于和内寸中的读写数据速度比和 I/O 设备的读写快得多，所以明显提高了读写的速度和安全性。

缓冲流不能独立读写数据，必须将其他字节流对象包装成缓冲流才能执行读写操作。

BufferedInputStream 类构造方法有以下几种。

```
BufferedInputStream(InputStream in)//创建 BufferedInputStream 并保存其参数，即输入流 in，以便将来使用。
BufferedInputStream(InputStream in, int size)//创建具有指定缓冲区大小的 BufferedInputStream，并保存其参数，即输入流 in，以便将来使用。
```

BufferedOutputStream 类构造方法有以下几种。

```
BufferedOutputStream(OutputStream out)//创建一个新的缓冲输出流，以将数据写入指定的基础输出流。
BufferedOutputStream(OutputStream out, int size)//创建一个新的缓冲输出流，以将具有指定缓冲区大小的数据写入指定的基础输出流。
```

使用缓冲流包装普通字节流进行文件读写。

【例 6-6】

```java
import java.io.BufferedInputStream;
import java.io.BufferedOutputStream;
import java.io.File;
import java.io.FileInputStream;
import java.io.FileOutputStream;
import java.io.IOException;
import java.util.Random;

public class BufferedStreamTest{
    public static void main(String[] args) {
        try{
            File f_in = new File("BufferedStream.txt");
            //创建字节流对象
            FileOutputStream fos = new FileOutputStream(f_in);
            FileInputStream fis = new FileInputStream(f_in);
            //根据字节流创建缓冲流对象
            BufferedOutputStream  bos = new BufferedOutputStream(fos);
            BufferedInputStream bis = new BufferedInputStream(fis);
            for(int i=0;i<10;i++)
            {
                bos.write(new Random().nextInt(100));//写入 100 以内的随机正整数
            }
            bos.flush();//刷新缓冲区
            int i = -1;
            while((i = bis.read()) != -1)
            {
                System.out.println(i);
```

```
            }
            fos.close();
            fis.close();
            bos.close();
            bis.close();
        }
        catch(IOException e){
            System.out.println("文件读写异常!");
        }
    }
}
```

运行程序后控制台输出如图 6.11 所示。

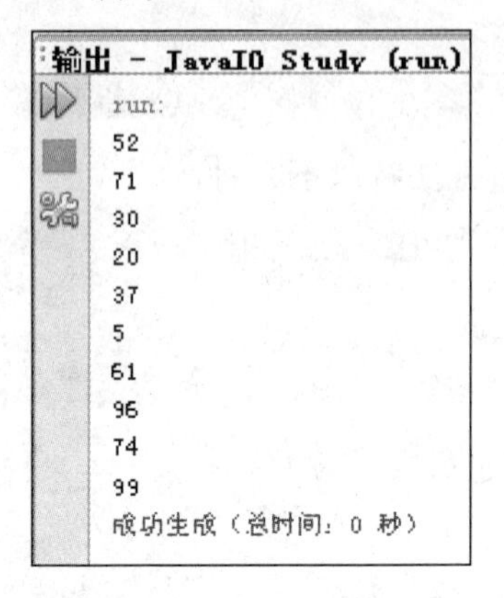

图 6.11　缓冲流示例

4. 数据流类

FileInputStream 和 FileOutputStream 只能读写字节，如果我们要读写 int、double 或者字符串型就要使用数据流进行包装。数据流不能独立读写，必须对字节流进行包装后才能读写数据。可以使用过滤器类的实现类 DataInputStream 和 DataOutputStream 类。数据流也是一种字节流。

DataInputStream 构造方法及常用方法有以下几种。

```
DataInputStream(InputStream in) //根据字节流创建数据流对象。
   boolean readBoolean()        //从输入流读取一个布尔值。
   byte readByte()              //从输入流读取一个 byte 值。
   char readChar()              //从输入流读取一个 char 值。
double readDouble()             //从输入流读取一个 double 值。
float readFloat()               //从输入流读取一个 float 值。
int readInt()                   //从输入流中读取一个 int 值。
String readUTF()                //将输入流放回 UTF 字符串。
```

DataOutputStream 构造方法及其常用方法有以下几种。

```
DataOutputStream(OutputStream out)//创建一个新的数据输出流，将数据写入指定基础输出流。
writeBoolean(boolean v)//将一个 boolean 值以 1-byte 值形式写入输出流。
writeByte(int v)//将一个 byte 值以 1-byte 值形式写出到基础输出流中。
writeBytes(String s)//将字符串按字节顺序写出到基础输出流中。
writeChar(int v)//将一个 char 值以 2-byte 值形式写入基础输出流中，先写入高字节。
writeChars(String s)//将字符串按字符顺序写入基础输出流。
```

```
eDouble(double v)//使用 Double 类中的 doubleToLongBits 方法将 double 参数转换为一个 long 值，然后将该 long 值以 8-byte 值形式写入基础输出流中，先写入高字节。
writeFloat(float v)//使用 Float 类中的 floatToIntBits 方法将 float 参数转换为一个 int 值，然后将该 int 值以 4-byte 值形式写入输出流中，先写入高字节。
writeInt(int v)//将一个 int 值以 4-byte 值形式写入输出流中，先写入高字节。
writeLong(long v)//将一个 long 值以 8-byte 值形式写入输出流中，先写入高字节。
writeShort(int v)//将一个 short 值以 2-byte 值形式写入输出流中，先写入高字节。
writeUTF(String str)//以与机器无关方式使用 UTF-8 修改版编码将一个字符串写入基础输出流。
```

【例 6-7】 使用数据流读写文件。

```
import java.io.DataInputStream;
import java.io.DataOutputStream;
import java.io.File;
import java.io.FileInputStream;
import java.io.FileOutputStream;
import java.io.IOException;

public class DataStreamTest{
    public static void main(String[] args) {
        try {
            File f = new File("dataFile.dat");
            //根据文件字节流创建数据流
            DataOutputStream dos = new DataOutputStream(new FileOutputStream(f));
            DataInputStream dis = new DataInputStream(new FileInputStream(f));
            dos.writeUTF("小明");
            dos.writeInt(747);
            dos.writeDouble(90.5);
            dos.writeUTF("小刚");
            dos.writeInt(747);
            dos.writeDouble(91.5);
            dos.writeUTF("小红");
            dos.writeInt(747);
            dos.writeDouble(92.5);
           System.out.println("姓名"+"\t"+"班级"+"\t"+"分数");
            //利用数据输出流输出
            String name = dis.readUTF();
            int class_ID = dis.readInt();
            double mark = dis.readDouble();
            System.out.println(name+"\t"+class_ID+"\t"+mark);
            name = dis.readUTF();
            class_ID = dis.readInt();
            mark = dis.readDouble();
            System.out.println(name+"\t"+class_ID+"\t"+mark);
            name = dis.readUTF();
            class_ID = dis.readInt();
            mark = dis.readDouble();
            System.out.println(name+"\t"+class_ID+"\t"+mark);
            dos.flush();//刷新输出流
            dos.close();
            dis.close();
```

```
        }
        catch(IOException ioe){
            System.out.println("文件读写异常! ");
        }
    }
}
```

运行这个程序后会在项目目录下生成一个数据文件，这是一个二进制文件，在操作系统里打开时乱码，必须使用数据输入流进行显示输出，如图 6.12 所示。

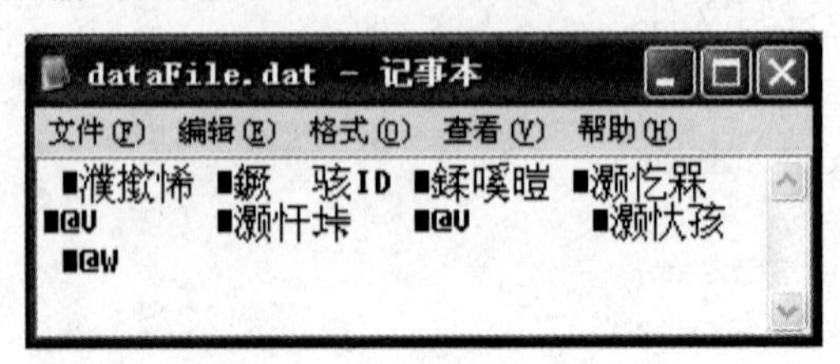

图 6.12　源文件输出结果

运行程序后控制台输出如图 6.13 所示。

```
输出 - JavaIO Study (run)
run:
姓名        班级        分数
小明        747         90.5
小刚        747         91.5
小红        747         92.5
成功生成（总时间：0 秒）
```

图 6.13　控制台输出结果

数据流适用于处理一些数据文件的读写，用于存储一些二进制数据，但是不适用于文本读写。

6.3.2　字符流

字符流的基类是抽象类 Reader 和 Writer。Reader 负责输入，Writer 负责输出。常用字符流层次结构如图 6.14 所示。

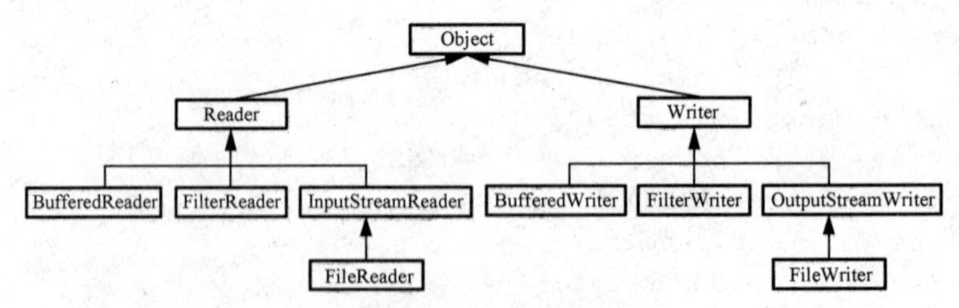

图 6.14　字符流

抽象类 Reader 常用方法有以下几种。

```
void close()                             //关闭该流。
int read()                               //读取单个字符。
int read(char[] cbuf)                    //将字符读入数组。
int read(char[] cbuf,int off,int len)    //将字符读入数组的某一部分。
```

抽象类 Writer 常用方法有以下几种：

```
Writer append(char c)               //将指定字符追加到此 writer 方法返回一个 writer。
void close()                                  //关闭此流，需要先刷新。
void flush()                                  //刷新流。
void write(char[] cbuf)                       //写入字符数组。
void write(char[] cbuf,int off,int len)       //写入字符数组一部分。
void write(String str)                        //写入字符串。
```

有一点值得注意的是文件字符流设定了缓冲区，当写入字符时必须调用 flush( )方法或者在最后调用 close( )方法才能将缓冲区中的数据写入文件中。

1. FileReader 和 FileWriter

FileReader 和 FileWriter 是以字符为基本操作单位的文件流。一般对文本的读写操作使用 FileReader 和 FileWriter 比较合适。

FileReder 常用构造方法有以下几种。

```
FileReader(String filename)。
FileReader(File file)。
```

FileWriter 常用构造方法有以下几种。

```
FileWriter(File file)。
FileWriter(String filename)。
FileWriter(File file, boolean append)//如果要将数据追加到文件中，则将 append 设成 true。
FileWriter(String filename, boolean append)//如果要将数据追加到文件中，则将 append 设成 true。
```

【例 6-8】 使用 FileReader 和 FileWriter 读写文件。

```
import java.io.File;
import java.io.FileReader;
import java.io.FileWriter;
import java.io.IOException;

public class FileRead_Writer{
    public static void main(String [] args){
        FileReader fr = null;FileWriter fw= null;
        try{
            File f_out = new File("rw.txt");//创建 File 对象
            //根据 File 对象创建 FileReader 和 FileWriter 对象
            fw = new FileWriter(f_out);
            fr = new FileReader(f_out);
            fw.write("China 中国—上海—世博会");
            fw.flush();//注意这里要调用 flush()方法
            int i;
            StringBuffer strbuf = new StringBuffer();//建立 StringBuffer 类
            while((i = fr.read()) != -1){
                //将字符加到 StringBuffer 中
                strbuf.append((char)i);
            }
            System.out.println(strbuf);//输出 strbuf
        }
```

```
        catch(IOException ioe) {
            System.out.println("文件读写异常！");
        }
        finally {
            try {
                //关闭字符流
                fr.close();
                fw.close();
            }
            catch(IOException ioe) {
                ioe.printStackTrace();
            }
        }
    }
}
```

运行程序后将在项目目录下建立文本文件，输入字符，并利用 FileReader 将文件内容读出并在控制台输出，如图 6.15 所示。

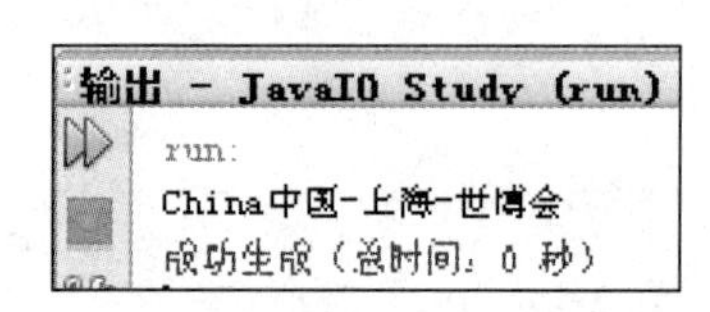

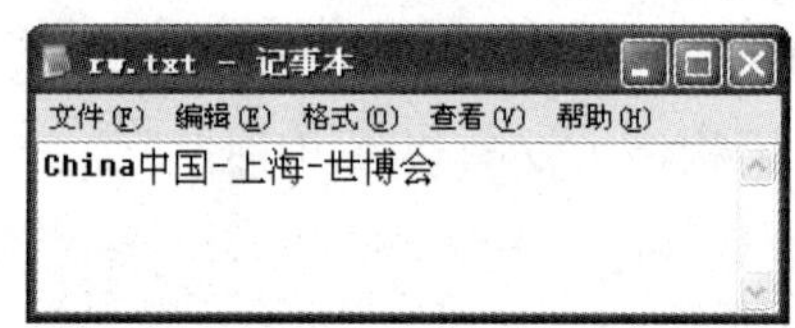

图 6.15　字符流示例

2. BufferedReader 和 BufferedWriter

BufferedReader 和 BufferedWriter 类的作用与 BufferedInputStream 和 BufferedOutputStream 一样，通过内存缓冲区来减少 I/O 设备读写响应次数来提高输入输出速度。BufferedReader 和 BufferedWriter 是针对字符的缓冲输入输出流。同样它也不能独立读写数据必须包装字符流进行读写工作。

BufferedReader 构造方法及常用成员方法有以下几种。

```
BufferedReader(Reader in) //创建一个使用默认大小输入缓冲区的缓冲字符输入流。
BufferedReader(Reader in, int sz) //创建一个使用指定大小输入缓冲区的缓冲字符输入流。
String readLine() //读取一个文本行。
BufferedWriter 构造方法及常用成员方法有以下几种。
BufferedWriter(Writer out) //创建一个使用默认大小输出缓冲区的缓冲字符输出流。
BufferedWriter(Writer out, int sz) //创建一个使用指定大小输出缓冲区的新缓冲字符输出流。
newLine() //写入一个行分隔符。
```

【例 6-9】 通过缓冲流读写 Java 源文件。

```
import java.io.BufferedReader;
import java.io.BufferedWriter;
import java.io.FileReader;
import java.io.FileWriter;
import java.io.IOException;

public class BufferedRW{
```

```
    public static void main(String[] args) {
        BufferedReader br = null; BufferedWriter bw = null;
        try  {
            //根据字符流对象建立缓冲流对象
            bw = new BufferedWriter(new FileWriter("java 源文件.txt"));
            br = new BufferedReader(new FileReader("src/javaIO/BufferedRW.java"));
            String str = null;
            while((str = br.readLine()) != null) {
                bw.write(str);
                bw.newLine();//写入换行符
                System.out.println(str);//将字符输出到控制台
            }
            bw.flush();//刷新缓冲输入流
        }
        catch(IOException ioe){
            System.out.println("文件读写异常！");
        }
        finally {
            try {
                //关闭缓冲流
                bw.close();
                br.close();
            }
            catch(IOException e) {
                e.printStackTrace();
            }
        }
    }
}
```

程序运行以后项目目录下会生成一个文本文件，打开内容如图 6.16 所示。

```
java源文件.txt - 记事本
文件(F) 编辑(E) 格式(O) 查看(V) 帮助(H)
/*
 * To change this template, choose Tools | Templates
 * and open the template in the editor.
 */

package javaIO;

import java.io.BufferedReader;
import java.io.BufferedWriter;
import java.io.FileReader;
import java.io.FileWriter;
import java.io.IOException;

public class BufferedRW
{
    public static void main(String[] args)
    {
        BufferedReader br = null; BufferedWriter bw = null;
        try
        {
            //根据字符流对象建立缓冲流对象
            bw = new BufferedWriter(new FileWriter("java源文件.txt"));
            br = new BufferedReader(new FileReader("src/javaIO/BufferedRW.java"));
            String str = null;
            while((str = br.readLine()) != null)
            {
                bw.write(str);
                bw.newLine();//写入换行符
                System.out.println(str);//将字符输出到控制台
            }
            bw.flush();//刷新缓冲输入流
        }
        catch(IOException ioe)
        {
            System.out.println("文件读写异常! ");
        }
```

图 6.16　缓冲流示例

并且在控制台输出源文件的内容，效果如图 6.17 所示。

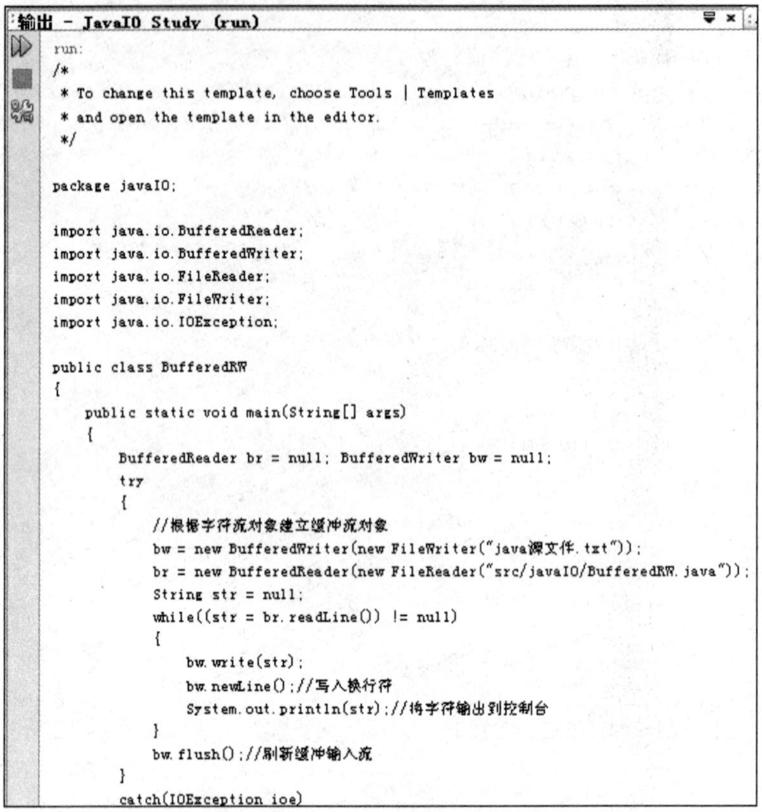

```
输出 - JavaIO Study (run)
run:
/*
 * To change this template, choose Tools | Templates
 * and open the template in the editor.
 */

package javaIO;

import java.io.BufferedReader;
import java.io.BufferedWriter;
import java.io.FileReader;
import java.io.FileWriter;
import java.io.IOException;

public class BufferedRW
{
    public static void main(String[] args)
    {
        BufferedReader br = null; BufferedWriter bw = null;
        try
        {
            //根据字符流对象建立缓冲流对象
            bw = new BufferedWriter(new FileWriter("java源文件.txt"));
            br = new BufferedReader(new FileReader("src/javaIO/BufferedRW.java"));
            String str = null;
            while((str = br.readLine()) != null)
            {
                bw.write(str);
                bw.newLine();//写入换行符
                System.out.println(str);//将字符输出到控制台
            }
            bw.flush();//刷新缓冲输入流
        }
        catch(IOException ioe)
```

图 6.17　缓冲流示例结果

3. 转换流

有时候我们需要将字节流转换成字符流，并且将字节流中读取到的字节按照指定字符集转换成字符并输入显示或者将要写入的字符按照指定字符集转换成字节输出存储。这个时候就需要用到转换流。JavaSE API 提供了两个转换流：InputStreamReader 和 OutputStreamWriter。前者用于字节输入流的转换，后者用于字节输出流的转换。

InputStreamReader 常用构造方法及常用成员方法有以下几种。

```
InputStreamReader(InputStream in)//创建一个使用默认字符集的 InputStreamReader。
utStreamReader(InputStream in, String charsetName)// 创 建 使 用 指 定 字 符 集 的
InputStreamReader
String getEncoding()//返回此流使用的字符编码的名称。
OutputStreamWriter 常用构造方法及常用成员方法有以下几种。
    OutputStreamWriter(OutputStream out)// 创 建 使 用 默 认 字 符 编 码 的
OutputStreamWriter。
    OutputStreamWriter(OutputStream out, String charsetName)//创建使用指定字符集的
OutputStreamWriter
    String getEncoding()//返回此流使用的字符编码的名称。
    write(String str, int off, int len)//写入字符串的某一部分。
```

【例 6-10】 使用转换流读写文件。

```
import java.io.BufferedReader;
```

```
import java.io.BufferedWriter;
import java.io.File;
import java.io.FileInputStream;
import java.io.FileOutputStream;
import java.io.IOException;
import java.io.InputStreamReader;
import java.io.OutputStreamWriter;

public class Byte_to_Char{
    public static void main(String[] args){
        OutputStreamWriter osw = null; InputStreamReader isr = null;
        BufferedReader br = null; BufferedWriter bw = null;
        try{
            File f = new File("b_to_c.txt");
            //根据文件对象和字节流对象创建转换流对象
            osw = new OutputStreamWriter(new FileOutputStream(f));
            isr = new InputStreamReader(new FileInputStream(f));
            //根据转换流对象创建缓冲流对象
            br = new BufferedReader(isr);
            bw = new BufferedWriter(osw);
            bw.write("China 中国");
            bw.flush();
            String str = null;
            while((str = br.readLine()) != null) {
                System.out.println(str);
            }
        }
        catch(IOException e) {
            System.out.println("文件读写异常！");
        }
        finally {
            try{
                //关闭输入输出流
                br.close();
                bw.close();
            }
            catch(IOException e) {
                e.printStackTrace();
            }
        }
    }
}
```

运行程序后控制台输出效果如图 6.18 所示。

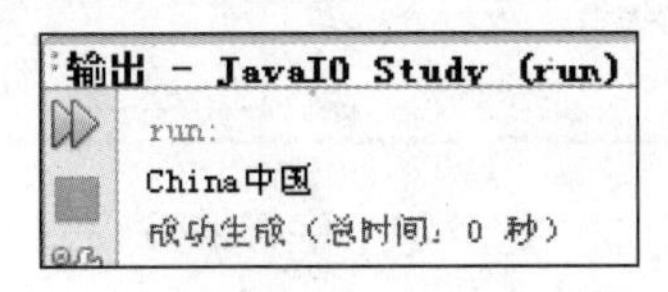

图 6.18　转换流

在操作系统里找到项目文件夹下的 b_to_c.txt 文件用记事本打开，如图 6.19 所示。

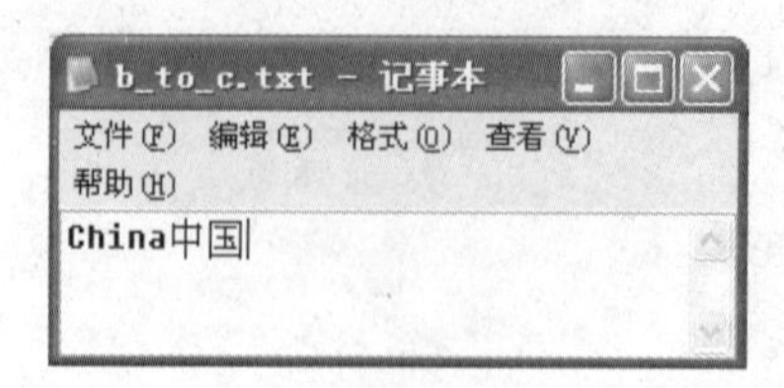

图 6.19　转换流源文件

可见通过字符流已成功将文本输入到目标文件中。

4. 解决乱码显示问题

在使用转换流的时候要注意编码问题，如果处理不好则可能造成显示不正常。如果将【例 6-10】中的输出流语句

```
osw = new OutputStreamWriter(new FileOutputStream(f));
```

修改成

```
osw = new OutputStreamWriter(new FileOutputStream(f),"gb2312");
```

再运行程序此时控制台输出英文正常而中文则不能正常显示，如图 6.20 所示。

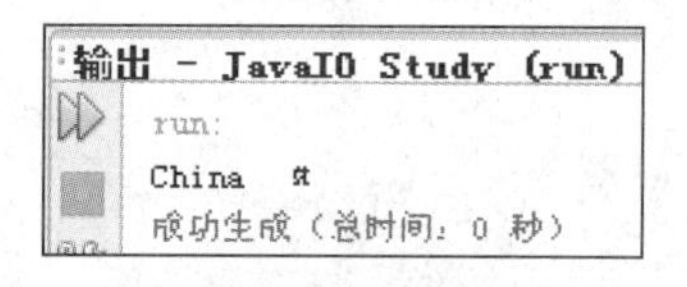

图 6.20　乱码问题

此时在操作系统中找到项目文件夹位置，使用记事本打开文件夹中的 b_to_c.txt 文件则显示正常。这里读者可能会觉得很奇怪，其实这种情况是在预料之中的。在记事本界面中打开菜单【文件】单击【另存为】打开另存界面看到下面编码类型显示为 ANSI，如图 6.21 所示。

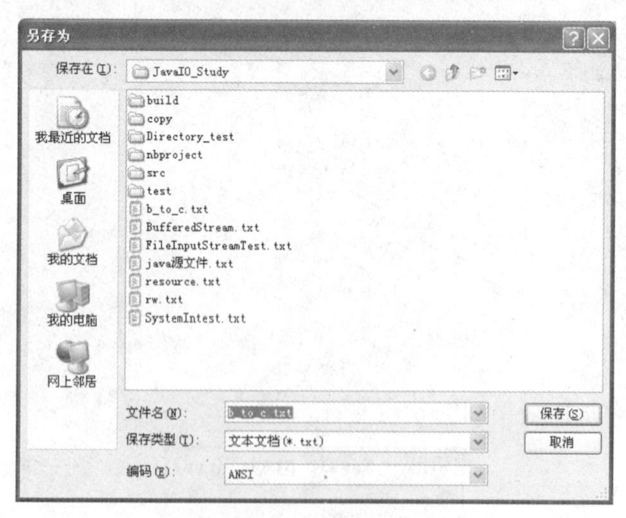

图 6.21　字符编码

在这里有必要提一下字符编码的问题。

首先明确一点文件中不存在什么编码，只是一堆二进制数据。在某个字符集中每种字符都对应一个二进制数据，比如“中国”的“中”在 Unicode 字符集中二进制编码对应的十六进制

是 0x4E2D，而在 GB2312 字符集汉字“中”的二进制编码对应的十六进制数是 0xD6D0

当在输出流中指定了字符集“gb2312”，则当输出“中”时写入到文件中的数据，我们可以认为是 0xD6D0(实际上字符存放规则是比较复杂的)而未指定字符集则使用 Java 默认字符集 Unicode 编码，则输入到文件中的数据可以认为是 0x4E2D。

由此可见字符编码与解码过程实际就是字符通过某种编码组织起来存到文件里面，计算机通过这种编码解析文件，根据解析出来的文字绘制图片显示到显示设备中，这样就看到了文字。由于在输出流中设置了指定字符集，则程序在写入文件时将字符转换成按照指定字符集对应的二进制数，并将数据输入到文件中。而【例 6-10】程序中输入流中未设置字符集，则程序按照默认字符集 Unicode 对字符进行解码，当读取字符“中”时取得的数据是 0xD6D0，但是在 Unicode 中对应的并不是汉字“中”而是其他字符或者就不存在这样的对应字符，所以不能正常显示。而通过操作系统找到项目文件夹中 b_to_c.txt 文件并用记事本打开时，系统会判断文件字符编码，如果文件开头使用了 FEFF 或 FFFE，Windows 系统认为 Unicode 编码，否则为 ANSI 编码，如果是 ANSI 编码继续分析，如果一个字节大于 127，就证明这个字节与后面的字节组成了一个汉字(在中文 Windows 系统下，如果是 ANSI 文件，那么就会用 gb2312 编码进行解码)。

通过上述对编码解码的分析，只要将程序中的输出流语句：

```
isr = new InputStreamReader(new FileInputStream(f));
```

修改成

```
isr = new InputStreamReader(new FileInputStream(f),"gb2312");
```

这时在读取文件时使用 gb2312 字符集解码，控制台输出汉字能正常显示，如图 6.22 所示。

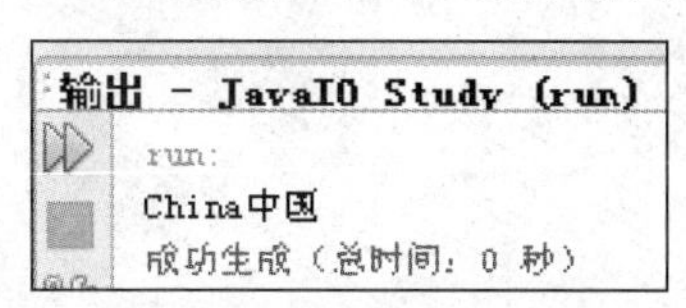

图 6.22 乱码问题示例结果

6.3.3 工作任务：采用文件方式永久保存学生信息数据

【任 务 6.1】 采用文件方式永久保存学生信息数据

【任务描述】 在系统启动时读入文件中的数据，填充到 ArrayList 中，在系统运行过程中动态数据暂时保存在 ArrayList 中，系统退出时提示是否保存到文件中。

【任务分析】 (1)单独定义一个文件输入输出类实现数据的存取，从 List 读取的每个学生信息数据组装成一条字符串，再写入文件，反之，从文件中读入的学生信息通过字符串解析再存入 List 中。(2)在系统登录或是退出时，提示文件操作。

【任务实现】

第一步：文件输入输出操作类。

```
//文件操作类
import java.io.*;
import java.util.*;
public class FileIO {
    //将 ArrayList 中的学生信息数据写入到指定的文件中；
```

```
public void outPut(ArrayList list) {
    File file=new File("data.txt");
    //如果已存在同名的文件，删除。
    if(file.exists()){
        file.delete();
    }
    //将一个学生信息从ArrayList中读出，组装成一个字符串，不同字段间以","号相隔
    for (int i = 0; i < list.size(); i++) {
        String outpustr = new String();
        Student stu = (Student) list.get(i);
        outpustr = stu.getStuName() + "," + stu.getStuNum() + ","
                + stu.getMoralScore() + "," + stu.getInteScore() + ","
                + stu.getPhyScore() + "," + stu.getTotalScore()+"\n";
        //将学生信息字符串写入文件
        try {
            FileOutputStream out = new FileOutputStream(file,true);
            OutputStreamWriter fout = new OutputStreamWriter(out);
            BufferedWriter  bout=new BufferedWriter (fout);
            bout.write(outpustr);
            bout.flush();
            bout.close();
        } catch (IOException e) {
            e.printStackTrace();
        }
    }
}
//从指定的文件中读入学生信息数据，并保存到ArrayList中
public ArrayList inPut() {
    ArrayList  list=new ArrayList();
    String outpustr=null;
            try {
                File file=new File("data.txt");
                if(!file.exists()){
                    file.createNewFile();
                }
                FileInputStream in = new FileInputStream(file);
                InputStreamReader fin = new InputStreamReader(in);
                BufferedReader  bin=new BufferedReader(fin);
                //从字符串中分解出相应数据字段，再保存到ArrayList中
                while((outpustr=bin.readLine())!=null){
                    String []str=outpustr.split(",");
                    Student stu=new Student();
                    stu.setStuName(str[0]);
                    stu.setStuNum(str[1]);
                    double ms=0;
                    double is=0;
                    double ps=0;
                    double ts=0;
                    if(str[2]!=null){
                        ms=Double.parseDouble(str[2]);
                    }
                    if(str[3]!=null){
```

```
                    is=Double.parseDouble(str[3]);
                }
                if(str[4]!=null){
                    ps=Double.parseDouble(str[4]);
                }
                if(str[5]!=null){
                    ts=Double.parseDouble(str[5]);
                }
                stu.setMoralScore(ms);
                stu.setInteScore(is);
                stu.setPhyScore(ps);
                stu.setTotalScore(ts);
                list.add(stu);
            }
        } catch (IOException e) {
            e.printStackTrace();
        }
        return list;
    }
}
```

第二步：系统登录类中 showLogin( )方法中当读者输入正确提示文件操作。

```
if(name.equals(USERNAME)&&pass.equals(USERPASS)){
    System.out.println("\n");
    System.out.println("是否要从文件中读入数据，如果是则输入 Y");
    //从文件中读入数据
    String op=scan.next();
    if("Y".equals(op)||"y".equals(op)){
        StuInfoEnterFrame.stu_list=new FileIO().inPut();
    }
    new MainFrame().showMain();
}
```

第三步：系统主界面类中功能选项选择响应方法 selectOption( )中当读者选择退出时提示文件操作。

```
case 3:
System.out.println("是否要将数据写入文件中读入数据，如果是则输入 Y");
String outop=scan.next();
if("Y".equals(outop)||"y".equals(outop)){
    new FileIO().outPut(StuInfoEnterFrame.stu_list);
}
System.out.println("退出系统…");
System.exit(0);
break;
```

【任务拓展】

对于信息系统的操作都会包括对数据的增、删、改、查等四大类操作，通过文件操作可以永久地保存学生信息，给人们提供了这种可能，但是学生综合素质评定系统第一个系统，仅仅是实现了一些简单的查询操作，有兴趣的同学可以进一步去优化和完善该系统，实现对学生信息的增、删、改、查操作。

课 后 作 业

1. FileInputStream 流的 read 方法和 FileReader 流的 read 方法有何不同？

2. 使用 Java 的输入/输出流技术将一个文本文件的内容按行读出，每读出一行就顺序添加行号，并写入到另一个文件中。

3. 什么是字节流？什么是字符流？

4. 编写一个程序实现如下功能，从当前目录下的文件 fin.txt 中读取 80 个字节(实际读到的字节数可能比 80 少)并将读来的字节写入当前目录下的文件 fout.txt 中。

5. 编写一个程序实现如下功能，文件 fin.txt 是无行结构(无换行符)的汉语文件，从 fin 中读取字符，写入文件 fou.txt 中，每 40 个字符一行(最后一行可能少于 40 个字)。

第7章 图形界面程序设计

本章要点

- 抽象窗口工具集(AWT)和Swing基础
- Swing容器和组件
- Swing的布局管理器
- Swing的事件处理机制
- Swing组件编程
- Swing知识扩展

任务描述

任务编号	任务名称	任务描述
任务7.1	单机版五子棋棋盘的绘制	用JPanel作为五子棋盘的画布，在JPanel上进行棋盘的绘制
任务7.2	结合布局管理器为游戏窗体添加菜单栏	为五子棋游戏界面添加菜单栏，将菜单栏布局方式设置为靠左，并添加菜单项“系统”，将菜单栏放置在窗体的“北方”
任务7.3	为棋盘面板添加鼠标移动事件	当鼠标移动到棋盘上为手型，移出时为指针形
任务7.4	为棋盘添加下棋事件	为棋盘添加鼠标事件，当单击鼠标时放置棋子至棋盘上
任务7.5	为菜单添加菜单按钮	为菜单添加“系统”、“开局”、“悔棋”、“重新开局”、“结束回合”、“退出系统”等菜单按钮
任务7.6	添加输赢判断	当在横竖一级斜向方向上有5个同色棋子时棋局结束，该色棋子为赢家
任务7.7	为菜单按钮添加事件	在上一个任务中实现了输赢判断，五子棋的基本功能已经实现，为了完善系统还必须添加一些辅助功能，比如悔棋、开局等
任务7.8	为五子棋游戏添加观感器	利用观感器修改五子棋的外观感觉

7.1　抽象窗口工具集(AWT)和 Swing

图形程序设计出来与读者交互的界面叫图形读者界面 GUI(Graphics User Interface)。图形界面比基于命令行的界面更加友好直观。读者使用键盘和鼠标操作图形界面上的按钮、菜单等元素向计算机系统发送命令，系统运行的结果也以图形的方式显示给读者。

Java GUI 基本类库位于 java.awt 包中，这个包称为抽象窗口工具箱(Abstract Window Toolkit,AWT)。AWT 中包含了很多图形界面编程的类。它包括用来容纳其他组件的容器类；用来控制进行组建布局的各种布局管理器；用来监听程序与读者进行交互的事件监听器；当然还有一套绘图机制，用来维护图形界面等。

AWT 的特点是简单、稳定、重量级(依赖来本地平台)，AWT 所涉及的类一般在 java.awt 包及其子包中。AWT 主要类的继承关系如图 7.1 所示。

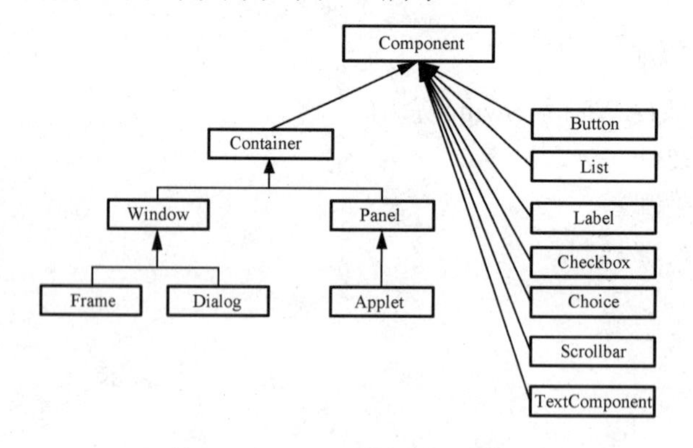

图 7.1　AWT 主要继承关系图

如果用 AWT 组件设计出来的图形界面，读者会发现窗口中的组件，如按钮等都是与操作系统相对应的组件是基本一致的，所以利用 AWT 设计的程序在不同操作系统中运行的效果是不一致的。AWT 实现中对平台是有依赖的，它的相关组件是重量级，不够灵活。如果平台上没有相关组件，则其应用就没法实现。

Swing 是基于 AWT 的，它除了顶级组件是重量级的，而其他的组件例如按钮、文本框等还有布局都与操作系统无关，是轻量级的。Swing 为保证可移植性，完全用 Java 语言编写，和 AWT 相比，Swing 提供了更多的组件，引入了更多的新的特性和能力。Swing 增强了 AWT 中组件功能，这些增强组件命名通常在 AWT 组件名前加一个“J”字母，如 JTable、JTree、JcomboBox 等。Swing 继承自 java.awt.Container，如图 7.2 所示。

Swing 没有完全放弃 AWT，而是基于 AWT 之上提供了更强大的读者界面组件。而且 Swing 图形组件使用 AWT 事件类和监听监听接口处理事件响应。AWT 和 Swing 组件混合使用可能产生一些无法预料的错误，同一个程序中建议不要混合使用。

本书主要讲解 Swing 组件的功能和用法。

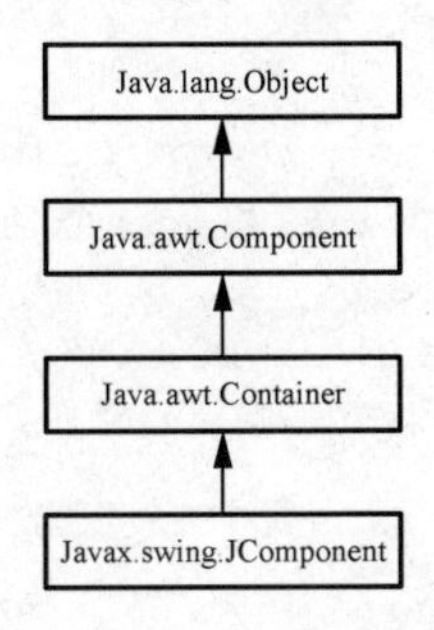

图 7.2　Swing 类关系图

7.2　Swing 基础

7.2.1　Javax.swing 包

所有的 Swing 组件都被封装在 javax.swing 这个包中，在 javax.swing 中有很多类和接口。在所有的 Swing 组件中，Jcomponent 类是最顶层的类，它是大多数 Swing 组件的父类。

为了全面支持图形化，Swing 还包括其他许多包，例如：

Javax.swing.border 为 Swing 组件提供大量的有趣的边框。这些边框可以跟踪组件集的界面。

Javax.swing.colorchooser 为支持 JcolorChooser 组件的使用而提供了一些必需的类和接口。

Javax.swing.event 定义事件和事件监听器。

Javax.swing.filechooser 为了支持 JfileChooser 组件的使用，提供一些必需的类和接口。

Javax.swing.text 提供了一些支持文本组件的类和接口。

Javax.swing.tree 提供一些必须的类和接口以支持 JTree 的使用。

7.2.2　一个简单的 Swing 程序

下面通过 MyJPanel.java 来演示一个简单的 Swing 程序。

【例 7-1】

```
import java.awt.Graphics;
import java.awt.event.WindowEvent;
import javax.swing.JFrame;
import javax.swing.JPanel;

class MyJPanel extends JPanel{
    public void paintComponent(Graphics g) {
        super.paintComponent(g);
        g.drawString("This is my first Swing program.", 20, 50);
    }
}
public class MyFirstSwing extends JFrame{
    public MyFirstSwing() {
        this.setTitle("My first Swing");
        this.setSize(300,300);
```

```
        this.setLocation(200,200);
        this.add(new MyJPanel());
    }
    protected void processWindowEvent(WindowEvent e) {
        super.processWindowEvent(e);
        if(e.getID() == WindowEvent.WINDOW_CLOSING){
            System.exit(0);
        }
    }
    public static void main(String[] args){
        new MyFirstSwing().setVisible(true);
    }
}
```

程序说明：

创建一个 MyJPanel 类继承 Jpanel 类并重写 paintCompoent 方法对面板重新画图。将“This is my first Swing program”写在面板上。

创建一个 MyFirstSwing 类继承 JFrame 类并重写 processWindowEvent 方法，如果单击关闭按钮则关闭窗口结束系统运行。

将 MyJPanel 加载到框架 JFrame 上，运行效果图如图 7.3 所示。

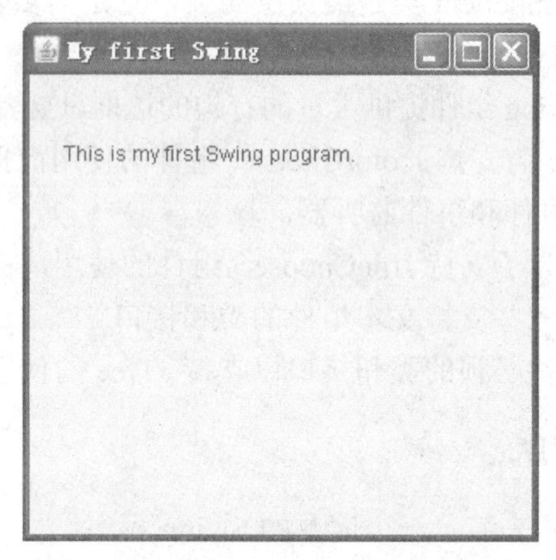

图 7.3　第一个 Swing 界面

7.3　Swing 容器和组件

Java 的 GUI 程序设计类分为容器类和组件类。其继承关系在上一节图 7.2 中已做介绍。容器类组件是用来包含其他组件。AWT 的容器类是 Container 类。Compoent 是 AWT 所有组件的超类。而 JComponent 是 Swing 组件的超类。Swing 中的容器类继承自 AWT 的顶层容器类 Window。

这样可以看出 Swing 的容器类和组件类都继承或者间接继承于 AWT 的 Container 类，这样 Swing 组件都可以使用 add()方法添加组件。常用的 Swing 容器类有 JFrame、Jpanel、JApplet 等。Swing 常用组件有 JButton、JtextField、JtextArea、JLable 等。

7.3.1　框架 JFrame

框架是容器之一，按钮、标签等组件可以加载到框架上面去。在 Swing 中利用 JFrame 类表述框架。

JFrame 常用构造方法有以下几种。

```
JFrame()
JFrame(String title)
JFrame 常用成员方法有以下几种。
void setTitile()
String getTitile()
void setSize(double w,double h)
void setLocation(int x,int y)
void pack()
void setDefaultCloseOperation(int operation)
```

编写 GUI 程序，需要通过建立一个类并继承 JFrame，通过该类来定义框架，并在新的框架中加载各种 GUI 组件。

下面通过 JFrameShow.java 来演示显示框架。

【例 7-2】

```
import javax.swing.JFrame;
public class JFrameShow extends JFrame{
    public JFrameShow(String title) {
        super(title);
    }
    public static void main(String[] args){
        JFrameShow jfs = new JFrameShow("this is my first JFrame");
        jfs.setSize(500,500);
        jfs.setLocation(500, 200);
jfs.setDefaultCloseOperation(JFrame.EXIT_ON_CLOSE);
        jfs.setVisible(true);
    }
}
```

运行效果如图 7.4 所示。

图 7.4　JFrame 示例

程序说明：

首先导入 javax.swing 包，JFrame 类在该包中。

建立类 MyFirstJFrame 继承 JFrame，调用超类 JFrame 的构造方法定义新类的构造方法。

在主方法中实例一个 MyFirstJFrame 类对象 jfs，对其设置大小和显示坐标，并用 setDefaultClostOperation()设置框架关闭执行何种操作。EXIT_ON_CLOSE 是 JFrame 类定义的常量字段，表示关闭窗口时执行 System.exit(0)退出系统。

Java 中的框架是用来放置按钮、菜单等组件的容器。JFrame 的内部包含一个内容面板(content pane)的容器。向 JFrame 添加组件是添加到它的内容面板里去的。内容面板是 Container 类的对象，调用其 add()方法可以添加组件。这种添加组件的方式比较复杂。从 JDK5.0 版本以后 JFrame 可以直接调用 add()，方法向内容面板添加组件。由前面的 GUI 类层次图可以看出 JFrame 也是间接继承自 Container 类。新版本将 JFrame 中的 add()重写了，这样添加组件相当方便。下面通过 JframeAdd.java 来演示 JFrame 添加组件。

【例 7-3】

```
public class JFrameAdd extends JFrame{
    private JButton jb;
    public JFrameAdd(){
        jb = new JButton("点我!");
        this.add(jb);
    }
    public static void main(String[] args){
        JFrameAdd jfa = new JFrameAdd();
        jfa.setSize(200,300);
        jfa.setLocation(500,300);
        jfa.setDefaultCloseOperation(JFrame.EXIT_ON_CLOSE);
        jfa.setVisible(true);
    }
}
```

运行效果如图 7.5 所示。

图 7.5 添加组件示例

程序说明：例 7-3 通过调用 JFrame 中的 add( )方法向框架中添加了 JButton 按钮组件。

7.3.2　面板 JPanel

面板用来组织框架窗口中组件的布局，是各种组件的底板。将组件放置在底板上，再将底板放到框架中。JPanel 不能独立存在，必须依赖其他容器。面板可以有自己的布局管理器。JPanel 常用构造方法如下。

```
JPanel()
JPanel(LayoutManager layout)    //该构造方法初始化时可以指定布局管理器。
```

JPanel 的父类也是 Jcomponent，所以也可以使用 add()方法将按钮、标签等组件加载上去。下面通过 JpanelTest.java 来演示 JPanel 的使用和效果。

【例 7-4】

```
import javax.swing.JButton;
import javax.swing.JFrame;
import javax.swing.JPanel;
public class JPanelTest{
    public JPanelTest(){
        JFrame jf = new JFrame("面板使用练习");
        JPanel jp = new JPanel();   //实例面板对象，使用默认布局管理方式
        JButton btn = new JButton("OK");
        jp.add(btn);                //将按钮放置到面板上
        jf.add(jp);                 //将面板放置到框架上
        jf.setBounds(500, 200, 300, 300);
        jf.setDefaultCloseOperation(JFrame.EXIT_ON_CLOSE);
        jf.setVisible(true);
    }
    public static void main(String[] args){
        new JPanelTest();
    }
}
```

程序运行效果如图 7.6 所示。

图 7.6　Jpanel 示例

程序说明：

直接将按钮放置在框架里和通过面板放置在框架里的显示效果不同，这是因为面板和框架的默认布局管理方式不同造成的。

7.3.3 利用 JPanel 进行 2D 图形绘制

2D 图形的绘制比较简单，主要通过 JPanel 来绘图。JPanel 常用作容器来放置组件，但是它的另一重要功能是绘图。

在面板上绘图需要创建一个类并继承 JPanel，并覆盖 void paintComponent(Graphics g)方法。该方法是在 JComponent 中定义的。Graphics 是在调用显示组件方法时由 JVM(虚拟机)自动创建的。这个 g 对象是对应特定组件的一个实例。在调用或覆盖 paintComponent 方法时，要使用 super.paintComponent(g)来清理并初始化面板组件。

Graphics 中定义了很多绘图方法，常用方法如下。

```
void setColor(Color c) //设置画笔颜色。
void setFont(Color c)    //设置画笔字体。
void drawString(String text, int x, int y)//从坐标(x, y)开始写字符串。
void drawLine(int xStart,int yStart,int xEnd,int yEnd)//从起始位置(xStart, yStart)
到终止位置(xEnd, yEnd)画直线。
void drawRect(int x, int y,int w,int h)//画非填充矩形, (x, y)是左上角起始坐标, w是宽度,
h是高度。
void fillRect (int x, int y,int w,int h)//画填充矩形。
void drawOval(int x, int y,int w,int h)//画非填充椭圆, (x, y)是左上角坐标, w是宽度, h
是高度。
void fillOval(int x, int y,int w,int h)//画填充椭圆。
```

下面通过 PanitClock.java 来演示如何绘制一面钟。

```
import java.awt.Color;
import java.awt.Dimension;
import java.awt.Graphics;
import java.awt.event.ActionEvent;
import java.awt.event.ActionListener;
import java.util.Calendar;
import java.util.GregorianCalendar;
import javax.swing.*;

class Clock extends JPanel implements ActionListener{
    private int hour;
    private int minute;
    private int second;
    Clock() {
      //调用Timer类, 每隔1000毫秒调用一次 ActionListener中的run()方法
        Timer timer = new Timer(1000,this);
        timer.start();
        setBackground(Color.ORANGE);
    }
    protected void paintComponent(Graphics g){
        super.paintComponent(g);
        getNewTime();//获取时间
```

```
        //设定钟的大小，根据面板大小变化
        int clockR = (int)(Math.min(getWidth(), getHeight())*0.4);
        int xCenter = getWidth()/2;
        int yCenter = getHeight()/2;
        //画钟的轮廓
        g.setColor(Color.red);//设置画笔颜色为蓝色
        g.drawOval(xCenter-clockR, yCenter-clockR, 2*clockR, 2*clockR);
        //画钟刻度
        g.setColor(Color.red);
        g.drawString("12", xCenter-3, yCenter-clockR+12);
        g.drawString("9", xCenter-clockR+5, yCenter);
        g.drawString("3", xCenter+clockR-10, yCenter);
        g.drawString("6", xCenter, yCenter+clockR-5);
        //画秒针
        g.setColor(Color.blue);
        int sLength = (int)(clockR*0.8);
        int xSecond = (int)(xCenter+sLength*Math.sin(second*2*Math.PI/60));
        int ySecond = (int)(yCenter-sLength*Math.cos(second*2*Math.PI/60));
        g.drawLine(xCenter, yCenter, xSecond, ySecond);
        //画分针
        int mLength = (int)(clockR*0.65);
        int xMinute = (int)(xCenter+mLength*Math.sin(minute*2*Math.PI/60));
        int yMinute = (int)(yCenter-mLength*Math.cos(minute*2*Math.PI/60));
        g.drawLine(xCenter, yCenter, xMinute, yMinute);
        //画时针
        int hLength = (int)(clockR*0.5);
        int xHour = (int)(xCenter+hLength*Math.sin((hour+minute/60)*2*Math.PI/12));
        int yHour = (int)(yCenter-hLength*Math.cos((hour+minute/60)*2*Math.PI/12));
        g.drawLine(xCenter, yCenter, xHour, yHour);
    }
    //调用重画方法
    public void actionPerformed(ActionEvent e){
        repaint();
    }
    //获取时间方法
    public void getNewTime(){
        Calendar cal = new GregorianCalendar();
        this.hour = cal.get(Calendar.HOUR_OF_DAY);
        this.minute = cal.get(Calendar.MINUTE);
        this.second = cal.get(Calendar.SECOND);
    }
    public Dimension getPreferredSize(){
        return new Dimension(300,300);
    }
}
public class PanitClock extends JFrame{
    private Clock clock;
    public PanitClock(String name){
        super(name);
        clock = new Clock();
        this.add(clock);
        this.setDefaultCloseOperation(JFrame.EXIT_ON_CLOSE);
```

```
        this.setLocation(500,200);
            pack();
    }
    public static void main(String[] args){
        new PanitClock("绘图演示—时钟").setVisible(true);
    }
}
```

程序运行效果如图 7.7 所示。

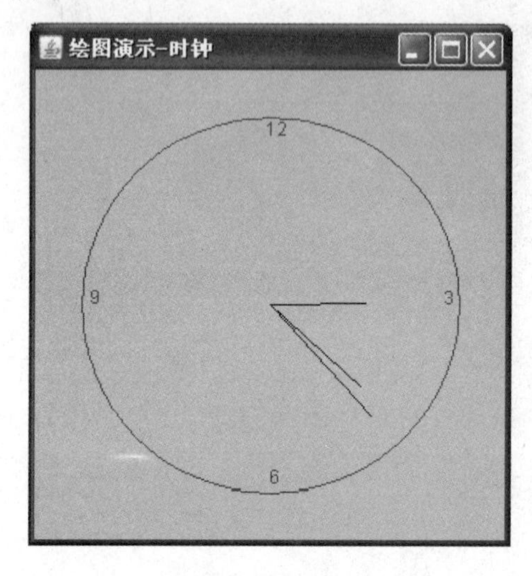

图 7.7　绘制时钟

7.3.4　工作任务：单机版五子棋棋盘的绘制

【单机版五子棋功能需求】

读者对五子棋很熟悉，其规则较简单，可以锻炼人的耐性，很有趣味性。本节通过五子棋单机版程序实现两人对下。根据当前最后落下的棋子判断胜负，当水平、竖直和两条斜线 4 个方向有任意一个方向上的连续同色棋子达 5 个则盘为胜。本程序提供开始、悔棋、重新开始、结束棋局、退出系统等功能，程序界面如图 7.8 所示。

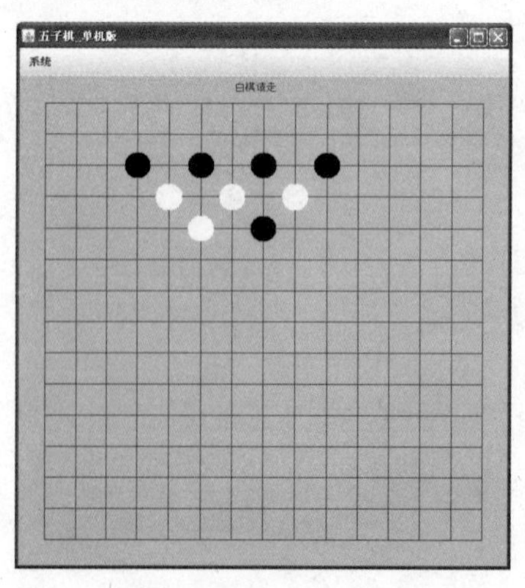

图 7.8　单机版五子棋界面

【任 务 7.1】 单机版五子棋棋盘的绘制

【任务描述】 用 JPanel 作为五子棋盘的画布，在 JPanel 上进行棋盘的绘制。

【任务分析】 编写 ChessBoard1 类，该类继承自 JPanel 并实现 MouseMotionListener 监听器接口，该类包含了棋格宽度、边距、行数、列数等字段，设置棋盘背景为橘黄色。通过对鼠标坐标所在范围来判断鼠标显示形状。在 ChessBoard1 类覆盖实现 paintComponent( )方法用于对棋盘的重新绘制。

【任务实现】

```
import java.awt.Color;
import java.awt.Dimension;
import java.awt.Graphics;
import javax.swing.JPanel;
/**
 * 棋盘
 * @author sma
 */
public class ChessBoard1 extends JPanel{
    private static final int SIDE = 36; //设置棋格宽度
    private static final int MARGIN = 30; //设置边距
    private static final int XROWS = 15;  //设置行数
    private static final int YROWS = 15;  //设置列数
    public ChessBoard1() {
        setBackground(Color.ORANGE);
    }
    @Override
    /**
     * 重写 patintComponent()方法
     */
    public void paintComponent(Graphics g) {
        super.paintComponent(g);

        //画棋盘
        for(int i = 0;i<XROWS;i++)  {
            g.drawLine(MARGIN, MARGIN+i*SIDE, MARGIN+14*SIDE, MARGIN+i*SIDE);
        }
        for(int i = 0;i<YROWS;i++)  {
            g.drawLine(MARGIN+i*SIDE, MARGIN, MARGIN+i*SIDE, MARGIN+14*SIDE);
        }
    }

    @Override
    /**重写该方法在 JFrame 中调用 pack()方法自适应大小
     * 设置棋盘默认大小
     */
    public Dimension getPreferredSize() {
        return new Dimension(MARGIN*2+(XROWS-1)*SIDE,MARGIN*2+(YROWS-1)*SIDE);
    }
}
```

编写窗口类 Five_in_a_row1，在窗口中加载 ChessBoard 面板并显示出来。通过后面的学习还将为其添加菜单栏，在菜单栏中还会添加各种菜单按钮，代码如下。

```
package Mission;
import javax.swing.JFrame;
/**
 *
 * @author sma
 */
public class Five_in_a_row1 extends JFrame{
    private ChessBoard1 chessBoard;
    public Five_in_a_row1(String name) {
        super(name);
        chessBoard = new ChessBoard1();
        this.add(chessBoard);
        this.setLocation(410,75);
        this.setDefaultCloseOperation(JFrame.EXIT_ON_CLOSE);
        pack();//自适应面板大小,与 JPanel 类中的 getPreferredSize()方法结合使用
    }
    public static void main(String[] args){
        Five_in_a_row1 fiar = new Five_in_a_row1("五子棋_单机版");
        fiar.setVisible(true);
    }
}
```

运行程序显示效果如图 7.9 所示。

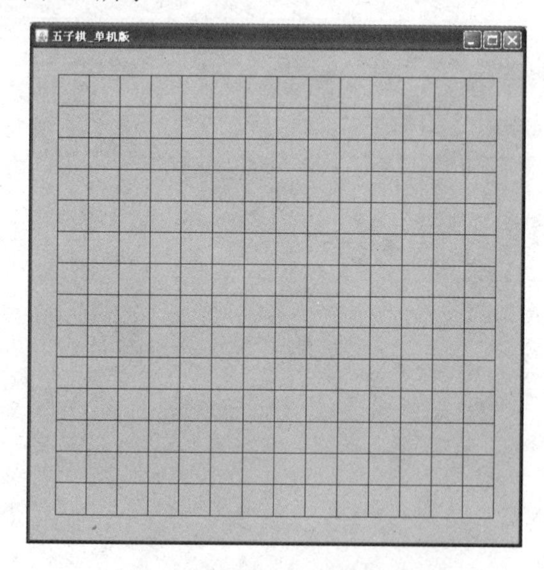

图 7.9　任务 7.1 运行结果

7.4　Swing 的布局管理器

一个友好的读者界面是一款软件成功的关键因素之一。布局管理器就是用来管理读者的界面。摆放的效果直接影响到界面是否美观。布局管理器通过布局管理类(该类位于 java.awt 包内)来对各种读者组件进行管理。

使用布局管理器(layout manager)，不仅可以有序排列各个 Swing 组件，而且当窗体发生变化时，布局管理器会根据新版面来配合窗口大小。

Java 中常用布局管理器有以下几种。

```
BorderLayout
FlowLayout
GridLayout
CardLayout
GridBagLayout
```

如果设计时未对组件指明布局对象，则使用默认布局管理器。默认布局管理器层次关系如图 7.10 所示。

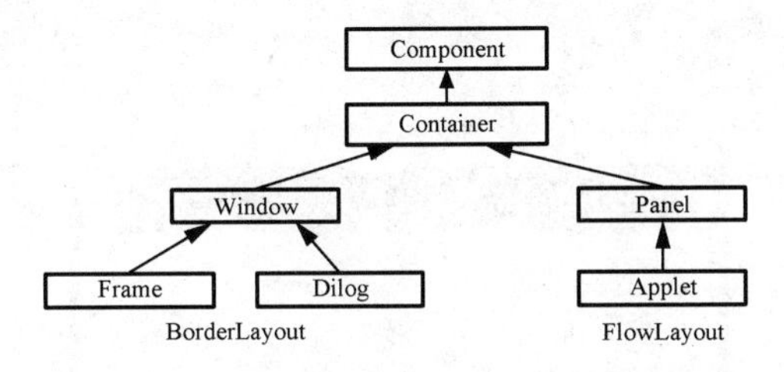

图 7.10　布线管理器层次关系图

本节将为读者介绍几种常用的布局管理器。

7.4.1　BorderLayout

BorderLayout 的父类就是 Object，它是定义在 AWT 包中的布局管理器。

Frame 类的默认布局管理器是 BorderLayout。BorderLayout 把容器简单划分为东、西、南、北、中 5 个区域，当使用该布局类进行版面管理时要指明组件添加在哪个区域。若未指明则默认加入到中区。每个区域只能加入一个组件，后加入的组件会覆盖前面一个。BorderLayout 的构造方法如下。

```
BorderLayout()
BorderLayout(int hgap, int vgap)
```

第一个构造方法用于实例的 BorderLayout 上放置的组件无间距。第二个构造方法实例的 BorderLayout 上放置的组件有间距，hagp 是水平间距，vgap 是垂直间距。

下面通过 `BorderLayoutTest.java` 来演示 BorderLayout 布局管理器的使用。

【例 7-5】

```
import java.awt.BorderLayout;
import javax.swing.JButton;
import javax.swing.JFrame;
import javax.swing.JPanel;

public class BorderLayoutTest{
    public static void main(String[] args){
        JFrame jf = new JFrame("BorderLayoutTest");
        JPanel jp = new JPanel();
        jf.setBounds(500, 200, 300, 300);
```

```
        jf.setLayout(new BorderLayout(10,10));
        jf.add(new JButton("北"),BorderLayout.NORTH);
        jf.add(new JButton("南"),BorderLayout.SOUTH);
        jf.add(new JButton("东"),BorderLayout.EAST);
        jf.add(new JButton("西"),BorderLayout.WEST);
        jp.add(new JButton("左"));
        jp.add(new JButton("中"));
        jp.add(new JButton("右"));
        jf.add(jp,BorderLayout.CENTER);
        jf.setDefaultCloseOperation(JFrame.EXIT_ON_CLOSE);//设置窗口关闭方式
        jf.setVisible(true);
    }
}
```

运行效果如图 7.11 所示。

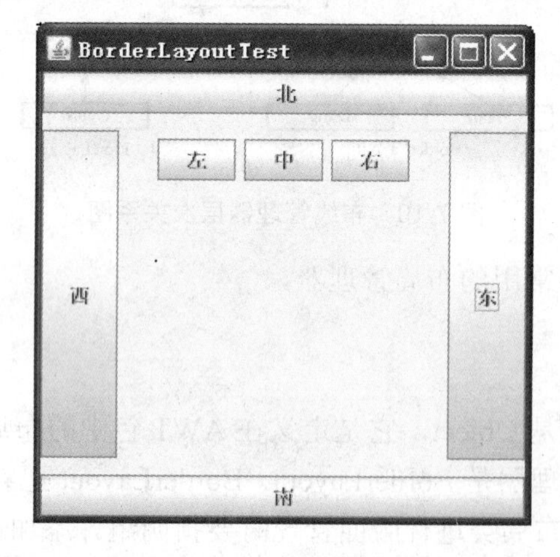

图 7.11　BorderLayout 示例

7.4.2　FlowLayout

FlowLayout 类也是位于 AWT 包中的布局管理器，它的父类是 Object。

Panel 类的默认布局管理器是 FlowLayout。FlowLayout 默认对齐方式是居中对齐，可以在实例对象的时候指定对齐方式。FlowLayout 布局方式为自左向右排列，当一行排满时自动换行。FlowLayout 构造方法如下。

FlowLayout( )

FlowLayout(int align)

FlowLayout(int align，int hgap，int vgap)

第一种是默认构造方法，第二种可以设置排列对齐方式，第三种还可以设置组件间距。默认情况下组件间有 5 个单位的水平和垂直间距。

下面通过 FlowLayoutTest.java 来演示 FlowLayout 布局管理器的使用。

【例 7-6】

```
import java.awt.Dimension;
import java.awt.FlowLayout;
import javax.swing.JButton;
```

```
import javax.swing.JFrame;
import javax.swing.JPanel;

public class FlowLayoutTest{
    public FlowLayoutTest(){
        JFrame jf = new JFrame("FlowLayoutTest");
        jf.setSize(this.setDimension(300, 300));//设置大小
        jf.setLocation(500, 200);
        JPanel jp = new JPanel();
        jp.setLayout(new FlowLayout());
        jp.add(new JButton("按钮 1"));
        jp.add(new JButton("按钮 2"));
        jp.add(new JButton("按钮 3"));
        jp.add(new JButton("按钮 4"));
        jp.add(new JButton("按钮 5"));
        jp.add(new JButton("按钮 6"));
        jp.add(new JButton("按钮 7"));
        jf.add(jp);
        jf.setDefaultCloseOperation(JFrame.EXIT_ON_CLOSE);
        jf.setVisible(true);
    }
    //编写方法设置 Dimension
    public Dimension setDimension(int width,int height) {
        return new Dimension(width,height);
    }
    public static void main(String[] args) {
        new FlowLayoutTest();
    }
}
```

运行效果如图 7.12 所示。

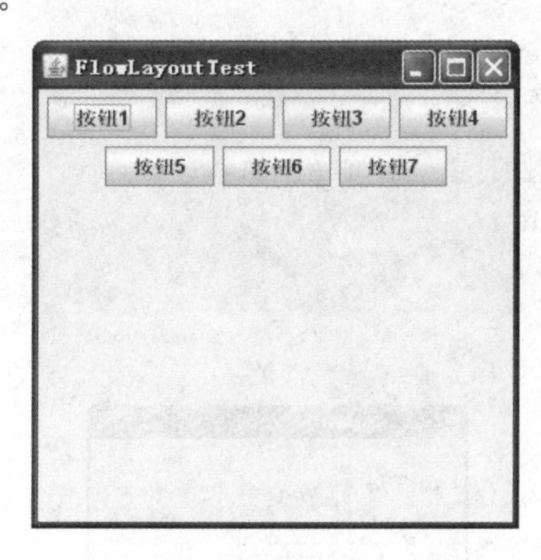

图 7.12　FlowLayout 示例

7.4.3　GridLayout

GridLayout 也是定义在 AWT 包中的布局管理器，其父类是 java.lang.Object。

GridLayout 布局管理器将组件按照网格方式排列，将容器分成规则矩形块，每个组件尽可能地占据每块空间。如果改变窗体大小则 GridLayout 也相应改变每个网格和组件大小。

在 GridLayout 构造方法中可以指定分割行数和列数。构造方法如下。

GridLayout( )

GridLayout(int rows,int cols)

GridLayout(int rows,int rols,int hgap,int vgap)

第一种是默认构造方法，第二种构造方法指定了分割的行数和列数，第三种构造方法指定分割行数列数，还指定了组件水平和垂直间距。

下面通过 GridLayoutTest.java 来演示 GridLayout 布局管理器的使用及效果。

【例 7-7】

```
import java.awt.GridLayout;
import javax.swing.JButton;
import javax.swing.JFrame;
import javax.swing.JPanel;
public class GridLayoutTest{
    public GridLayoutTest(){
        JFrame jf = new JFrame("GridLayoutTest");
        JPanel jp = new JPanel();
        jp.setLayout(new GridLayout(3,3,10,10));
        jp.add(new JButton("第一行按钮1"));
        jp.add(new JButton("第一行按钮2"));
        jp.add(new JButton("第一行按钮3"));
        jp.add(new JButton("第二行按钮1"));
        jp.add(new JButton("第二行按钮2"));
        jp.add(new JButton("第二行按钮3"));
        jp.add(new JButton("第三行按钮1"));
        jp.add(new JButton("第三行按钮2"));
        jp.add(new JButton("第三行按钮3"));
        jf.setBounds(500, 200, 350, 350);
        jf.add(jp);
        jf.setDefaultCloseOperation(JFrame.EXIT_ON_CLOSE);
        jf.setVisible(true);
    }
    public static void main(String[] args){
        new GridLayoutTest();
    }
}
```

运行效果如图 7.13 所示。

图 7.13　GridLayout 示例

7.4.4　定位组件的绝对位置

有时在定位组件位置的时候并不想按照前面几种布局管理方式。想自定义摆放组件，可以通过方法 setLayout(null)来取消容器布局方式，采用 setBounds(x,y,width,height)方法来定位和设置组件大小。下面通过 DIYLayoutTest.java 来演示自定义布局用法和效果。

【例 7-8】

```
import java.awt.Color;
import javax.swing.JButton;
import javax.swing.JFrame;
import javax.swing.JPanel;

public class DIYLayoutTest{
    public DIYLayoutTest(){
        JFrame jf = new JFrame("DIYLayoutTest");
        jf.setBounds(500, 200, 350, 350);
        JPanel jp = new JPanel();
        jf.setBackground(Color. GREEN);//设置容器背景色
        jp.setBackground(Color.BLUE);
        jp.setLayout(null);
        jf.setLayout(null);
        jp.setBounds(50, 50, 200, 200);
        JButton button_road = new JButton("街道");
        JButton button_build_a = new JButton("房屋A");
        JButton button_build_b = new JButton("房屋B");
        JButton button_build_c = new JButton("房屋C");
        button_road.setBounds(0, 94, 200, 12);
        button_build_a.setBounds(50, 65, 70, 28);
        button_build_b.setBounds(129, 95, 70, 48);
        button_build_c.setBounds(20, 95, 70, 28);
        jp.add(button_road);
        jp.add(button_build_a);
        jp.add(button_build_b);
        jp.add(button_build_c);
        jf.add(jp);
        ((JPanel)jf.getContentPane()).setOpaque(false);//将内容面板设置成透明
        jf.setDefaultCloseOperation(JFrame.EXIT_ON_CLOSE);
        jf.setVisible(true);
    }
    public static void main(String[] args){
        new DIYLayoutTest();
    }
}
```

运行效果如图 7.14 所示。

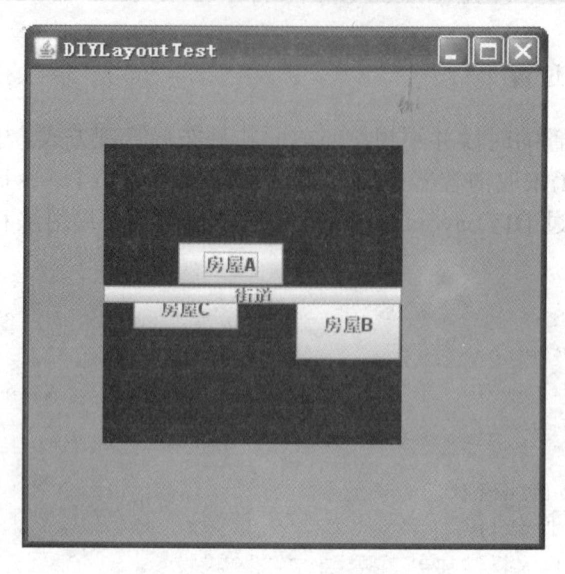

图 7.14　绝对定位

7.4.5　工作任务：结合布局管理器为游戏窗体添加菜单栏

【任 务 7.2】 结合布局管理器为游戏窗体添加菜单栏

【任务描述】 为五子棋游戏界面添加菜单栏，将菜单栏布局方式设置为靠左，并添加菜单项“系统”，将菜单栏放置在窗体的“北方”。

【任务分析】 对游戏窗体类 Five_in_a_row1 进行修改，为其添加 JMenu 并设置布局方式，将工具栏定位在窗口的北方，且将工具栏的布局方式设为靠左。

【任务实现】

```
import java.awt.BorderLayout;
import java.awt.FlowLayout;
import javax.swing.JFrame;
import javax.swing.JMenu;
import javax.swing.JMenuBar;
/**
 *
 * @author Administrator
 */
public class Five_in_a_row2 extends JFrame{
    private JMenuBar jmb;
    private JMenu jm_sys;
    private ChessBoard1 chessBoard;
    public Five_in_a_row2(String name){
        super(name);
        jmb = new JMenuBar();
        //将工具栏的布局方式设为靠左
        jmb.setLayout(new FlowLayout(FlowLayout.LEFT));
        jm_sys = new JMenu("系统");
        chessBoard = new ChessBoard1();
        jmb.add(jm_sys);
        this.add(jmb,BorderLayout.NORTH);//将工具栏定位在窗口的北方
        this.add(chessBoard);
```

```
        this.setLocation(410,75);
        this.setDefaultCloseOperation(JFrame.EXIT_ON_CLOSE);
        //自适应面板大小,与 JPanel 类中的 getPreferredSize()方法结合使用
        pack();
    }
    public static void main(String[] args){
        Five_in_a_row2 fiar = new Five_in_a_row2("五子棋_单机版");
        fiar.setVisible(true);
    }
}
```

运行效果如图 7.15 所示。

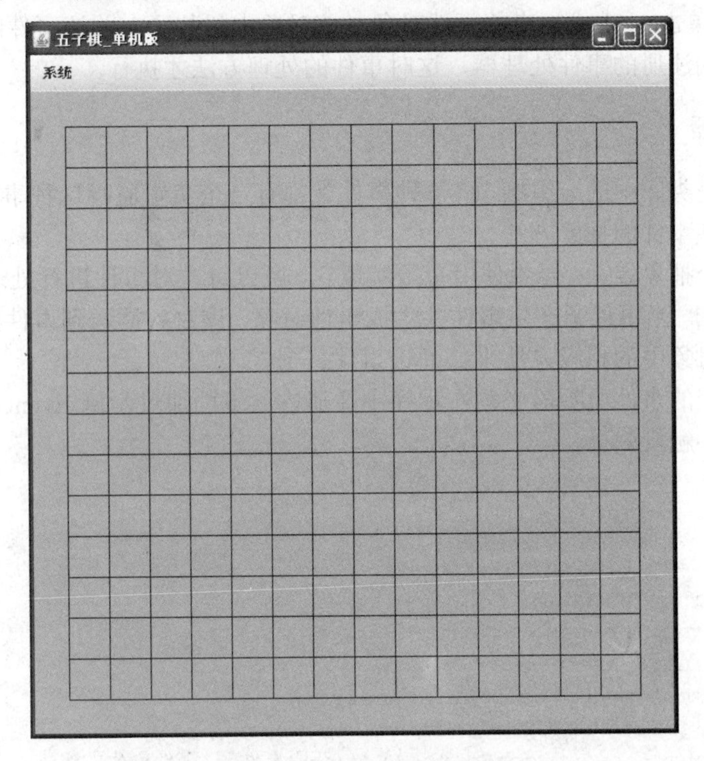

图 7.15　任务 7-2 运行结果

7.5　Swing 的事件处理机制

读者之所以对图形界面感兴趣，就是因为图形界面与读者交互能力强。但是单纯的界面是没有使用价值的，要是图形界面能与读者交流，在 Java 中实现这样的功能必须了解事件处理机制。

首先组件要先注册事件处理器，当读者单击组件、移动鼠标到某个组件或者在某个组件上敲击键盘都会产生事件(Event)。一旦有时间产生，应用程序做出对该事件的响应，这些组件就是事件源(Event Source)。接受、解析和处理事件，实现和读者交互的方法称之为事件处理器(Event Handler)。它们之间的工作关系如图 7.16 所示。

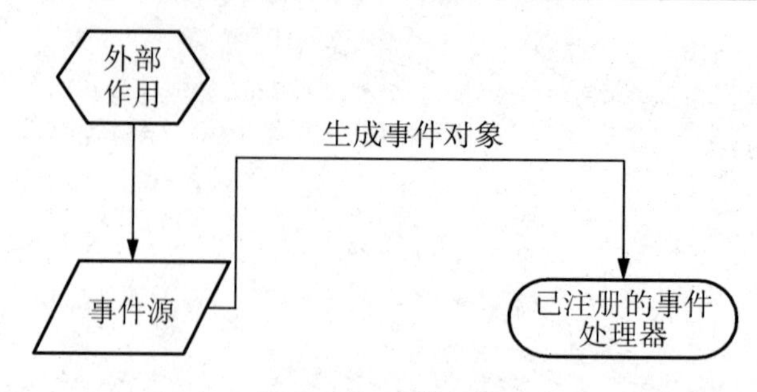

图 7.16 事件机制

事件源可以产生多种不同类型的时间，可以注册多种不同类型的事件监听器。当组件上发生某种事件(比如单击)，生成相应的事件对象，该对象中封装了有关该事件的各种信息。该对象被传送到相应的注册的事件处理器，这时事件的处理方法才执行。

7.5.1 事件监听器

事件监听器是类库中的一组接口，每种事件类都有一个负责监听这种事件对象的接口。接口中定义了处理该事件的抽象方法。

接口只是一个抽象定义，要想使用必须实现它。所以每次对事件进行处理是调用对应接口的实现类中的方法。当事件源产生事件并生成事件对象，该对象被送到事件处理器中，处理器调用接口实现类对象中的相应方法来处理该事件。

要想启动相应的事件监听器必须在程序中注册它。下面通过示例 EventTest.java 来演示事件监听注册和事件触发效果。

【例 7-9】

```
import java.awt.event.ActionEvent;
import java.awt.event.ActionListener;
import javax.swing.JButton;
import javax.swing.JFrame;
import javax.swing.JPanel;
class BtnClick implements ActionListener{
    public void actionPerformed(ActionEvent event){
        Object obj = event.getSource();//获取事件源(事件产生的组件)
        JButton btn = (JButton)obj;//转型成 JButton 类
        System.out.println("单击按钮：*"+btn.getLabel()+"*");
    }
}
public class EventTest {
    public EventTest(){
        JFrame jf = new JFrame("EventTest");
        jf.setBounds(500, 200, 300, 300);
        JButton btn_1 = new JButton("单击事件测试 1");
        JButton btn_2 = new JButton("单击事件测试 2");
        JPanel jp = new JPanel();
        btn_1.addActionListener(new BtnClick());//注册监听器
        btn_2.addActionListener(new BtnClick());
        jp.add(btn_1);
        jp.add(btn_2);
        jf.add(jp);
```

```
        jf.setDefaultCloseOperation(JFrame.EXIT_ON_CLOSE);
        jf.setVisible(true);
    }
    public static void main(String[] args) {
        new EventTest();
    }
}
```

运行效果如图 7.17 所示。

图 7.17　事件监听器示例

当单击按钮时，将生成事件对象，对象中包含了事件源(按钮)的信息传送到已注册的事件监听器，监听器调用相应方法并将该对象传入。

单击两个按钮各一次，控制台输出内容如图 7.18 所示。

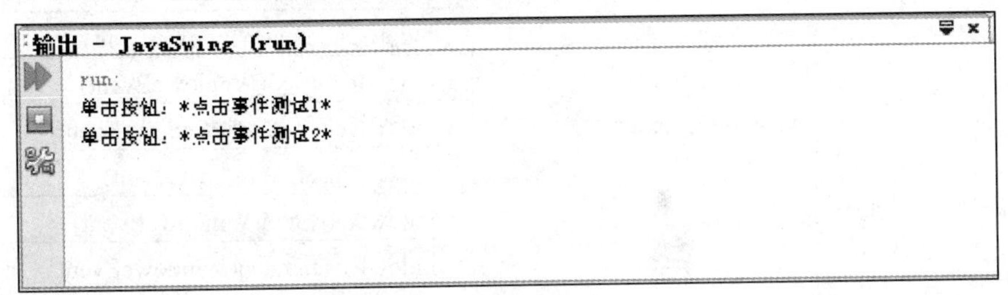

图 7.18　事件监听器示例结果

7.5.2　事件的种类

Java 处理事件响应的类和监听接口大多都位于 AWT 包中。在 javax.swing.event 包中有专门用于 Swing 组件的事件类和监听接口。

AWT 事件类继承自 AWTEvent，它们的超类是 EventObject。在 AWT 事件中，事件分为低级事件和语义事件。语义事件是对某些低级事件的一种抽象概括，是单个或多个低级事件的某些特例的集合。

常用低级事件有以下几种。

```
KeyEvent                //按键按下和释放产生该事件
MouseEvent              //鼠标按下、释放、拖动、移动产生该事件
FocusEvent              //组件失去焦点产生该事件
WindowEvent             //窗口发生变化产生该事件
```

常用语义事件有以下几种。

```
ActionEvent            //当单击按钮、选中菜单或在文本框中回车等产生该事件
ItemEvent              //选中多选框、选中按钮或者单击列表产生该事件
```

几种常用事件和事件监听器见表 7-1。

表 7-1　常用事件监听器

事件类型	对应的监听器	监听器接口中抽象方法
Action	ActionListener	actionPerformed(ActionEvent)
Mouse	MouseListener	mousePressed(MouseEvent)
		mouseReleased(MouseEvent)
		mouseEntered(MouseEvent)
		mouseExited(MouseEvent)
		mouseClicked(MouseEvent)
MuseMotion	MouseMotionListener	mouseDragged(MouseEvent)
		mouseMoved(MouseEvent)
Item	ItemListener	itemStateChanged(ItemEvent)
Key	KeyListener	KeyPressed(KeyEvent)
		KeyReleased(KeyEvent)
		KeyTyped(KeyEvent)
Focus	FocusListener	focusGained(FocusEvent)
		focusLost(FocusEvent)
Window	WindowListener	windowClosing(WindoweEvent)
		windowOpening(WindoweEvent)
		windowIconified(WindoweEvent)
		windowDeiconified(WindoweEvent)
		windowClosed(WindoweEvent)
		windowActivated(WindoweEvent)
		windowDeactivated(WindoweEvent)
Component	ComponentListener	componentMoved(ComponentEvent)
		componentHidden(ComponentEvent)
		componentResized(ComponentEvent)
		componentShown(ComponentEvent)
Text	TextListener	testValueChanged(TextEvent)

在 7.5.1 节已经演示了按钮的 ActionListener 事件的使用。下面将介绍另外几种事件的响应。mouseTest.java 演示了鼠标事件的使用和效果。

【例 7-10】

```
import java.awt.Color;
import java.awt.event.MouseEvent;
import java.awt.event.MouseListener;
import javax.swing.JButton;
import javax.swing.JFrame;
```

```
import javax.swing.JPanel;

public class mouseTest extends JFrame implements MouseListener{
    //鼠标进入聚焦组件事件
    public void mouseEntered(MouseEvent e) {
        this.getContentPane().setBackground(Color.blue);
    }
    //鼠标离开聚焦组件事件
    public void mouseExited(MouseEvent e) {
        this.getContentPane().setBackground(Color.green);
    }
    public void mouseReleased(MouseEvent e) {
    }
    public void mousePressed(MouseEvent e){
    }
    //鼠标单击事件
    public void mouseClicked(MouseEvent e) {
       this.getContentPane().setBackground(Color.red); //设置 JFrame 面板背景色
    }
    public mouseTest(String name){
        super(name);
        JButton btn_1 = new JButton("变色");
        JPanel jp = new JPanel();
        jp.setOpaque(false); //设置 Jpanel 透明以显示面板背景色
        this.addMouseListener(this);
        btn_1.addMouseListener(this);
        jp.add(btn_1);
        this.setBounds(500,200,300,300);
        this.add(jp);
        this.setDefaultCloseOperation(JFrame.EXIT_ON_CLOSE);
        this.setVisible(true);
    }
    public static void main(String[] args){
        new mouseTest("鼠标事件响应测试");
    }
}
```

当鼠标进入面板内时背景颜色变为蓝色，如图 7.19 所示。

图 7.19　鼠标事件

当鼠标移出面板时颜色变为绿色，当鼠标单击“变色”按钮或者单击面板时，面板颜色变为红色。

7.5.3 工作任务：为棋盘面板添加鼠标移动事件

【任 务 7.3】 为棋盘面板添加鼠标移动事件

【任务描述】 当鼠标移动到棋盘上为手型，移出时为指针形。

【任务分析】 修改 ChessBoard1 类使其实现 MouseMotionListener 接口，并实现其中的 mouseMoved()和 mouseDragged()方法。在 mouseMoved()方法中获取鼠标的坐标，判断鼠标落点的范围如果在棋盘内则鼠标显示为手型，在外面则为指针型。

【任务实现】

```
import java.awt.Color;
import java.awt.Cursor;
import java.awt.Dimension;
import java.awt.Graphics;
import java.awt.event.MouseEvent;
import java.awt.event.MouseMotionListener;
import javax.swing.JPanel;
/**
 *
 * @author Administrator
 */
public class ChessBoard2 extends JPanel implements MouseMotionListener{
    private static final int SIDE = 36; //设置棋格宽度
    private static final int MARGIN = 30; //设置边距
    private static final int XROWS = 15;  //设置行数
    private static final int YROWS = 15;  //设置列数
    public ChessBoard2(){
        setBackground(Color.ORANGE);
        this.addMouseMotionListener(this);
    }
    @Override
    /**
     * 重写 patintComponent()方法
     */
    public void paintComponent(Graphics g) {
        super.paintComponent(g);
        //画棋盘
        for(int i = 0;i<XROWS;i++){
            g.drawLine(MARGIN, MARGIN+i*SIDE, MARGIN+14*SIDE, MARGIN+i*SIDE);
        }
        for(int i = 0;i<YROWS;i++){
            g.drawLine(MARGIN+i*SIDE, MARGIN, MARGIN+i*SIDE, MARGIN+14*SIDE);
        }
    }
    @Override
    /**重写该方法在 JFrame 中调用 pack()方法自适应大小
     * 设置棋盘默认大小
     */
```

```
    public Dimension getPreferredSize(){
        return new Dimension(MARGIN*2+(XROWS-1)*SIDE,MARGIN*2+(YROWS-1)*SIDE);
    }
    /**
     * 鼠标移动事件方法
     * @param me
     */
    public void mouseMoved(MouseEvent me){
        //获取鼠标坐标
        int x = me.getX();
        int y = me.getY();
        int xIndex = ((y-MARGIN)+SIDE/2)/SIDE+1;
        int yIndex = ((x-MARGIN)+SIDE/2)/SIDE+1;
        //当鼠标在规定范围内设置成默认形状或者手型
        if(x<SIDE/2||y<SIDE/2||xIndex>XROWS||yIndex>YROWS){
            setCursor(new Cursor(Cursor.DEFAULT_CURSOR));
        }
        else
            setCursor(new Cursor(Cursor.HAND_CURSOR));
    }
    public void mouseDragged(MouseEvent me){
    }
}
```

运行效果如图 7.20 所示。

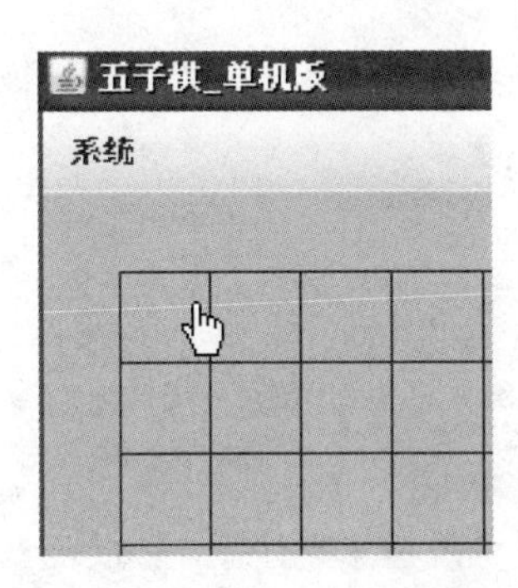

图 7.20　任务 7.3 运行结果

7.5.4　事件适配器

通过上一节鼠标事件示例可以看出，如果要注册监听接口必须实现接口中的所有方法，即是使用不到的方法也必须实现成空方法。而其实在上例中只用到了 3 个方法。如果接口中方法较少那还算比较幸运，如果方法过多这样就显得很麻烦。为了解决这个问题引入了事件适配器概念。

事件适配器其实就是一个接口的实现类。实际上适配器类只是将监听接口中的方法全部是现成空方法。这样在定义事件监听器时就可以继承该实现类，并重写所需要的方法，不必要实现覆盖所有的方法了。常用的事件适配器类有以下几种。

```
MouseAdapter                //鼠标事件适配器
WindowAdapter               //窗口事件适配器
KeyAdapter                  //键盘事件适配器
```

```
FocusAdapter              //焦点适配器
MouseMotionAdapter        //鼠标移动事件适配器
ComponentAdapter          //组件源事件适配器
ContanerAdapter           //容器源事件适配器
```

下面利用 MouseAdapter.java 来改写【例 7-10】。

【例 7-11】

```
import java.awt.Color;
import java.awt.event.MouseAdapter;
import java.awt.event.MouseEvent;
import javax.swing.JButton;
import javax.swing.JFrame;
import javax.swing.JPanel;

class mouseAdapter extends MouseAdapter{
    private JFrame jf;
    public mouseAdapter(JFrame jf) //通过构造方法将框架容器对象传递进适配器类
    {
        this.jf = jf;
    }
    public void mouseEntered(MouseEvent e) //重写并覆盖鼠标进入聚焦组件事件
    {
        jf.getContentPane().setBackground(Color.blue);
    }
    public void mouseExited(MouseEvent e) //重写并覆盖鼠标离开聚焦组件事件
    {
        jf.getContentPane().setBackground(Color.green);
    }
    public void mouseClicked(MouseEvent e) //重写并覆盖鼠标单击事件
    {
        jf.getContentPane().setBackground(Color.red);
    }
}
public class mouseAdapterTest extends JFrame {
    public mouseAdapterTest(String name){
        super(name);
        JButton btn_1 = new JButton("变色");
        JPanel jp = new JPanel();
        jp.setOpaque(false);
        this.addMouseListener(new mouseAdapter(this)); //注册适配器
        btn_1.addMouseListener(new mouseAdapter(this));
        jp.add(btn_1);
        this.setBounds(500, 200, 300, 300);
        this.add(jp);
        this.setDefaultCloseOperation(JFrame.EXIT_ON_CLOSE);
        this.setVisible(true);
    }
    public static void main(String[] args) {
        new mouseAdapterTest("鼠标适配器测试");
    }
}
```

运行效果和上节鼠标示例一样，当鼠标进入面板内时背景颜色变为蓝色，当鼠标移出面板时颜色变为绿色，当鼠标单击“变色”按钮或者单击面板时，面板颜色变为红色。

7.5.5　工作任务：编写棋子类，使用鼠标事件适配器为棋盘添加下棋事件

【任 务 7.4】 为棋盘添加下棋事件

【任务描述】 为棋盘添加鼠标事件，当单击鼠标时放置棋子至棋盘上。

【任务分析】 需要编写一个棋子类，用于描述棋子的各种属性，包括棋子的索引、直径、颜色等。放置的棋子还需要保存起来以便进行绘制及做其他处理，这里采用 Vector 向量存储棋子类对象。

【任务实现】 编写棋子类 PieceChess 包括棋子的索引、直径、颜色。

```
import java.awt.Color;
/**
    * 棋子类
    */
public class PieceChess{
    /**
     * @return the RADIUS
     */
    public static int getDIAMETER() {
        return DIAMETER;
    }
    /**
     * @param aRADIUS the RADIUS to set
     */
    public static void setDIAMETER(int aRADIUS) {
        DIAMETER = aRADIUS;
    }
    private Color color;
    private int XIndex;
    private int YIndex;
    private static int DIAMETER = 30;
    public PieceChess(Color color,int x,int y) {
        this.color = color;
        this.XIndex = x;
        this.YIndex = y;
    }
    /**
     * @return the color
     */
    public Color getColor() {
        return color;
    }
    /**
     * @param color the color to set
     */
    public void setColor(Color color) {
        this.color = color;
    }
```

```
    /**
     * @return the XIndex
     */
    public int getXIndex() {
        return XIndex;
    }
    /**
     * @param XIndex the XIndex to set
     */
    public void setXIndex(int XIndex) {
        this.XIndex = XIndex;
    }
    /**
     * @return the YIndex
     */
    public int getYIndex() {
        return YIndex;
    }
    /**
     * @param YIndex the YIndex to set
     */
    public void setYIndex(int YIndex) {
        this.YIndex = YIndex;
    }
    /**
     * 覆盖toString()方法用于打印输出
     * @return
     */
    @Override
    public String toString(){
        return this.color+"_"+this.XIndex+","+this.YIndex;
    }
}
```

修改 ChessBoard2 类，为其添加鼠标事件适配器并重写其中 mousePressed( )方法。当产生鼠标按下事件在棋盘上画出相应的棋子。

为了实现该功能，首要要解决棋子的存放问题。这里使用 Vector 向量来存放棋子，使用向量的好处是能很好地记录下棋子的摆放次序方便后面的悔棋等操作的编写。该类与 ArrayList 用法基本一致，不过其中添加、删除和插入元素等操作均为线程安全的。

Chesscolor 该字段用于存放当前要走的棋子颜色。字符串变量 str 用于显示提示语(显示下一步棋的颜色)。同时还需要编写 isChess(int,int)方法，该方法用于判断某个坐标处是否有棋子。

当单击棋盘时，首先判断鼠标坐标处是否已有棋子，如果没有则根据当前棋子颜色生成新的棋子对象，并存入 Vector 向量中。当某个坐标有棋子则其鼠标样式修改为指针型，所以也要对棋盘的鼠标移动事件进行修改。修改后的 ChessBoard 类如下。

```
import java.awt.Color;
import java.awt.Cursor;
import java.awt.Dimension;
import java.awt.Graphics;
import java.awt.event.MouseAdapter;
```

```
import java.awt.event.MouseEvent;
import java.awt.event.MouseMotionListener;
import java.util.Iterator;
import java.util.Vector;
import javax.swing.JPanel;
/**
 *
 * @author Administrator
 */
public class ChessBoard3 extends JPanel implements MouseMotionListener{
    private static final int SIDE = 36; //设置棋格宽度
    private static final int MARGIN = 30; //设置边距
    private static final int XROWS = 15;  //设置行数
    private static final int YROWS = 15;  //设置列数
    private Color Chesscolor = Color.BLACK;
    private Vector<PieceChess> chess_list = new Vector();
    private String str = "";
    public ChessBoard3(){
        setBackground(Color.ORANGE);
        this.addMouseMotionListener(this);
        this.addMouseListener(new MouseAdapter(){
            @Override
            public void mousePressed(MouseEvent me){
                System.out.println(Thread.currentThread());
                int x = me.getX();
                int y = me.getY();
                int xIndex = -10;
                int yIndex = -10;
                 //根据鼠标坐标取得棋子索引

if(x>SIDE/2&&y>SIDE/2&&x<(MARGIN+(YROWS-1)*SIDE+MARGIN/2)&&y<(MARGIN+(YROWS-1)
*SIDE+MARGIN/2)) {
                    xIndex = ((y-MARGIN)+SIDE/2)/SIDE+1;
                    yIndex = ((x-MARGIN)+SIDE/2)/SIDE+1;
                    if(!isChess(xIndex,yIndex)){
                  PieceChess pc = new PieceChess(Chesscolor,xIndex,yIndex);
                        chess_list.addElement(pc);
                 System.out.println("添加"+Chesscolor+"棋子"+chess_list.size());
                        ChessBoard3.this.repaint();
                   str = pc.getColor() == Color.BLACK ? "白棋请走" : "黑棋请走";
                        if(Chesscolor == Color.BLACK)
                          Chesscolor = Color.WHITE;
                        else if(Chesscolor == Color.WHITE)
                          Chesscolor = Color.BLACK;
                    }
                }
            }
        });
    }
    @Override
    /**
     * 重写patintComponent()方法
```

```
    */
    public void paintComponent(Graphics g){
        super.paintComponent(g);
        //画棋盘
        for(int i = 0;i<XROWS;i++){
         g.drawLine(MARGIN, MARGIN+i*SIDE, MARGIN+14*SIDE, MARGIN+i*SIDE);
        }
        for(int i = 0;i<YROWS;i++){
            g.drawLine(MARGIN+i*SIDE, MARGIN, MARGIN+i*SIDE, MARGIN+14*SIDE);
        }
        g.drawString(str, 249, 16);//在棋盘上写出提示
        //画棋子
        Iterator<PieceChess> it = chess_list.iterator();
        while(it.hasNext()){
            PieceChess pc = it.next();
            int Ox = (pc.getYIndex()-1)*SIDE+MARGIN;
            int Oy = (pc.getXIndex()-1)*SIDE+MARGIN;
            g.setColor(pc.getColor());
           g.fillOval(Ox-PieceChess.getDIAMETER()/2, Oy-PieceChess.getDIAMETER()/2,
PieceChess.getDIAMETER(), PieceChess.getDIAMETER());
        }
    }
    @Override
    /**重写该方法在 JFrame 中调用 pack()方法自适应大小
     * 设置棋盘默认大小
     */
    public Dimension getPreferredSize() {
        return new Dimension(MARGIN*2+(XROWS-1)*SIDE,MARGIN*2+(YROWS-1)*SIDE);
    }
    /**
     * 鼠标移动事件方法
     * @param me
     */
    public void mouseMoved(MouseEvent me){
        //获取鼠标坐标
        int x = me.getX();
        int y = me.getY();
        int xIndex = ((y-MARGIN)+SIDE/2)/SIDE+1;
        int yIndex = ((x-MARGIN)+SIDE/2)/SIDE+1;
        //当鼠标在规定范围内设置成默认形状或者手型

    if(isChess(xIndex,yIndex)||x<SIDE/2||y<SIDE/2||xIndex>XROWS||yIndex>YROWS)
{
            setCursor(new Cursor(Cursor.DEFAULT_CURSOR));
        }
        else
            setCursor(new Cursor(Cursor.HAND_CURSOR));
    }
    public void mouseDragged(MouseEvent me){
    }
    /**
     * 判断在 xIndex yIndex 索引上是否有棋子
```

```
     * @param xIndex
     * @param yIndex
     * @return
     */
    private boolean isChess(int xIndex,int yIndex){
        boolean findchess = false;
        Iterator<PieceChess> it = chess_list.iterator();
        if(!it.hasNext())
            return false;
        while(it.hasNext()){
            PieceChess pc = it.next();
            if(pc.getXIndex() == xIndex&&pc.getYIndex() == yIndex) {
                findchess = true;
                break;
            }
        }
        return findchess;
    }
}
```

运行效果如图 7.21 所示。

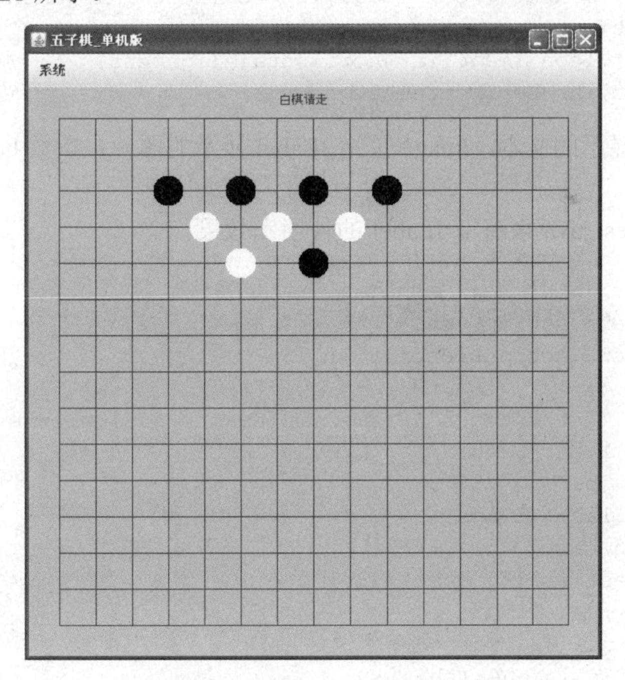

图 7.21　任务 7.4 运行结果

7.6　Swing 常用组件

前面几节介绍了 Swing 的框架和面板等。本节将介绍一些常用的 Swing 的“轻量级组件”。图 7.22 展现了一些常用组件与 JComponent 的继承关系。

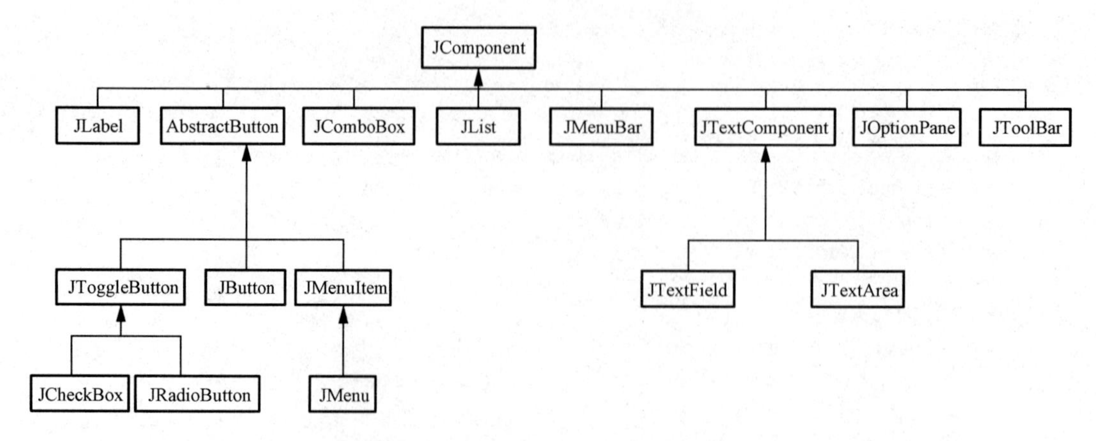

图 7.22 JComponent 的继承关系

7.6.1 JLabel

JLabel 类用来显示文字或者图标，其构造函数如下。

```
JLabel ()
JLabel (Icon image) Jlabel (Icon image,int horizontalAlignment)
JLabel (String text)
JLabel (String text,Icon image,int horizontalAlignment)
JLabel (String text,int horizontalAlignment)
```

text 是指 JLabel 显示的文本，image 是指 JLabel 显示的图片，参数 horizontalAlignment 用来设定水平位置。

下面通过 JlabelTest.java 来演示 JLabel 的使用和效果。

【例 7-12】

```
import java.awt.event.ActionEvent;
import java.awt.event.ActionListener;
import javax.swing.*;
public class JLabelTest extends JFrame implements ActionListener{
    private JLabel label_text;
    private JPanel jp;
    private JLabel label_image;
    private JButton btn;
    public JLabelTest(String name){
        super(name);
        this.btn = new JButton("标签测试");
        btn.addActionListener(this);
        this.label_text = new JLabel("显示文本");
        this.label_image = new JLabel("显示图片");
        this.jp = new JPanel();
        jp.add(label_image);
        jp.add(btn);
        jp.add(label_text);
        this.add(jp);
        this.setBounds(500, 200, 300, 300);
        this.setDefaultCloseOperation(JFrame.EXIT_ON_CLOSE); //设置窗口关闭方式
    }
```

```
    public void actionPerformed(ActionEvent e) {
       ImageIcon myimage=new ImageIcon(getClass().getResource("/image/QQ.JPG"));
//读取图片数据
        this.label_image.setText(null); //去除标签文字
        this.label_image.setIcon(myimage); //加载图片
        this.label_text.setText("文本修改");
    }
    public static void main(String[] args) {
        new JLabelTest("标签演示").setVisible(true);
    }
}
```

程序运行效果如图 7.23 所示：

当单击按钮后，标签文字和图片发生变化，如图 7.24 所示。

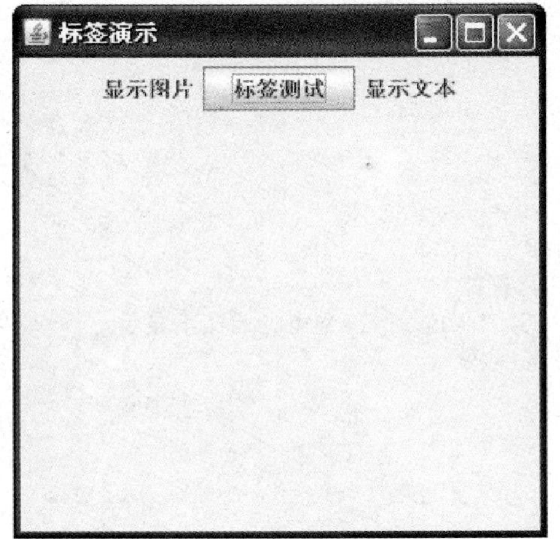

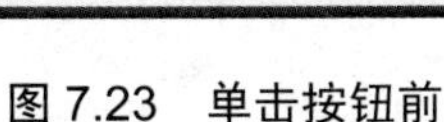

图 7.23　单击按钮前

图 7.24　单击按钮后

7.6.2　按钮类

Swing 中常用按钮有 4 种即 JButton、JToggleButton、JCheckBox 和 JradioButton。

它们的父类都是 AbstractButton，所以它们都具有 AbstractButton 的所有方法。AbstractButton 是一个抽象方法，里面定义了很多组件设置方法和组件事件驱动方法。这些方法相对较简单，有些根据英文名编程就可以知道其用法，也可以查找相关帮助文档即可。Jbutton 在前面几节已经做过相应介绍，下面通过几个示例演示几种常用按钮的用法。

1. JToggleButton

JToggleButton 和 JButton 差不多，唯一区别在于 JButton 按钮按下会自动弹起来，而 JToggleButton 会陷下去，不弹回来，需要读者在按一次才弹起来。JToggleButton 常用构造方法如下。

```
JToggleButton()
JToggleButton(Icon icon)
JToggleButton(Icon icon, boolean selected)
JToggleButton(String text)
JToggleButton(String text, boolean selected)
```

Icon 表示选用图片显示在按钮上，selected 表示初始化以后默认是否是选中状态，true 表示选中。text 是用来显示在按钮上的文字。下面通过 JToggleButtonTest.java 来演示其用法和效果。

【例 7-13】

```
import java.awt.event.ActionEvent;
import java.awt.event.ActionListener;
import javax.swing.*;
public class JToggleButtonTest extends JFrame implements ActionListener{
    private JToggleButton jtb_1;
    private JPanel jp;
    public void actionPerformed(ActionEvent e){
        JToggleButton jtb = (JToggleButton)e.getSource();
        if(jtb.isSelected()) //单击 JToggleButton 显示"陷下"
        {
            jtb.setText("陷下");
        }
        else   //再单击 JToggleButton 显示"弹起"
            jtb.setText("弹起");
    }
    public JToggleButtonTest(String name){
        super(name); //调用父类给当前框架对象初始化标题
        jtb_1 = new JToggleButton("单击"); //初始化 JToggleButton 文本显示
        jtb_1.addActionListener(this); //注册监听器
        jp = new JPanel();
        jp.add(jtb_1);
        this.add(jp);
        this.setBounds(500, 200, 300, 300);
        this.setDefaultCloseOperation(JFrame.EXIT_ON_CLOSE);
    }
    public static void main(String[] args){
        new JToggleButtonTest("JToggleButton 演示").setVisible(true);
    }
}
```

程序运行效果如图 7.25 所示。

图 7.25　按钮未单击前

单击按钮后程序运行结果如图 7.26 所示。

再次单击按钮时程序运行结果如图 7.27 所示。

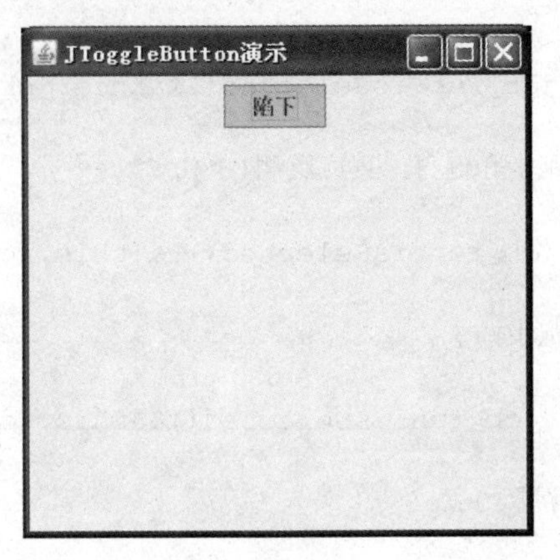

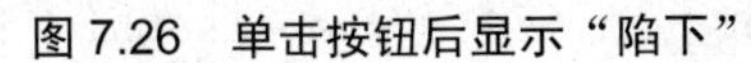
图 7.26 单击按钮后显示“陷下”

图 7.27 再次单击按钮弹起时显示“弹起”

程序说明：

JToggleButtonTest 继承 JFrame 并实现 ActionListener 接口。JToggleButton 注册 ActionListener 监听器。当单击 JToggleButton 时产生 ActionEvent 事件对象传送至监听器处理，经过判断当点下时将 JToggleButton 文本设置为“陷下”，如果单击弹起则将 JToggleButton 文本设置为“弹起”。

2. JCheckBox

JCheckBox 直接继承自 JToggleButton，所以其可以使用 JToggleButton 中的方法。当需要进行多项选择时，可以使用 JCheckBox 组件。JCheckBox 常用构造函数如下。

```
JCheckBox()
JCheckBox(Icon icon)
JCheckBox(Icon icon, boolean selected)
JCheckBox(String text)
JCheckBox(String text, boolean selected)
```

Icon 是指定初始化时使用的复选框图标，text 指定初始化时复选框显示的文字，selected 表示初始化是默认的是否是选中状态，true 表示选中。如果不显示指定是否选中则默认为未选中。

【例 7-14】

下面通过 JCheckBoxTest.java 来演示 JCheckBox 的使用和效果。

```
import java.awt.GridLayout;
import java.awt.event.ItemEvent;
import java.awt.event.ItemListener;
import javax.swing.*;
public class JCheckBoxTest extends JFrame implements ItemListener{
    //显示声明组件变量
    private JCheckBox jcb_swim;
    private JCheckBox jcb_run;
    private JCheckBox jcb_bodybuild;
    private JLabel label;
```

```
    private JPanel jp;
    private JPanel jp2;
    public void itemStateChanged(ItemEvent e){

    if(this.jcb_bodybuild.isSelected()&&this.jcb_run.isSelected()&&this.jcb_sw
im.isSelected())
        this.label.setText("您的兴趣爱好是游泳、跑步和健身，真广泛啊！");

    if(this.jcb_bodybuild.isSelected()&&this.jcb_run.isSelected()&&!this.jcb_s
wim.isSelected())
        this.label.setText("您的兴趣爱好是健身、跑步");

    if(this.jcb_bodybuild.isSelected()&&!this.jcb_run.isSelected()&&this.jcb_s
wim.isSelected())
        this.label.setText("您的兴趣爱好是健身、游泳");

    if(!this.jcb_bodybuild.isSelected()&&this.jcb_run.isSelected()&&this.jcb_s
wim.isSelected())
        this.label.setText("您的兴趣爱好是跑步和游泳");

    if(!this.jcb_bodybuild.isSelected()&&!this.jcb_run.isSelected()&&this.jcb_
swim.isSelected())
        this.label.setText("您的兴趣爱好是游泳");

    if(!this.jcb_bodybuild.isSelected()&&this.jcb_run.isSelected()&&!this.jcb_
swim.isSelected())
        this.label.setText("您的兴趣爱好是跑步");

    if(this.jcb_bodybuild.isSelected()&&!this.jcb_run.isSelected()&&!this.jcb_
swim.isSelected())
        this.label.setText("您的兴趣爱好是健身");

    if(!this.jcb_bodybuild.isSelected()&&!this.jcb_run.isSelected()&&!this.jcb
_swim.isSelected())
        this.label.setText("请选择你的兴趣爱好");
    }
    //通过构造方法初始化组件变量
    public JCheckBoxTest(String name){
        super(name);
        //初始化 JCheckBox 同时注册监听器
        (this.jcb_bodybuild = new JCheckBox("健身")).addItemListener(this);
        (this.jcb_run = new JCheckBox("跑步")).addItemListener(this);
        (this.jcb_swim = new JCheckBox("游泳")).addItemListener(this);
        this.jp = new JPanel();
        this.jp2 = new JPanel();
        this.label = new JLabel("请选择你的兴趣爱好");
        //设置面板和框架布局方式
        this.setLayout(new GridLayout(2,1));
        jp.setLayout(new GridLayout(1,3));
        jp.setBorder(BorderFactory.createTitledBorder("请选择你的兴趣爱好"));
        //设置面板边框文字
        jp.add(jcb_bodybuild);
```

```
        jp.add(jcb_run);
        jp.add(jcb_swim);
        jp2.add(label);
        this.add(jp);
        this.add(jp2);
        this.setBounds(500, 200, 300, 300);
        this.setDefaultCloseOperation(JFrame.EXIT_ON_CLOSE);
    }
    public static void main(String[] args){
        new JCheckBoxTest("JCheckBox演示").setVisible(true);
    }
}
```

运行程序后效果如图 7.28 所示。

选中复选框后，程序运行结果如图 7.29 所示。

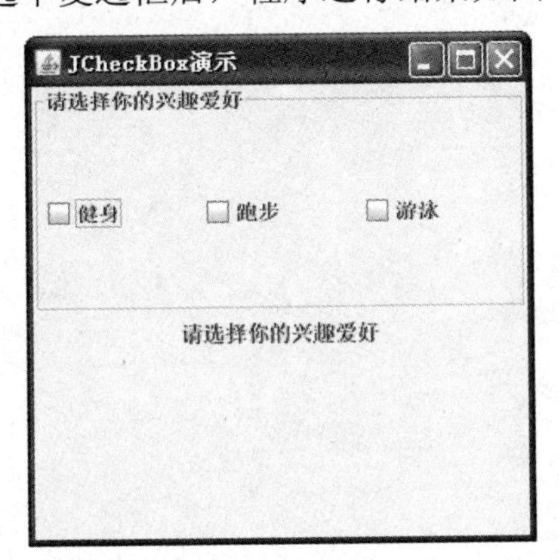

图 7.28　程序运行后效果

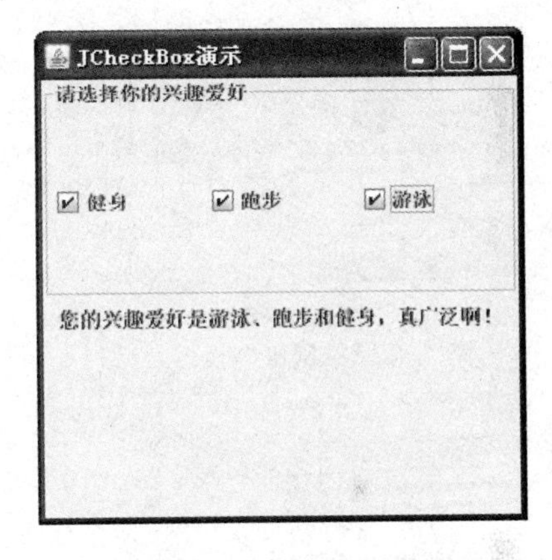

图 7.29　选中复选框效果

7.6.3　工作任务：为菜单添加菜单按钮

【任 务 7.5】 为菜单添加菜单按钮

【任务描述】 为菜单添加“系统”、“开局”、“悔棋”、“重新开局”、“结束回合”、“退出系统”等菜单按钮。

【任务分析】 菜单建立的三步，(1)建立菜单栏对象。(2)建立菜单组，菜单组的含义是一组菜单项，通过单击菜单组可以显示它所包含的菜单项，如下图中的“文件”，“帮助”就是两个菜单组。(3)建立菜单项，菜单项具有特定的功能，菜单项一般都会加入动作监听器，以响应读者单击菜单项的动作，完成特定的功能。本任务就是完成第三步，即建立菜单项，比较简单。

【任务实现】

```
import java.awt.BorderLayout;
import java.awt.FlowLayout;
import javax.swing.JFrame;
import javax.swing.JMenu;
import javax.swing.JMenuBar;
import javax.swing.JMenuItem;
/**
 *
 * @author Administrator
```

```
 */
public class Five_in_a_row3 extends JFrame{
    private JMenuBar jmb;
    private JMenu jm_sys;
    private ChessBoard3 chessBoard;
    /**菜单按钮*/
    private JMenuItem jmi_start;
    private JMenuItem jmi_back;
    private JMenuItem jmi_restart;
    private JMenuItem jmi_over;
    private JMenuItem jmi_exit;
    public Five_in_a_row3(String name){
        super(name);
        jmb = new JMenuBar();
        jmb.setLayout(new FlowLayout(FlowLayout.LEFT));//将工具栏的布局方式设为靠左
        jm_sys = new JMenu("系统");
        jmi_start = new JMenuItem("开局");
        jmi_back = new JMenuItem("悔棋");
        jmi_restart = new JMenuItem("重新开局");
        jmi_over = new JMenuItem("结束回合");
        jmi_exit = new JMenuItem("退出系统");
        chessBoard = new ChessBoard3();
        jmb.add(jm_sys);
        /**添加菜单按钮*/
        jm_sys.add(jmi_start);
        jm_sys.add(jmi_back);
        jm_sys.add(jmi_restart);
        jm_sys.add(jmi_over);
        jm_sys.add(jmi_exit);
        jmb.add(jm_sys);
        this.add(jmb,BorderLayout.NORTH);//将工具栏定位在窗口的北方
        this.add(chessBoard);
        this.setLocation(410,75);
        this.setDefaultCloseOperation(JFrame.EXIT_ON_CLOSE);
        pack();//自适应面板大小,与 JPanel 类中的 getPreferredSize()方法结合使用
    }
    public static void main(String[] args){
        Five_in_a_row3 fiar = new Five_in_a_row3("五子棋_单机版");
        fiar.setVisible(true);
    }
}
```

程序运行效果如图 7.30 所示。

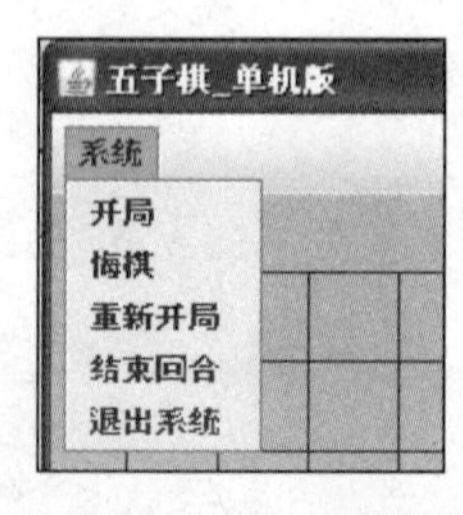

图 7.30　任务 7.5 运行结果

7.6.4 文本框

Swing 中常用文本框类有 JTextField 和 JTextArea，它们共同继承自 JTextComponent。JTextComponent 是抽象类，在这个类中定义了文本框一些设置方法，例如 setText、getText、pasete、copy 等。

1. JTextField

JTextField 是一种单行输入组件，主要用来输入一行文本内容。常用构造方法有以下几种。

```
JTextField()
JTextField(String text)
JTextField(int columns)
JTextField(String text, int columns)
```

第一个构造方法是默认构造方法，用来初始化一个空文本的 JTextField。第二个构造方法在实例 JTextField 对象的时候指定显示文本。colums 表示在实例化的时候指定 JTextField 列数。

【例 7-15】

下面通过 JTextFieldTest.java 来演示 JTextField 的使用和效果。

```
import java.awt.GridLayout;
import javax.swing.*;
public class JTextFieldTest extends JFrame{
    //声明组件对象变量
    private JTextField jt_name;
    private JTextField jt_sex;
    private JTextField jt_age;
    private JTextField jt_hei;
    private JTextField jt_wei;
    private JPanel jp;
    private JLabel jl_name;
    private JLabel jl_sex;
    private JLabel jl_age;
    private JLabel jl_hei;
    private JLabel jl_wei;
    //利用构造函数初始化组件对象
    public JTextFieldTest(String name){
        super(name);        //调用父类构造方法
        this.jl_age = new JLabel("年龄：");
        this.jl_hei = new JLabel("身高：");
        this.jl_name = new JLabel("姓名：");
        this.jl_sex = new JLabel("性别：");
        this.jl_wei = new JLabel("体重：");
        this.jt_age = new JTextField("15");
        this.jt_hei = new JTextField("180cm");
        this.jt_name = new JTextField("Java");
        this.jt_sex = new JTextField("male");
        this.jt_wei = new JTextField("75kg");
        this.jp = new JPanel();
        jp.setLayout(new GridLayout(5,2));
        jp.setBorder(BorderFactory.createTitledBorder("请输入详细信息"));
```

```
        //设置面板边框
        jp.add(jl_name);    jp.add(jt_name);
        jp.add(jl_sex); jp.add(jt_sex);
        jp.add(jl_age); jp.add(jt_age);
        jp.add(jl_hei); jp.add(jt_hei);
        jp.add(jl_wei); jp.add(jt_wei);
        this.add(jp);
        this.setBounds(500, 200, 300, 300);
        this.setDefaultCloseOperation(JFrame.EXIT_ON_CLOSE);
    }
    public static void main(String[] args){
        new JTextFieldTest("JTextField演示").setVisible(true);
    }
}
```

程序运行效果如图 7.31 所示。

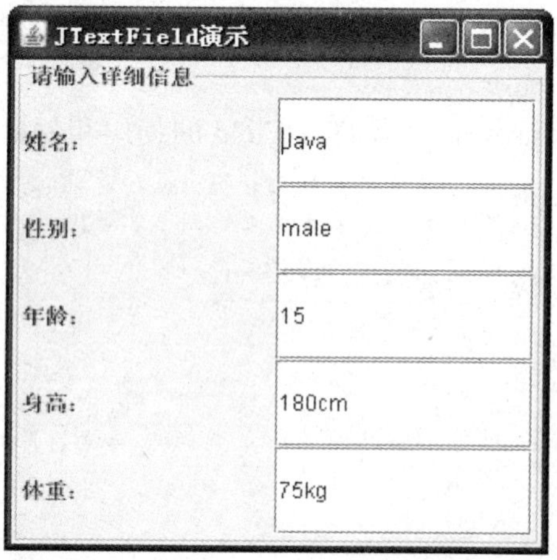

图 7.31　文本框示例

2. JTextField

JTextArea 和 JTextField 的区别在于 JtextArea 是可以多行输入的组件。JTextArea 常用的方法有以下几种。

```
void append(String str) //将字符串加到文档结尾
int getLineCount()      //放回文本行数
int getColumns()        //放回文本列数
```

下面通过对【例 7-15】进行改写来演示 JTextArea 的使用和效果。

【例 7-16】

```
import java.awt.Color;
import java.awt.GridLayout;
import java.awt.event.ActionEvent;
import java.awt.event.ActionListener;
import javax.swing.BorderFactory;
import javax.swing.JButton;
import javax.swing.JFrame;
import javax.swing.JLabel;
```

```
import javax.swing.JPanel;
import javax.swing.JTextArea;
import javax.swing.JTextField;
public class JTextAreaTest extends JFrame implements ActionListener{
    //声明组件对象变量
    private JTextArea jta;
    private JTextField jt_name;
    private JTextField jt_sex;
    private JTextField jt_age;
    private JTextField jt_hei;
    private JTextField jt_wei;
    private JPanel jp;
    private JLabel jl_name;
    private JLabel jl_sex;
    private JLabel jl_age;
    private JLabel jl_hei;
    private JLabel jl_wei;
    private JButton btn;
    //利用构造函数初始化组件对象
    public void actionPerformed(ActionEvent e){
        //将文本框内容输入到文本区域内
        this.jta.append(this.jt_name.getText()+"  "+this.jt_age.getText()+"  "+
this.jt_sex.getText()+"\n"+this.jt_hei.getText()+"
"+this.jt_wei.getText()+"\n");
    }
    public JTextAreaTest(String name) {
        super(name);        //调用父类构造方法
        this.jta = new JTextArea();
        this.jl_age = new JLabel("年龄: ");
        this.jl_hei = new JLabel("身高: ");
        this.jl_name = new JLabel("姓名: ");
        this.jl_sex = new JLabel("性别: ");
        this.jl_wei = new JLabel("体重: ");
        this.jt_age = new JTextField("15");
        this.jt_hei = new JTextField("180cm");
        this.jt_name = new JTextField("Java");
        this.jt_sex = new JTextField("male");
        this.jt_wei = new JTextField("75kg");
        this.jp = new JPanel();
        this.btn = new JButton("确定");
        btn.addActionListener(this);
        jta.setBorder(BorderFactory.createTitledBorder("提交信息"));
        jp.setLayout(new GridLayout(6,2));
        jp.setBorder(BorderFactory.createTitledBorder("请输入详细信息"));//设置面
板边框
        jp.add(jl_name);    jp.add(jt_name);
        jp.add(jl_sex); jp.add(jt_sex);
        jp.add(jl_age); jp.add(jt_age);
        jp.add(jl_hei); jp.add(jt_hei);
        jp.add(jl_wei); jp.add(jt_wei);
        jp.add(btn);        jp.add(jta);
        this.add(jp);
```

```
        this.setBounds(500, 200, 300, 399);
        this.setDefaultCloseOperation(JFrame.EXIT_ON_CLOSE);
    }
    public static void main(String[] args){
        new JTextAreaTest("JTextArea 演示").setVisible(true);
    }
}
```

程序运行后效果如图 7.32 所示。

单击【确定】按钮后显示信息如图 7.33 所示。

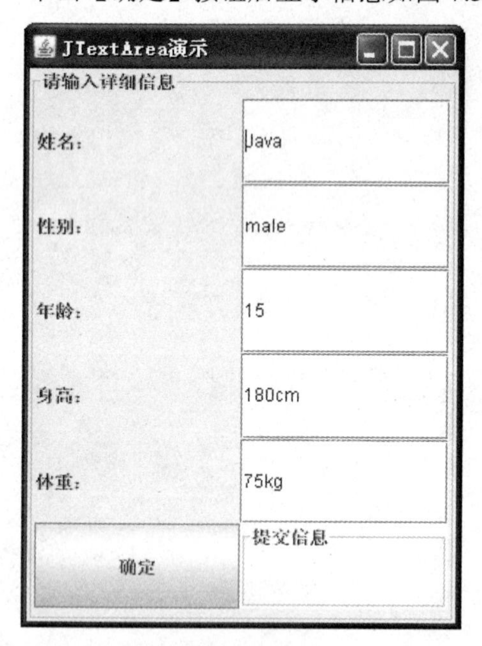

图 7.32　运行效果

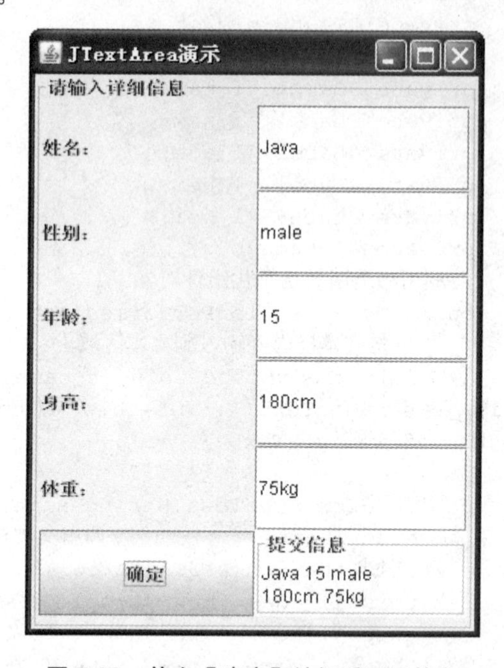

图 7.33　单击【确定】按钮后显示信息

7.6.5　JOptionPane

JOptionPane 组件也是 Swing 常用组件之一，JOptionPane 用来显示对话框和提示框，是 Swing 常用组件之一。它有如下常用方法。

```
public static int showConfirmDIalog(…)      //用来显示确认对话框
public static int showOptionDialog(…)       //用来显示选择对话框
```

下面通过 JOptionPaneTest.java 来演示其使用和效果。

【例 7-17】

```
import java.awt.GridLayout;
import java.awt.event.ActionEvent;
import java.awt.event.ActionListener;
import javax.swing.BorderFactory;
import javax.swing.JButton;
import javax.swing.JFrame;
import javax.swing.JLabel;
import javax.swing.JOptionPane;
import javax.swing.JPanel;
```

```
import javax.swing.JTextArea;
import javax.swing.JTextField;
public class JOptionPaneTest extends JFrame implements ActionListener{
    //声明组件对象变量
    private JTextArea jta;
    private JTextField jt_name;
    private JTextField jt_sex;
    private JTextField jt_age;
    private JTextField jt_hei;
    private JTextField jt_wei;
    private JPanel jp;
    private JLabel jl_name;
    private JLabel jl_sex;
    private JLabel jl_age;
    private JLabel jl_hei;
    private JLabel jl_wei;
    private JButton btn;
    //利用构造函数初始化组件对象
    public void actionPerformed(ActionEvent e){
        //单击确定时弹出对话框提示，对话框显示刚才输入的信息用以确认
        int i = JOptionPane.showConfirmDialog(this, "你的姓名: "
+this.jt_name.getText()+"\n"+"你的性别: "+this.jt_sex.getText()+"\n"+"你的年龄: "
+this.jt_age.getText()+"\n"+"你的身高: "+this.jt_hei.getText()+"\n"+"你的体重 : "
+this.jt_wei.getText()+"\n", "提示", JOptionPane.YES_NO_OPTION);
        //当单击"是"则将信息提交到文本区域内
        if(i ==JOptionPane.YES_OPTION){
            this.jta.append(this.jt_name.getText()+" "+this.jt_age.getText()
+" "+ this.jt_sex.getText()+"\n"+this.jt_hei.getText()+" "+this.jt_wei.getText()
+"\n");
        }
    }
    public JOptionPaneTest(String name){
        super(name); //调用父类构造方法
        this.jta = new JTextArea();
        this.jl_age = new JLabel("年龄: ");
        this.jl_hei = new JLabel("身高: ");
        this.jl_name = new JLabel("姓名: ");
        this.jl_sex = new JLabel("性别: ");
        this.jl_wei = new JLabel("体重: ");
        this.jt_age = new JTextField("15");
        this.jt_hei = new JTextField("180cm");
        this.jt_name = new JTextField("Java");
        this.jt_sex = new JTextField("male");
        this.jt_wei = new JTextField("75kg");
        this.jp = new JPanel();
        this.btn = new JButton("确定");
        btn.addActionListener(this);
        jta.setBorder(BorderFactory.createTitledBorder("提交信息"));
        jp.setLayout(new GridLayout(6,2));
        //设置面板边框
        jp.setBorder(BorderFactory.createTitledBorder("请输入详细信息"));
        jp.add(jl_name);    jp.add(jt_name);
```

```
        jp.add(jl_sex);  jp.add(jt_sex);
        jp.add(jl_age);  jp.add(jt_age);
        jp.add(jl_hei);  jp.add(jt_hei);
        jp.add(jl_wei);  jp.add(jt_wei);
        jp.add(btn);        jp.add(jta);
        this.add(jp);
        this.setBounds(500, 200, 300, 399);
        this.setDefaultCloseOperation(JFrame.EXIT_ON_CLOSE);
    }
    public static void main(String[] args){
        new JOptionPaneTest("JOptionPane演示").setVisible(true);
    }
}
```

运行程序后单击【确定】按钮时将弹出对话框，要提交的信息显示在对话框中，用以确认。当单击【是】按钮时则信息提交至文本区域，效果如图 7.34 和图 7.35 所示。

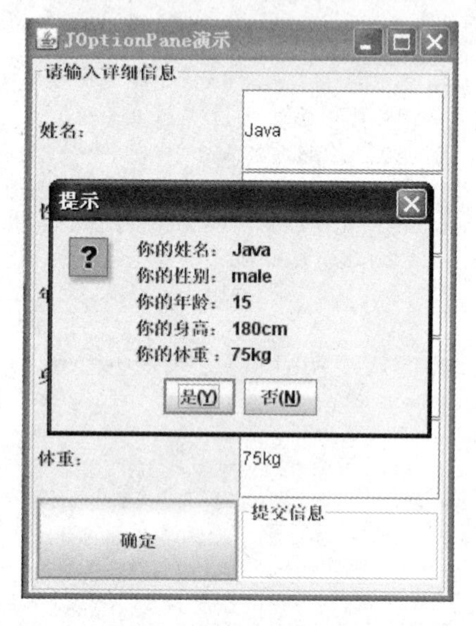

图 7.34　单击【确定】按钮弹出对话框

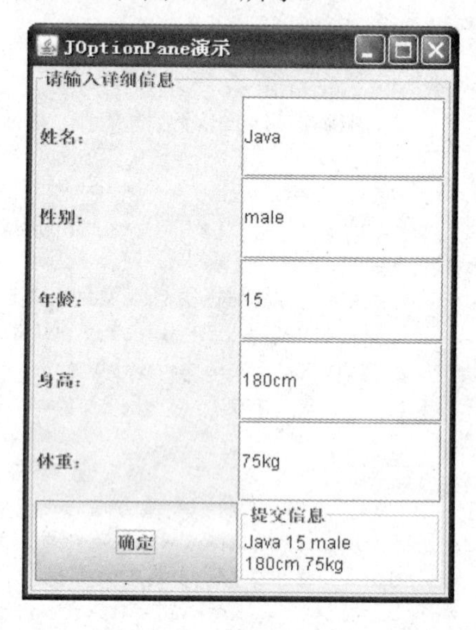

图 7.35　单击【是】按钮信息提交到文本区域

7.6.6　工作任务：添加输赢判断

【任 务 7.6】 添加输赢判断

【任务描述】 当在横竖一级斜向方向上有 5 个同色棋子时棋局结束，该色棋子为赢家。

【任务分析】 本项目核心内容即是判断一局棋的输赢，当某一颜色的棋子最先在横向、纵向和斜向 4 个方向任一个方向累计有 5 个同色棋子则判断该色棋子选手胜利。判断棋局输赢思路即是当每次下棋子时在落子处开始在其 4 个方向上搜索同色棋子，若为 5 个则判该色选手胜利。

【任务实现】

```
/**
     * 判断棋局是否已经结束
     * @param pc
     * @return
```

```
    */
    private boolean isOver(PieceChess pc){
        Color color = pc.getColor();
        int xIndex = pc.getXIndex();
        int yIndex = pc.getYIndex();
        int ChessCount = 1; //设置计数器
        //向东寻找
        for(int i=1;i<=4;i++){
            if(!isSameChess(color,xIndex,yIndex+i))
                break;
            else
                ChessCount++; //如果存在同样颜色计数器加 1
        }
        //如果计数器达到 5
        if(ChessCount == 5)
            return true;
        //向西寻找
        for(int i=1;i<=4;i++){
            if(!isSameChess(color,xIndex,yIndex-i))
                break;
            else
                ChessCount++;
        }
        if(ChessCount == 5)
            return true;
        ChessCount = 1;
        //向北寻找
        for(int i=1;i<=4;i++){
            if(!isSameChess(color,xIndex-i,yIndex))
                break;
            else
                ChessCount++;
        }
        if(ChessCount == 5)
            return true;
        //向南寻找
        for(int i=1;i<=4;i++){
            if(!isSameChess(color,xIndex+i,yIndex))
                break;
            else
                ChessCount++;
        }
        if(ChessCount == 5)
            return true;
        ChessCount = 1;
        //向东北方向寻找
        for(int i=1;i<=4;i++){
            if(!isSameChess(color,xIndex-i,yIndex+i))
                break;
            else
                ChessCount++;
        }
```

```
        //向西南方向寻找
        if(ChessCount == 5)
            return true;
        for(int i=1;i<=4;i++){
            if(!isSameChess(color,xIndex+i,yIndex-i))
                break;
            else
                ChessCount++;
        }
        if(ChessCount == 5)
            return true;
        ChessCount = 1;
        //向西北方向寻找
        for(int i=1;i<=4;i++){
            if(!isSameChess(color,xIndex-i,yIndex-i))
                break;
            else
                ChessCount++;
        }
        //向东南方向寻找
        if(ChessCount == 5)
            return true;
        for(int i=1;i<=4;i++){
            if(!isSameChess(color,xIndex+i,yIndex+i))
                break;
            else
                ChessCount++;
        }
        if(ChessCount == 5)
            return true;
        else
            return false;
    }
```

上述方法顺利执行还需要添加 boolean isSameChess(Color color,int xIndex,int yIndex)方法，该方法用于判断某索引处是否具有颜色为 color 的棋子。具体代码如下。

```
/**
     * 判断在 xIndex yIndex 索引上是否有同色棋子
     * @param color
     * @param xIndex
     * @param yIndex
     * @return
     */
    private boolean isSameChess(Color color,int xIndex,int yIndex){
        boolean isSame = false;
        Iterator<PieceChess> it = chess_list.iterator();
        if(!it.hasNext())
            return false;
        while(it.hasNext()){
            PieceChess pc = it.next();
            if(pc.getXIndex() == xIndex&&pc.getYIndex() == yIndex&&pc.getColor()
```

```
==color){
                isSame = true;
                break;
            }
        }
        return isSame;
    }
```

当写好这两个方法后只需要在每次下子时进行判断棋局是否结束，如果结束弹出 JOptionPane 提示框提示。修改 ChessBoard3 的 mousePressed()方法。

```
public void mousePressed(MouseEvent me){
                System.out.println(Thread.currentThread());
                int x = me.getX();
                int y = me.getY();
                int xIndex = -10;
                int yIndex = -10;
                //根据鼠标坐标取得棋子索引

    if(x>SIDE/2&&y>SIDE/2&&x<(MARGIN+(YROWS-1)*SIDE+MARGIN/2)&&y<(MARGIN+(YROW
S-1)*SIDE+MARGIN/2)){
                    xIndex = ((y-MARGIN)+SIDE/2)/SIDE+1;
                    yIndex = ((x-MARGIN)+SIDE/2)/SIDE+1;
                    if(!isChess(xIndex,yIndex)){
                        PieceChess pc = new PieceChess(Chesscolor,xIndex,yIndex);
                        chess_list.addElement(pc);
                    System.out.println("添加"+Chesscolor+"棋子"+chess_list.size());
                        ChessBoard3.this.repaint();
                        if(isOver(pc)){
                  String winner = pc.getColor() == Color.BLACK ? "黑棋" : "白棋";
        JOptionPane.showMessageDialog(ChessBoard3.this, winner+"胜利！");
                            str = winner+"胜利！";
                            ChessBoard3.this.repaint();
                            return;
                        }
                        str = pc.getColor() == Color.BLACK? "白棋请走": "黑棋请走";
                        if(Chesscolor == Color.BLACK)
                            Chesscolor = Color.WHITE;
                        else if(Chesscolor == Color.WHITE)
                            Chesscolor = Color.BLACK;
                    }
                }
            }
```

当黑棋五子时，效果如图 7.36 所示。

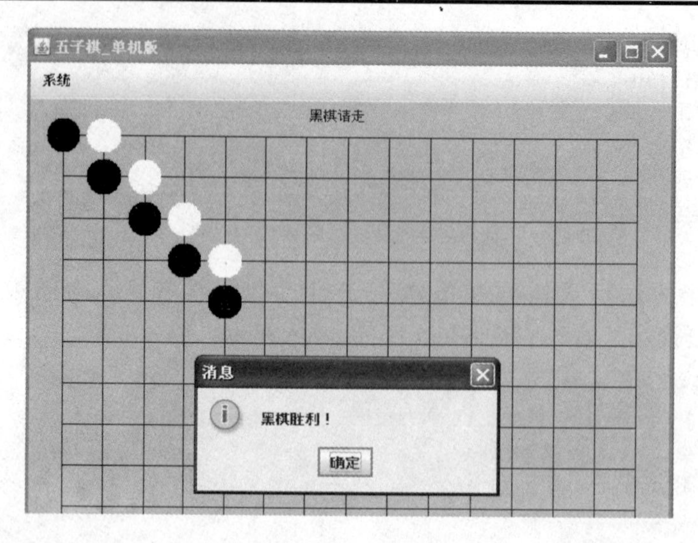

图 7.36　任务 7.6 运行结果

7.6.7　JTable

表格在可视化编程中用于显示信息，在 Swing 编程中非常有用，当要显示大量数据时，用表格可以清晰地显示出来。

JTable 是 Swing 中最为复杂的组件之一，本书限于篇幅只对 JTable 进行简单的用法演示。要深入学习 JTable 用法，可以查看 JDK1.6 的帮助文档。

JTable 常用构造方法有以下几种。

```
JTable(int numRows, int numColumns) //使用 DefaultTableModel 构造具有空单元格的 numRows 行和 numColumns 列的 Jtable。
JTable(Object[][] rowData, Object[] columnNames)//构造 JTable，用来显示二维数组 rowData 中的值，其列名称为 columnNames。
JTable(TableModel dm) //构造 JTable，使用 dm 作为数据模型、默认的列模型和默认的选择模型对其进行初始化。
JTable(Vector rowData, Vector columnNames) //构造 JTable，用来显示 Vectors 的 Vector(rowData)中的值，其列名称为 columnNames。
```

下面通过 JTableTest.java 来演示 JTable 的使用和效果。

【例 7-18】

```
import java.awt.GridLayout;
import java.awt.event.ActionEvent;
import java.awt.event.ActionListener;
import java.util.Vector;
import javax.swing.BorderFactory;
import javax.swing.JButton;
import javax.swing.JFrame;
import javax.swing.JLabel;
import javax.swing.JPanel;
import javax.swing.JScrollPane;
import javax.swing.JTable;
import javax.swing.JTextField;
import javax.swing.table.DefaultTableModel;
public class JTableTest extends JFrame implements ActionListener{
```

```
    //声明组件对象变量
    private JTable jt;
    private JTextField jt_name;
    private JTextField jt_sex;
    private JTextField jt_age;
    private JTextField jt_hei;
    private JTextField jt_wei;
    private JPanel jp;
    private JScrollPane jsp;
    private JLabel jl_name;
    private JLabel jl_sex;
    private JLabel jl_age;
    private JLabel jl_hei;
    private JLabel jl_wei;
    private JButton btn;
    private Vector title;
    private Vector value;
    private DefaultTableModel dtm;
    //利用构造函数初始化组件对象
    public void actionPerformed(ActionEvent e){
        //将文本框内容输入到文本区域内
        Vector v = new Vector();
        v.addElement(this.jt_name.getText());
        v.addElement(this.jt_sex.getText());
        v.addElement(this.jt_age.getText());
        v.addElement(this.jt_hei.getText());
        v.addElement(this.jt_wei.getText());
        value.addElement(v);
        dtm.fireTableDataChanged(); //更新表数据
    }
    public JTableTest(String name){
        super(name);        //调用父类构造方法
        title = new Vector();
        value = new Vector();
        title.addElement("姓名");
        title.addElement("性别");
        title.addElement("年龄");
        title.addElement("身高");
        title.addElement("体重");
        dtm = new DefaultTableModel(value,title); //注意这里要先初始化表头后在实例表
格模型
        jt = new JTable(dtm); //通过表模型对象实例表格对象
        this.jl_age = new JLabel("年龄：");
        this.jl_hei = new JLabel("身高：");
        this.jl_name = new JLabel("姓名：");
        this.jl_sex = new JLabel("性别：");
        this.jl_wei = new JLabel("体重：");
        this.jt_age = new JTextField("15");
        this.jt_hei = new JTextField("180cm");
        this.jt_name = new JTextField("Java");
        this.jt_sex = new JTextField("male");
        this.jt_wei = new JTextField("75kg");
```

```
        this.jp = new JPanel();
        this.jsp = new JScrollPane(jt); //将表格放置在滚动面板内
        this.btn = new JButton("确定");
        btn.addActionListener(this);
        jp.setLayout(new GridLayout(6,2));
        jp.setBorder(BorderFactory.createTitledBorder("请输入详细信息"));//设置面
板边框
        jp.setBorder(BorderFactory.createTitledBorder("信息显示"));
        jp.add(jl_name);    jp.add(jt_name);
        jp.add(jl_sex); jp.add(jt_sex);
        jp.add(jl_age); jp.add(jt_age);
        jp.add(jl_hei); jp.add(jt_hei);
        jp.add(jl_wei); jp.add(jt_wei);
        jp.add(btn);
        this.getContentPane().setLayout(new GridLayout(2,1));
        this.getContentPane().add(jp);    this.getContentPane().add(jsp);
        this.setBounds(500, 200, 300, 399);
        this.setDefaultCloseOperation(JFrame.EXIT_ON_CLOSE);
    }
    public static void main(String[] args){
        new JTableTest("JTable 演示").setVisible(true);
    }
}
```

程序运行后效果如图 7.37 所示。

当单击【确定】后表格显示数据，如图 7.38 所示。

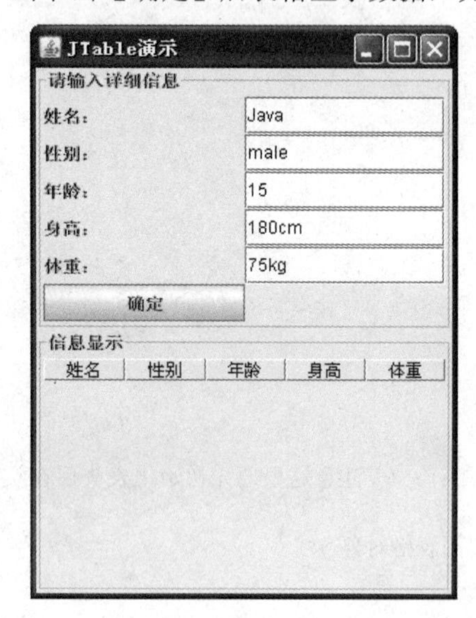

图 7.37　JTabel 示例

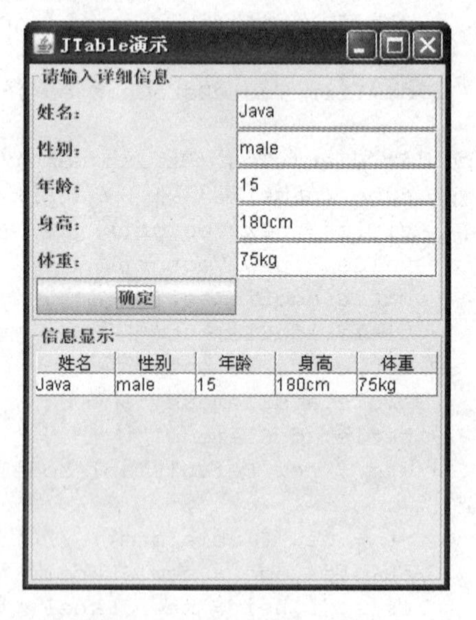

图 7.38　单击【确定】后

7.6.8　JTree

读者一定知道目录结构，目录结构就是一个树组件(JTree)。提起树读者一定会联想到生活里的树，它们有树叶、树枝、树根。树组件也模拟这种结构，有叶节点、根节点、枝节点。树组件还可以用来将属性归类管理功能。

JTree 的常用构造函数如下。

```
JTree()                          //建立一棵系统默认树。
JTree(Hashtable value)           //利用 HashTable 建立树，不显示 root node 根节点。
JTree(TreeNode root)             //利用 TreeNode 建立树。
JTree(TreeModel treeModel)       //利用树模型建立树。
JTree(Vector vlaue)              //利用 Vector 建立树，不显示 root node 根节点。
```

JTree( )也是 Swing 里最复杂的组件之一，其使用方法和建立方法有很多种，可以使用模型建立也可以使用节点建立，或者使用 Hash 表建立，本书只讲解利用数据模型建立树，其他的具体用法读者可根据需要查阅相关 API 文档。

JTree 上每一个节点就代表一个 TreeNode 对象，TreeNode 是一个接口，里面定义了各种方法，包括是否为枝节点、节点路径等，在开发中一般使用其实现类 DefaultMutableTreeNode。树模型(DefaultTreeModel)就是利用 TreeNode 来建立的。下面通过 JTreeTest.java 来演示树的使用和效果。

```
import java.awt.BorderLayout;
import javax.swing.*;
import javax.swing.event.TreeSelectionEvent;
import javax.swing.event.TreeSelectionListener;
import javax.swing.tree.DefaultMutableTreeNode;
import javax.swing.tree.DefaultTreeModel;
public class JTreeTest extends JFrame implements TreeSelectionListener{
    //显示声明各种组件对象
    private DefaultMutableTreeNode root;
    private DefaultMutableTreeNode node1;
    private DefaultMutableTreeNode node2;
    private DefaultMutableTreeNode node3;
    private DefaultTreeModel treeModel;
    private JTree jt;
    private JScrollPane jsp;
    private JLabel jl;
    //利用构造方法初始化变量
    public JTreeTest(String name){
        super(name);
        DefaultMutableTreeNode leaf;
        root = new DefaultMutableTreeNode("食品");
        node1 = new DefaultMutableTreeNode("水果");
        node2 = new DefaultMutableTreeNode("蔬菜");
        node3 = new DefaultMutableTreeNode("肉");
        root.add(node1); //添加枝节点
        root.add(node2);
        root.add(node3);
        leaf = new DefaultMutableTreeNode("橙子"); //构建叶子节点
        node1.add(leaf); //添加叶子节点
        leaf = new DefaultMutableTreeNode("苹果");
        node1.add(leaf);
        leaf = new DefaultMutableTreeNode("梨子");
        node1.add(leaf);
        leaf = new DefaultMutableTreeNode("青菜");
        node2.add(leaf);
        leaf = new DefaultMutableTreeNode("韭菜");
```

```
        node2.add(leaf);
        leaf = new DefaultMutableTreeNode("芹菜");
        node2.add(leaf);
        leaf = new DefaultMutableTreeNode("猪肉");
        node3.add(leaf);
        leaf = new DefaultMutableTreeNode("鸡肉");
        node3.add(leaf);
        leaf = new DefaultMutableTreeNode("牛肉");
        node3.add(leaf);
        treeModel = new DefaultTreeModel(root);//利用 root 构建树模型
        jt = new JTree(treeModel);//利用树模型构造树
        jt.addTreeSelectionListener(this);
        jsp = new JScrollPane(jt);
        jl = new JLabel("请选择食物");
        this.add(jsp,BorderLayout.NORTH);
        this.add(jl,BorderLayout.SOUTH);
        this.setBounds(500, 200, 230, 420);
        this.setDefaultCloseOperation(JFrame.EXIT_ON_CLOSE);
    }
    public void valueChanged(TreeSelectionEvent e){
        //返回当前选中路径最后一个节点对象
        DefaultMutableTreeNode node = (DefaultMutableTreeNode)
jt.getLastSelectedPathComponent();
        if(node==null) return;
        if(node.isLeaf()) //判断是否是叶子节点{
            this.jl.setText("你选择了: "+node.getUserObject());
        }
        else{
          this.jl.setText("你选择了: "+node.getUserObject()+", 请选择"
+node.getUserObject()+"的种类");
        }
    }
    public static void main(String[] args){
        new JTreeTest("JTree 演示").setVisible(true);
    }
}
```

程序运行效果如图 7.39 所示。

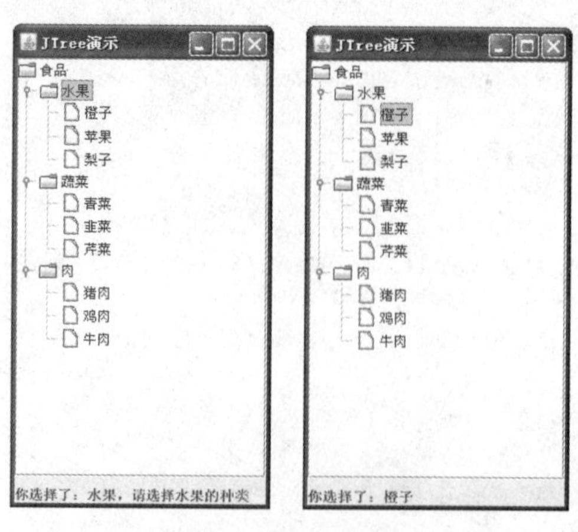

图 7.39　JTree 示例

7.6.9　工作任务：为菜单按钮添加事件

【任 务 7.7】 为菜单按钮添加事件

【任务描述】 在上一个任务中实现了输赢判断，五子棋的基本功能已经实现，为了完善系统还必须添加一些辅助功能，比如悔棋、开局等。

【任务分析】 要注意的是在开局前单击棋盘是不能放置棋子的，并且鼠标移至棋盘上不会变成手的形状。要实现这个效果只需要在 ChessBoard 类中添加字段。

private boolean isFinished = true;//判断棋局是否开始或者是否已经结束。

该布尔型字段初始值为 true(未开局)，当单击“开局”按钮时该值修改为 false。当 isFinished 为 true 时鼠标移至棋盘上不设置为手型，修改鼠标移动事件方法 mouseMoved()：

```
//当鼠标在规定范围内设置成默认形状或者手型
if(isChess(xIndex,yIndex)||x<SIDE/2||y<SIDE/2||xIndex>XROWS||yIndex>YROWS||isFinished)
{
    setCursor(new Cursor(Cursor.DEFAULT_CURSOR));
}
else
    setCursor(new Cursor(Cursor.HAND_CURSOR));
```

【任务实现】

修改鼠标事件方法 mousePressed()，当 isFinished 为 true 时则返回，停止执行方法，当棋局结束时修改 isFinished 字段为 true。

```
public void mousePressed(MouseEvent me){
                System.out.println(Thread.currentThread());
                int x = me.getX();
                int y = me.getY();
                int xIndex = -10;
                int yIndex = -10;
                if(isFinished){
                    return;
                }
                //根据鼠标坐标取得棋子索引 if(x>SIDE/2&&y>SIDE/2&&x<(MARGIN
+(YROWS-1)*SIDE+MARGIN/2)&&y<(MARGIN+(YROWS-1)*SIDE+MARGIN/2)){
                    xIndex = ((y-MARGIN)+SIDE/2)/SIDE+1;
                    yIndex = ((x-MARGIN)+SIDE/2)/SIDE+1;
                    if(!isChess(xIndex,yIndex)){
                        PieceChess pc = new PieceChess(Chesscolor,xIndex,yIndex);
                        chess_list.addElement(pc);
                    System.out.println("添加"+Chesscolor+"棋子"
+chess_list.size());
                    if(isOver(pc)){
                        String winner = pc.getColor() == Color.BLACK? "黑棋":
"白棋";
                        JOptionPane.showMessageDialog(ChessBoard.this, winner
+"胜利！");
                            isFinished = true;
                            str = winner+"胜利！";
                            ChessBoard.this.repaint();
                            return;
```

```
                        }
                        str = pc.getColor() == Color.BLACK ? "白棋请走":
"黑棋请走";
                        if(Chesscolor == Color.BLACK)
                            Chesscolor = Color.WHITE;
                        else if(Chesscolor == Color.WHITE)
                            Chesscolor = Color.BLACK;
                    }
                }
            }
```

在 ChessBoard 类中添加开局方法 StartChess( ),悔棋方法 goBack( ),重新开局方法 reStart( )。

```
/**
     * 重新设置棋盘
     */
    public void StartChess(){
        Chesscolor = Color.BLACK;
        this.isFinished = false;
        str = "黑棋先行";
        repaint();
    }
/**
     * 悔棋
     */
    public void goBack(){
        //若棋局已经结束
        if(isFinished){
            JOptionPane.showMessageDialog(this, "棋局已经结束!");
            return;
        }
        else{
            chess_list.remove(chess_list.size()-1);
            Chesscolor = Chesscolor == Color.BLACK ? Color.WHITE : Color.BLACK;
        }
        if(chess_list.size() != 0)
            str  =  chess_list.elementAt(chess_list.size()-1).getColor()   ==
Color.BLACK ? "白棋请走" : "黑棋请走";
        else
            str = "黑棋先行";
        this.repaint();
    }
    /**
     * 重新开始游戏
     */
    public void reStart(){
        Chesscolor = Color.BLACK;
        chess_list.removeAllElements();
        this.isFinished = false;
        str = "黑棋先行";
        this.repaint();
    }
```

在 Five_in_a_row 类中添加事件方法，调用 ChessBoard 类中的悔棋、开局等方法：

```
private void jmi_start_action(){
        chessBoard.StartChess();
    }
    private void jmi_back_action(){
        chessBoard.goBack();
    }
    private void jmi_restart_action(){
        chessBoard.reStart();
    }
    private void jmi_over_action(){
        chessBoard.Over();
    }
    private void jmi_exit_action(){
        System.exit(0);
    }
//为菜单按钮添加事件
//开始按钮事件
        jmi_start.addActionListener(new ActionListener(){
            public void actionPerformed(ActionEvent ae){
                jmi_start_action();
            }
        });
        //悔棋按钮事件
        jmi_back.addActionListener(new ActionListener(){
            public void actionPerformed(ActionEvent ae){
                jmi_back_action();
            }
        });
        //重新开局按钮事件
        jmi_restart.addActionListener(new ActionListener(){
            public void actionPerformed(ActionEvent ae){
                jmi_restart_action();
            }
        });
        //结束按钮事件
        jmi_over.addActionListener(new ActionListener(){
            public void actionPerformed(ActionEvent ae){
                jmi_over_action();
            }
        });
        //退出系统按钮事件
        jmi_exit.addActionListener(new ActionListener(){
            public void actionPerformed(ActionEvent ae){
                jmi_exit_action();
            }
        });
```

7.7 Swing 知识扩展

7.7.1 Swing 观感器的使用

Swing UI 管理器是对 Swing 组件外观和显示进行控制。在运行一个 Swing 图形程序时，若没有指定使用观感器，则 Swing UI 管理器使用默认的 Java 跨平台外观感觉，也就是前面程序运行的效果。

如果不想使用默认的观感效果，在程序中可以进行观感设置。这里有一点要强调的是，设置观感的语句应该放在应用程序运行最开始位置，不然有可能会被默认的 Java 观感器覆盖掉。

通过程序指定外观感觉，一般可以使用方法 UIManager.setLookAndFeel(…)，括号内引入的参量为指定的外观感觉的方法。比如要设置外观感觉为当前程序运行平台系统的外观感觉，则可以使用方法 getSystemLookAndFeelClassName()。表 7-2 列举出 setLookAndFeel 方法中常用参数。

表 7-2 setLookAndFeel 方法中常用参数

输入参数	说明
UIManager.getCrossPlatformLookAndFeelClassName( )	使用跨平台的Java观感器
UIManager.getSystemLookAndFeelClassName( )	使用本地系统观感器
Javax.swing.plat.metal.MetalLookAndFeel	指定名称为Metal观感器
Com.sun.java.swing.plaf.windows.windowsLookAndFeel	指定Windows系统风格观感器

下面对【例 7-18】进行修改演示观感器的具体使用方法和效果。

【例 7-19】

```
import java.awt.GridLayout;
import java.awt.event.ActionEvent;
import java.awt.event.ActionListener;
import java.util.Vector;
import javax.swing.BorderFactory;
import javax.swing.JButton;
import javax.swing.JFrame;
import javax.swing.JLabel;
import javax.swing.JPanel;
import javax.swing.JScrollPane;
import javax.swing.JTable;
import javax.swing.JTextField;
import javax.swing.UIManager;
import javax.swing.table.DefaultTableModel;
public class JTableTest extends JFrame implements ActionListener{
    //声明组件对象变量
    private JTable jt;
    private JTextField jt_name;
    private JTextField jt_sex;
    private JTextField jt_age;
    private JTextField jt_hei;
```

```
    private JTextField jt_wei;
    private JPanel jp;
    private JScrollPane jsp;
    private JLabel jl_name;
    private JLabel jl_sex;
    private JLabel jl_age;
    private JLabel jl_hei;
    private JLabel jl_wei;
    private JButton btn;
    private Vector title;
    private Vector value;
    private DefaultTableModel dtm;
    //利用构造函数初始化组件对象
    public void actionPerformed(ActionEvent e){
        //将文本框内容输入到文本区域内
        Vector v = new Vector();
        v.addElement(this.jt_name.getText());
        v.addElement(this.jt_sex.getText());
        v.addElement(this.jt_age.getText());
        v.addElement(this.jt_hei.getText());
        v.addElement(this.jt_wei.getText());
        value.addElement(v);
        dtm.fireTableDataChanged(); //更新表数据
    }
    public JTableTest(String name){
        super(name);         //调用父类构造方法
        title = new Vector();
        value = new Vector();
        title.addElement("姓名");
        title.addElement("性别");
        title.addElement("年龄");
        title.addElement("身高");
        title.addElement("体重");
        dtm = new DefaultTableModel(value,title); //注意这里要先初始化表头后在实例表
格模型
        jt = new JTable(dtm); //通过表模型对象实例表格对象
        this.jl_age = new JLabel("年龄：");
        this.jl_hei = new JLabel("身高：");
        this.jl_name = new JLabel("姓名：");
        this.jl_sex = new JLabel("性别：");
        this.jl_wei = new JLabel("体重：");
        this.jt_age = new JTextField("15");
        this.jt_hei = new JTextField("180cm");
        this.jt_name = new JTextField("Java");
        this.jt_sex = new JTextField("male");
        this.jt_wei = new JTextField("75kg");
        this.jp = new JPanel();
        this.jsp = new JScrollPane(jt); //将表格放置在滚动面板内
        this.btn = new JButton("确定");
        btn.addActionListener(this);
        jp.setLayout(new GridLayout(6,2));
        jp.setBorder(BorderFactory.createTitledBorder("请输入详细信息"));//设置面
```

```
板边框
        jsp.setBorder(BorderFactory.createTitledBorder("信息显示"));
        jp.add(jl_name);    jp.add(jt_name);
        jp.add(jl_sex); jp.add(jt_sex);
        jp.add(jl_age); jp.add(jt_age);
        jp.add(jl_hei); jp.add(jt_hei);
        jp.add(jl_wei); jp.add(jt_wei);
        jp.add(btn);
        this.getContentPane().setLayout(new GridLayout(2,1));
        this.getContentPane().add(jp);    this.getContentPane().add(jsp);
        this.setBounds(500, 200, 300, 399);
        this.setDefaultCloseOperation(JFrame.EXIT_ON_CLOSE);
    }
    public static void main(String[] args){
    //观感器设定
        try{

    UIManager.setLookAndFeel(UIManager.getSystemLookAndFeelClassName());
        } catch(Exception e){
            e.printStackTrace();
        }
        new JTableTest("JTable 演示").setVisible(true);
    }
}
```

运行效果如图 7.40 所示。

和使用默认观感器进行比较，默认观感器如图 7.41 所示。

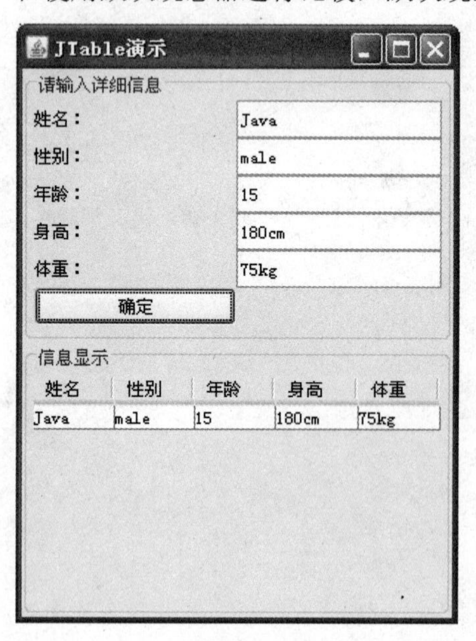

图 7.40　观感器示例

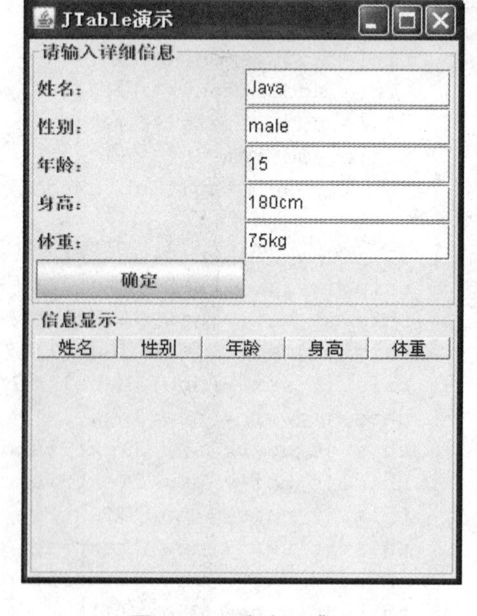

图 7.41　默认观感器

由此可见，使用了观感器后的 Swing 应用程序外观是不是更加熟悉更有亲切感呢？

7.7.2 工作任务：为五子棋游戏添加观感器

【任 务 7.8】 为五子棋游戏添加观感器

【任务描述】 利用观感器修改五子棋的外观感觉。

【任务实现】

修改类 Five_in_a_row 中的 main 方法，在方法开始处添加代码。

```
//设置外观感觉
    JFrame.setDefaultLookAndFeelDecorated(true);
    JDialog.setDefaultLookAndFeelDecorated(true);
    try {
    UIManager.setLookAndFeel(UIManager.getCrossPlatformLookAndFeelClassName());
    } catch (Exception e) {
        e.printStackTrace();
    }
```

运行程序后窗口效果如图 7.42 所示。

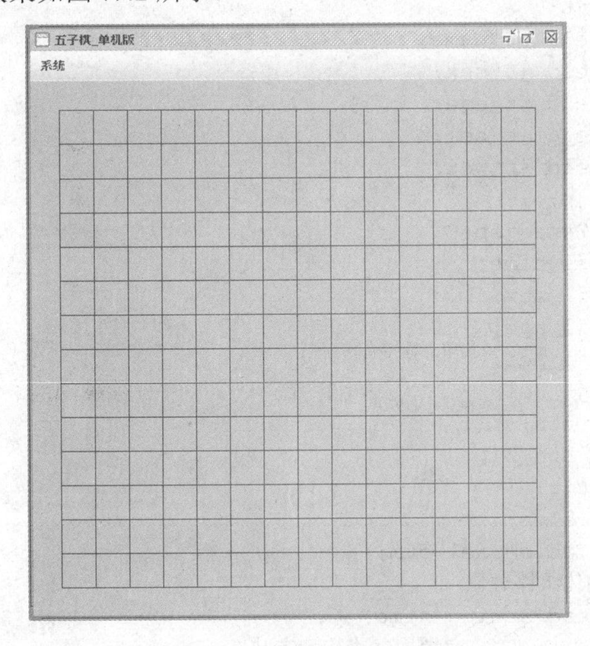

图 7.42 任务 7.8 运行结果

7.7.3 Swing 与并发

Swing 中为什么会使用到并发，也就是多线程呢。现在假设一个这样的情况：有一个使用 Swing 开发出来的软件，它是顺序编程的，就是程序代码是顺序执行的，这样就可能会产生一种情况，当单击某个按钮时，整个界面会停止在那里，什么也不能操作，要等待很长一段时间，这样的程序是让人们无法接受的。为什么会产生这样的情况呢，首先要了解 Swing 的多线程。Swing 多线程中有 3 种不同线程。

(1) 初始线程：主要用来创建 GUI 组件、资源加载和启动被创建的 GUI 组件。

(2) 事件分派线程：主要用来处理 Swing 中的方法，将产生的事件放置到 Swing 事件处理线程中运行。

(3) 工作线程：一般用来处理耗时任务，例如一些下载任务。

Swing 事件处理线程和绘制代码是在一个线程内完成的，该线程被称作事件分派线程，每一个事件处理器在处理下一个事件前不会被终止，这样保证代码被正常执行。而出现像开头描述的那样情况正是因为这种机制造成的。所以在编写程序的时候如果要执行一项耗时任务，则需要启动一个工作线程，将该任务放置到这个工作线程中执行。

下面通过 SwingThread.java 来演示这种机制。

【例 7-20】

```
import java.awt.GridLayout;
import java.awt.event.ActionEvent;
import java.awt.event.ActionListener;
import java.util.Vector;
import javax.swing.*;
import javax.swing.table.DefaultTableModel;
public class SwingThread extends JFrame{
    //声明组件对象变量
    private JTable jt;
    private JTextField jt_name;
    private JTextField jt_sex;
    private JTextField jt_age;
    private JTextField jt_hei;
    private JTextField jt_wei;
    private JPanel jp;
    private JScrollPane jsp;
    private JLabel jl_name;
    private JLabel jl_sex;
    private JLabel jl_age;
    private JLabel jl_hei;
    private JLabel jl_wei;
    private JButton btn;
    private JButton btn_2;
    private Vector title;
    private Vector value;
    private DefaultTableModel dtm;
    //利用构造函数初始化组件对象
    public SwingThread(String name) {
        super(name);        //调用父类构造方法
        title = new Vector();
        value = new Vector();
        title.addElement("姓名");
        title.addElement("性别");
        title.addElement("年龄");
        title.addElement("身高");
        title.addElement("体重");
        dtm = new DefaultTableModel(value,title); //注意这里要先初始化表头后再实例表
格模型
        jt = new JTable(dtm); //通过表模型对象实例表格对象
        this.jl_age = new JLabel("年龄：");
        this.jl_hei = new JLabel("身高：");
        this.jl_name = new JLabel("姓名：");
```

```
        this.jl_sex = new JLabel("性别: ");
        this.jl_wei = new JLabel("体重: ");
        this.jt_age = new JTextField("15");
        this.jt_hei = new JTextField("180cm");
        this.jt_name = new JTextField("Java");
        this.jt_sex = new JTextField("male");
        this.jt_wei = new JTextField("75kg");
        this.jp = new JPanel();
        this.jsp = new JScrollPane(jt); //将表格放置在滚动面板内
        this.btn = new JButton("未启动工作线程");
        this.btn_2 = new JButton("启动工作线程");
        btn.addActionListener(new ActionListener(){
            public void actionPerformed(ActionEvent e){
                JOptionPane.showMessageDialog(SwingThread.this, "数据提交成功",
"提示", JOptionPane.WARNING_MESSAGE);
                //通过睡眠10秒来模拟耗时任务效果
                Vector v = new Vector();
                v.addElement(SwingThread.this.jt_name.getText());
                v.addElement(SwingThread.this.jt_sex.getText());
                v.addElement(SwingThread.this.jt_age.getText());
                v.addElement(SwingThread.this.jt_hei.getText());
                v.addElement(SwingThread.this.jt_wei.getText());
                SwingThread.this.value.addElement(v);
                try{
                    Thread.sleep(10000);
                } catch(Exception ex){
                    ex.printStackTrace();
                }
                SwingThread.this.dtm.fireTableDataChanged();
            }
        });
        btn_2.addActionListener(new ActionListener(){
            public void actionPerformed(ActionEvent e)
            {
                JOptionPane.showMessageDialog(SwingThread.this, "数据提交成功",
"提示", JOptionPane.WARNING_MESSAGE);
                new Thread(){
                    public void run(){
                        Vector v = new Vector();
                        v.addElement(SwingThread.this.jt_name.getText());
                        v.addElement(SwingThread.this.jt_sex.getText());
                        v.addElement(SwingThread.this.jt_age.getText());
                        v.addElement(SwingThread.this.jt_hei.getText());
                        v.addElement(SwingThread.this.jt_wei.getText());
                        SwingThread.this.value.addElement(v);
                        try{
                            Thread.sleep(10000);
                        }catch(Exception ex){
                            ex.printStackTrace();
                        }
                        SwingThread.this.dtm.fireTableDataChanged();
                    }
```

```
                }.start();  //将耗时任务放置到工作线程中并启动工作线程
            }
        });
        jp.setLayout(new GridLayout(6,2));
        jp.setBorder(BorderFactory.createTitledBorder("请输入详细信息"));
//设置面板边框
        jsp.setBorder(BorderFactory.createTitledBorder("信息显示"));
        jp.add(jl_name);    jp.add(jt_name);
        jp.add(jl_sex); jp.add(jt_sex);
        jp.add(jl_age); jp.add(jt_age);
        jp.add(jl_hei); jp.add(jt_hei);
        jp.add(jl_wei); jp.add(jt_wei);
        jp.add(btn);        jp.add(btn_2);
        this.getContentPane().setLayout(new GridLayout(2,1));
        this.getContentPane().add(jp);    this.getContentPane().add(jsp);
        this.setBounds(500, 200, 300, 399);
        this.setDefaultCloseOperation(JFrame.EXIT_ON_CLOSE);
    }
    public static void main(String[] args){
        new SwingThread("Swing 并发演示").setVisible(true);
    }
}
```

运行程序当单击【未启动工作线程】按钮弹出对话框单击【确定】按钮，此时整个界面停止不动不能做任何操作，不能向文本框中继续输入数据也无法关闭窗口效果如图 7.43 所示。10 秒过后，单击【启动工作线程】按钮，弹出对话框单击【确定】按钮。此时程序启动新工作线程，用新工作线程来运行耗时任务，可以继续在文本框内输入信息提交，效果如图 7.44 所示。

图 7.43　单击【未启动工作线程】按钮后界面将停止 10 秒

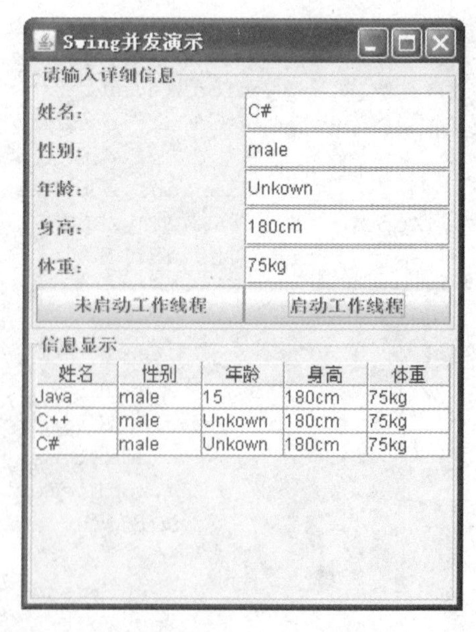

图 7.44　单击【启动工作线程】按钮后还可以继续在文本框内输入

课 后 作 业

1. 简述图形读者界面的构成成分以及各自的作用。

2. 叙述 AWT 和 Swing 组件的关系。

3. 动作事件的事件源可以有哪些？如何响应动作事件？

4. 简述 Java 的事件处理机制。

5、创建一个应用程序，接受读者输入的读者名和密码。该应用程序包含【确定】和【取消】两个按钮。单击【确定】按钮检查文本框中输入的读者名和密码(假设预设读者名：abc, 密码：abc)；【取消】按钮是用来终止应用程序。读者名和密码正确，则显示“验证通过”，否则显示“非法的读者名或密码”。如图 7.45 所示。

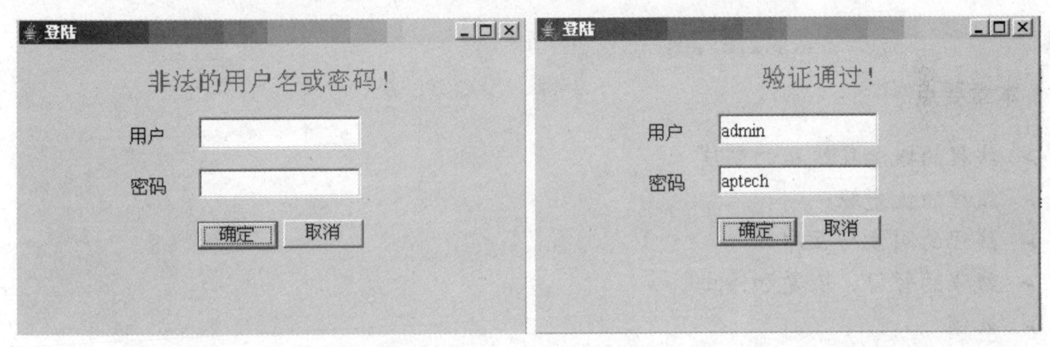

图 7.45　题 5 示图

6. 使用 Swing 编程实现如下功能。窗口中有两个菜单(颜色和窗口)，颜色菜单包含 4 个菜单项(红色、绿色、蓝色和斜体)，窗口菜单下有一个菜单项(关闭)。当单击菜单项时，文本区中字体的格式会发生相应的变化；当单击【关闭】菜单项时，窗口被关闭。

7. 使用 Swing 编写程序实现如下功能：①单击按钮，标签中显示相应的单击次数信息；②关闭窗口时，先出现确认信息,根据读者的确认，作出是否关闭操作。如图 7.46 所示。

(注意 setDefaultCloseOperation(WindowConstants.DO_NOTHING_ON_CLOSE);

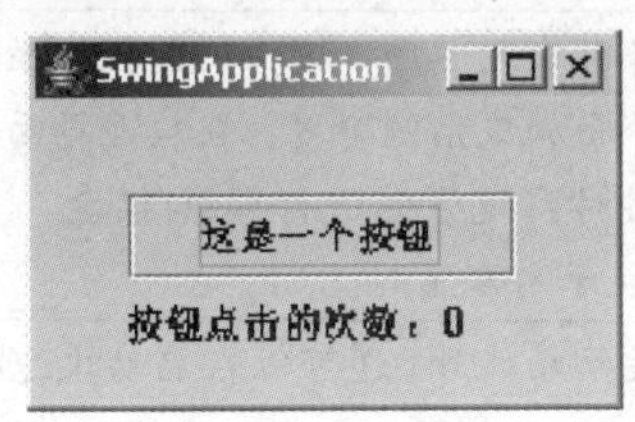

图 7.46　题 7 示图

第8章 Java多线程机制

本章要点

- 线程的概念及线程的创建
- 线程的优先级
- 线程的同步与互斥
- 线程的暂停、恢复和停止
- 死锁
- 使用Timer类进行任务调度

任务描述

任务编号	任务名称	任务描述
任务8.1	在独立的线程中以一定的时间间隔重画五子棋棋盘	利用所学的知识启动一个专门绘制棋盘的线程，在该线程中以一定的时间间隔绘制五子棋棋盘
任务8.2	创建游戏欢迎界面	大多数的游戏都有欢迎界面，这样使得程序显得更加友好，而且可以在欢迎界面加载系统资源。在欢迎界面中画进度条，进度条每次前进时对系统资源进行加载(棋盘、五子棋游戏窗口等)，在结束时显示游戏窗口
任务8.3	在欢迎界面中加载游戏资源	欢迎界面除了展示功能外，还可以在启动欢迎界面过程中加载游戏资源

当在使用word文档处理文件的同时可以听音乐、浏览网页，这得益于操作系统的多任务处理。Java从语言级别上支持多线程，可以在程序中编写线程类，创建线程对象和控制线程行为。

8.1　线程的概念

在操作系统中，一个独立的正在运行中的程序称为进程，通常一个程序又被分为称作任务的小块，任务又可以进一步分为称作线程的更小的块。如果一个程序多于一个线程同时执行，就可以被称作多线程并行。

一个线程被定义为一个单一的连续控制流，线程也可以成为执行环境或者轻量级程序。当一个程序发起之后，会首先生成一个缺省的线程，这个线程被称作为主线程，就是由 main 方法引导进入的线程，main 方法调用的方法结构会在这个主线程中顺序执行。如果在程序中新建并启动的线程被称为从线程，从线程也有自己的入口方法，这是由编写人员自己定义的。

多线程程序比多进程程序需要更少的管理成本。进程是重量级的任务，需要为它们分配自己独立的内存资源。进程间通信是昂贵而受限的，由于每个进程内存资源是独立的所以进程间的转换也需要很大的系统开销。线程则是轻量级的任务，它们只在单个进程作用域内活动，可以共享相同的地址空间，共同处理一个进程。线程间通信和转换都是低成本的，因为它们可以访问和使用同一个内存空间。

当 Java 程序使用多进程任务处理程序时，多进程程序是不受 JVM 控制的，即 JVM 不能操纵进程暂停或者继续。而多线程则是受 JVM 控制，这正是由于 Java 支持多线程操作。使用多线程的优势在于可以编写出非常高效的程序。程序运行中除了使用 CPU 外，还要使用键盘、硬盘等外部输入存储设备，还经常使用网络设备进行数据传输。这些设备的读写速度都比 CPU 执行速度慢很多，因此程序经常等待接收或者发送数据。使用多线程可以充分利用 CPU 资源，当一个线程因为读写数据等待时，另外一个线程就可以运行了。

在 Java 中，线程存在几种状态。

(1) 新建(New)状态，当创建线程后处于该状态。

(2) 就绪(Ready)状态，创建线程后调用 start( )方法后，线程处于就绪状态。

(3) 运行(Running)状态，当处于就绪的线程得到 CPU 资源后将处于运行状态。

(4) 挂起(Suspend)状态，程序可以在运行中将线程暂停挂起，终端执行。

(5) 阻塞(block)状态，运行中的线程如果遇到读写或者其他阻塞事件，将转入阻塞状态。

(6) 恢复(resume)，当处于阻塞状态的线程如果获得资源时或者阻塞事件结束则线程恢复执行。

(7) 终止(terminate)，当线程遇到异常或者执行结束则终止。

8.2　线程的创建

在 Java 中，有两种方法可以创建线程：一种是继承 Thread 类；另一种是实现 Runnable 接口。两种方法都需要用到 Java 核心类库中的 Thread 类以及相关方法。

8.2.1　通过 Thread 类创建线程

Thread 类实现了 Runnable 接口，以空的方法体覆盖 run( )方法。继承 Tread 类定义线程要覆盖该方法，并在 run( )方法中编写线程运行的方法。Thread 类定义了很多构造方法和成员方法管理线程。常用构造方法和成员方法有以下几种。

```
    Thread()//默认构造方法。
    Thread(Runnable target)//以 target 引用建立一个线程实例。
    Thread(String name)//指定字符串 name 为线程名建立一个线程实例。
Thread(ThreadGroup group，Runable target)//在指定线程组中构造一个线程对象，使用目标对象
target 的 run()方法。
Thread(Runable target，String name)//用指定字符串构造一个线程对象，使用目标对象的 run()
方法。
    void setName()//设置线程名。
    void getName()//获取线程名。
    static Thread currentThread()//返回当前运行线程。
    void destroy()//销毁线程。
    int getPriority()//获取线程优先级。
    void interrupt()//中断线程。
    void run()//线程运行使用的方法。
    static void sleep(long millis)//线程睡眠(暂停)，指定毫秒数。
    void start()    //线程加入线程组排队等待开始运行，自动调用 run()方法执行。
    static void yield()//正在运行中的线程让步，允许其他线程运行。
    void join()//等待，直到线程死亡。
```

通过继承 Thread 类创建线程首先要覆盖 run( )方法，在 run( )方法中编写线程执行的代码，调用 new 关键字实例化线程并使用 start( )方法启动线程。下面通过 FirstThread.java 来演示通过继承 Thread 类创建线程的方法和效果。

【例 8-1】

```
public class FirstThread extends Thread{
    public FirstThread(String name){
        super(name);
    }
    //在 run()方法中编写线程执行的代码
    public void run()   {
        for(int i = 1;i<=100;i++)
            System.out.println(this.getName()+",第"+i+"次输出");
    }
    public static void main(String[] args){
        //新建线程实例
        FirstThread ft = new FirstThread("我的第一个线程");
        ft.start(); //启动线程
    }
}
```

控制台运行效果如图 8.1 所示。

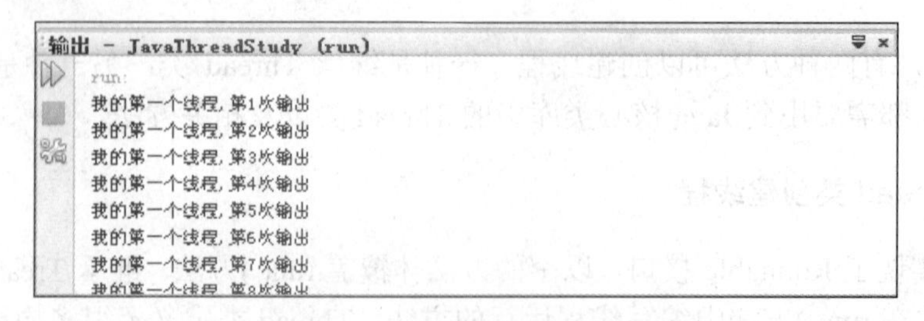

图 8.1　Thread 线程执行效果

8.2.2 实现 Runnable 接口创建线程

除了继承 Thread 类，还有一种方式可以通过实现 Runnable 接口实现多线程程序。Runnable 接口中只有一个抽象方法：run( )。只要实现这个方法，就可以实现多线程形式。实现 Runnable 接口创建线程的步骤主要如下。

定义类实现 Runnable 接口，并覆盖实现 run( )方法，在 run( )方法中编写线程执行的代码，调用 Thread 构造方法，以上述实现类的实例对象为参数创建 Thread 对象。调用 Thread 对象的 start( )方法启动线程。

下面通过 RunnableTest.java 来演示利用 Runnable 接口创建线程的方法。

【例 8-2】

```
public class RunnableTest implements Runnable{
    private String name;
    public RunnableTest(String name) {
        this.name = name;
    }
    //覆盖并实现 run()方法
    public void run(){
        for(int i = 1;i<=100;i++)
            System.out.println(name+":第"+i+"次输出");
    }
    public static void main(String[] args) {
        RunnableTest rt = new RunnableTest("RunnableThread");
        RunnableTest rt2 = new RunnableTest("RunnableThread2");
        //通过引入 runnable 实现类对象作为参数创建线程
        System.out.println("创建从线程");
        Thread t = new Thread(rt,rt.name);
        Thread t2 = new Thread(rt2,rt2.name);
        t.start();  //启动线程
        t2.start();
        System.out.println("主线程运行完毕");
        System.out.println("从线程启动…");  }
}
```

程序运行后，控制台输出效果如图 8.2 所示。

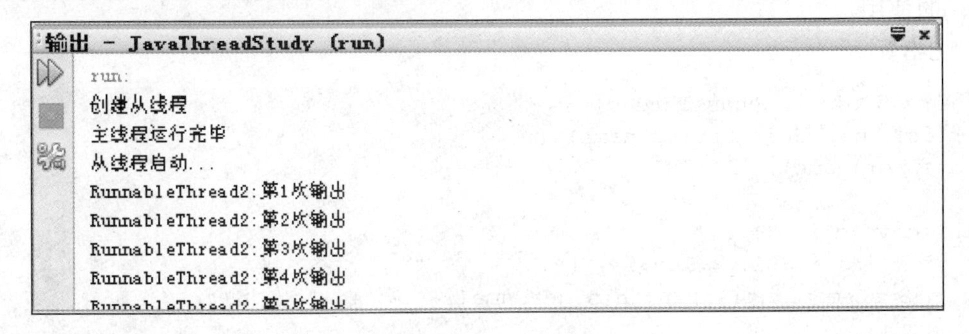

图 8.2 Runnable 线程执行效果

从上例运行结果来看，主线程先执行，等主线程结束后从线程才开始启动，说明主线程创建了新线程并调用 start( )方法只是将线程加入线程组等待序列并未立即执行，所有线程统一由

JVM 统一调度，将运行过程分成很多时间片，调度到某个线程，该线程就会运行一段时间。上例程序如果多运行几次将会有不同的输出结果，说明线程的调度带有一定的随机性。图 8.3 大致示意多线程执行方式。

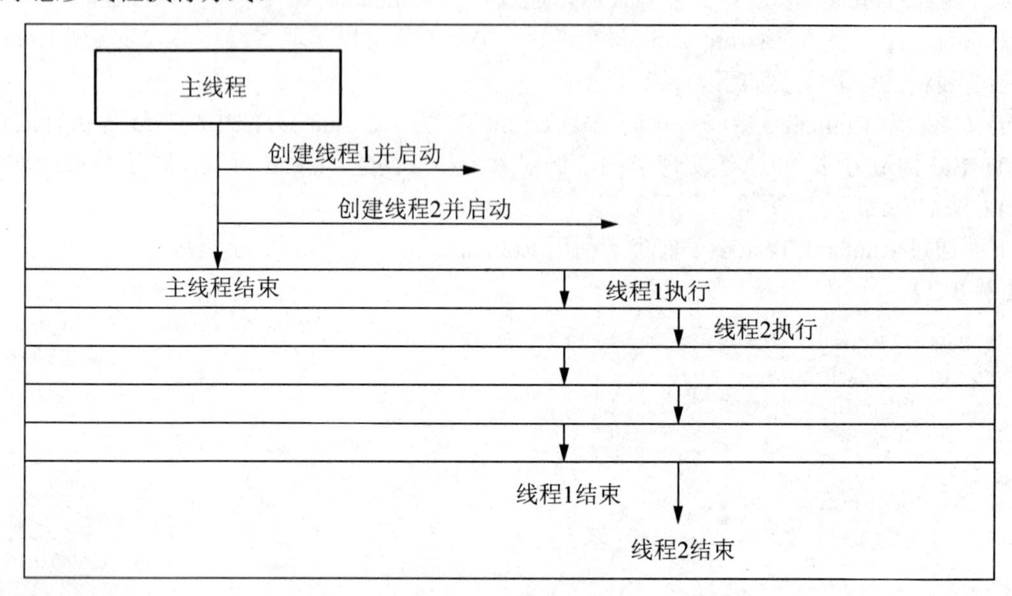

图 8.3 线程执行方式

由图可以看出在一个时间片中其实只有一个线程在执行的，这个时间片极短，在一个时间段里看起来几个线程同时在运行。

8.2.3 使用 join( )等待从线程结束

在【例 8-2】中，主线程中创建的两个线程一般会等到主线程结束才运行。但是在很多情况下人们希望主线程最后结束，这样可以做一些扫尾工作。一种简单的方法就是调用 sleep( )来使主线程睡眠足够长的时间而使从线程运行完毕。但是这并不是一个好的解决方案，首先人们并不知道从线程的执行要多久，其次多余的睡眠事件明显影响程序执行的速度。另外一种方法就是调用 join( )方法。

join( )方法的效果就是当前线程等待知道指定线程参与。下面通过 JoinTreadTest.java 来演示 join( )的使用。

【例 8-3】

```
class ThreadJoin extends Thread{
    public ThreadJoin(String name) {
        super(name);
    }
    public void run() {
        for(int i = 1;i<=100;i++){
          System.out.println(this.getName()+":第"+i+"次输出");
        }
    }
}
public class JoinThreadTest{
    public static void main(String[] args) {
```

```
        ThreadJoin tj1 = new ThreadJoin("线程 1");
        ThreadJoin tj2 = new ThreadJoin("线程 2");
        try{
            tj1.start();
            tj2.start();
            System.out.println("线程 1 线程 2 加入…");
            tj1.join();
            tj2.join();
        }
        catch(InterruptedException e) {
            System.out.println("主线程中断…");
        }
        System.out.println("主线程结束…");
    }
}
```

程序运行后控制台输出的效果如图 8.4 所示。

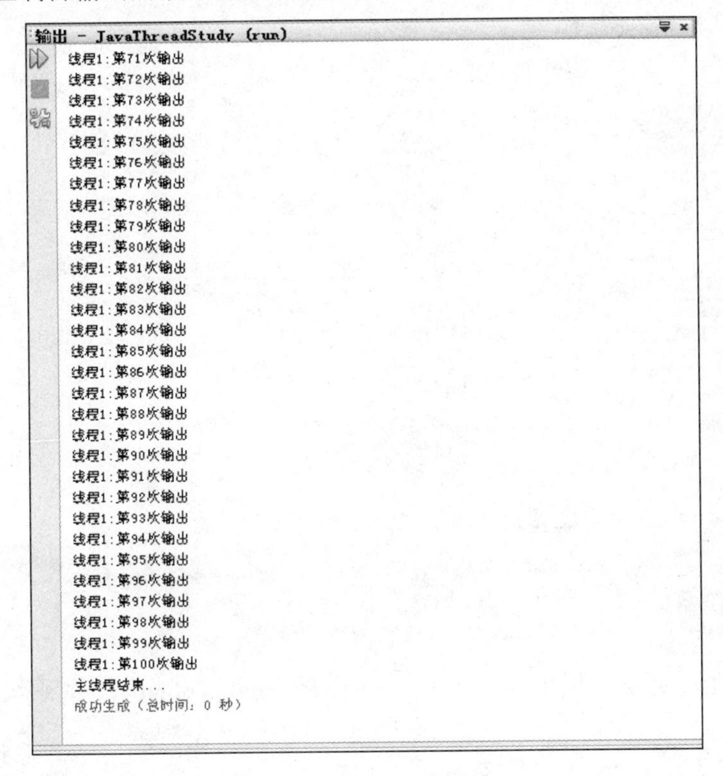

图 8.4　控制线程的执行

说明使用 join( )方法很好地达到了预期的效果。

8.2.4　工作任务：重画五子棋棋盘

【任 务 8.1】 在独立的线程中以一定的时间间隔重画五子棋棋盘

【任务描述】 利用所学的知识启动一个专门绘制棋盘的线程，在该线程中以一定的时间间隔绘制五子棋棋盘。

【任务分析】 编写一个实现 Runnable 接口的绘制类(PaintBoard),在该类的 Run()方法中编写绘制棋盘的代码。绘制棋盘的动作时持续进行直到程序退出所以采用 while(true)的无限循环方式。每次循环间隔 30ms(保证无闪烁)。

【任务实现】

在上一章编写的五子棋游戏中棋子的绘制是在单击棋盘后进行的，但是在大多数 2D 游戏中绘制界面是后台线程完成的，即是在程序运行时启动一个绘画线程根据棋子向量(Vector)等数据以一定的时间间隔绘制整个面板，而单击棋盘则只负责向棋子向量中加入新的棋子。在 Five_in_a_row.java 文件中添加 Runnable 实现类 PaintBoard:

```
/**
 * 绘图线程类
 * @author sma
 */
class PaintBoard implements Runnable{
    private ChessBoard cb = null;
    public PaintBoard(ChessBoard cb){
        this.cb = cb;
    }
    public void run(){
        while(true){
            long startTime = new Date().getTime();//每帧图像开始时间
            cb.repaint();
            long finishTime = new Date().getTime();//每帧图像结束时间
            try{
                Thread.sleep(30-(finishTime-startTime));//控制每帧刷新时间 30ms
            }catch(Exception e){
                e.printStackTrace();
            }
        }
    }
}
```

在 Five_in_a_row 类的构造方法末尾启动该线程。

```
pack();//自适应面板大小,与 JPanel 类中的 getPreferredSize()方法结合使用
/** 启动动画线程 (该线程类位于 ChessBoard 类中)*/
new Thread(new PaintBoard(this.chessBoard)).start();
```

然后将 ChessBoard 类鼠标事件方法中的 ChessBoard.this.repaint( );代码块注释掉。

```
PieceChess pc = new PieceChess(Chesscolor,xIndex,yIndex);
chess_list.addElement(pc);
//ChessBoard.this.repaint();
if(isOver(pc))
{
    String winner = pc.getColor() == Color.BLACK ? "黑棋" : "白棋";
    JOptionPane.showMessageDialog(ChessBoard.this, winner+"胜利! ");
    isFinished = true;
    str = winner+"胜利! ";
    //ChessBoard.this.repaint();
    return;
}
```

8.3 线程的优先级

默认情况下，JVM 都按照正常的优先级给线程分配 CPU 资源。Java 也允许程序员自行设置线程优先级。一般情况下，优先级高的线程比优先级低的线程获得更多的 CPU 资源。但是在实际当中，线程获得 CPU 资源的多少除了优先级还由其他因素决定。

当多个线程启动加入队列等待执行时，优先级高的优先获得 CPU 资源。如果一个高优先级的线程从 I/O 等待或者睡眠中恢复，它将抢占低优先级的线程所使用 CPU 资源。

Thread 类中定义了设置和获取线程优先级的方法。

```
public void setPriority(int newPriority)
public int getPriority()
```

优先级取值范围从 1 到 10，数值越大表示优先级越高。Thread 类中定义了优先级 int 型常量 MAX_PRIORITY、NORM_PRIORITY、MIN_ PRIORITY，这 3 个常量表示了 3 个优先级，其值分别是 10、5、1。主线程的优先级是 NORM_PRIORITY，也就是 5。

下面以 ThreadPriorityTest.java 为例演示线程优先级的设置和效果。

【例 8-4】

```
class NumCount{
    public int count = 0;
}
class ThreadJoin extends Thread{
    private NumCount nc;
    public ThreadJoin(String name,NumCount nc) {
        super(name);
        this.nc = nc;
    }
    public void run() {
        for(int i = 1;i<=100;i++) {
            nc.count = nc.count + 1;
            System.out.println(this.getName()+"第"+i+"次计数 count 值为:"+nc.count
+"优先级为"+this.getPriority());
            try{
                Thread.sleep(5);//睡眠 5ms 使其他线程有机会运行
            }catch(InterruptedException e) {
                System.out.println(this.getName()+"中断…");
            }
        }
    }
}
public class ThreadPriorityTest{
    public static void main(String[] args) {
        NumCount nc = new NumCount();
        ThreadJoin tj1 = new ThreadJoin("线程 1",nc);
        ThreadJoin tj2 = new ThreadJoin("线程 2",nc);
        tj1.setPriority(Thread.NORM_PRIORITY-2);
        tj2.setPriority(Thread.NORM_PRIORITY+2);
        tj1.start();
```

```
        tj2.start();
        System.out.println("线程 1 线程 2 加入");
        try{
            tj1.join();
            tj2.join();
        } catch(InterruptedException e) {
            System.out.println("主线程中断…");
        }
        System.out.println("计数器 count 值为:"+nc.count);
    }
}
```

运行程序后控制台输出如图 8.5 所示。

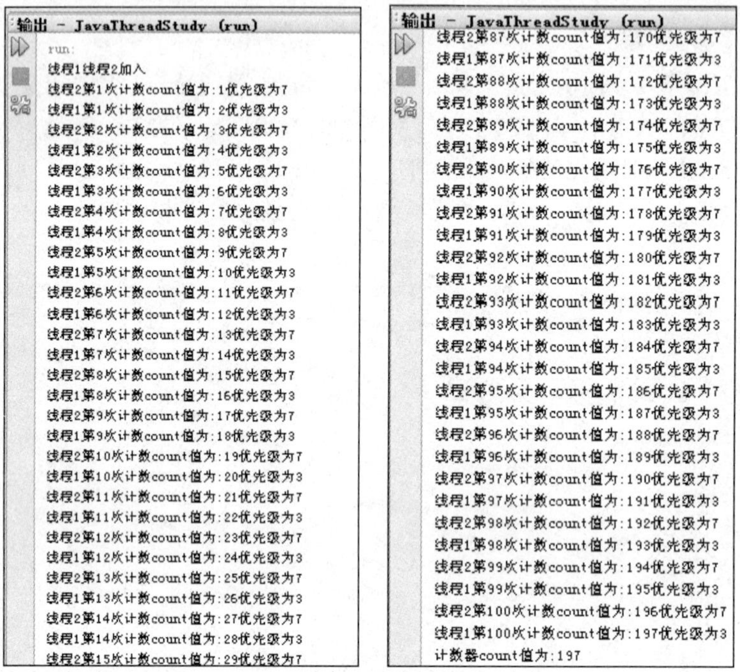

```
输出 - JavaThreadStudy (run)
run:
线程1线程2加入
线程2第1次计数count值为:1优先级为7
线程1第1次计数count值为:2优先级为3
线程2第2次计数count值为:3优先级为7
线程1第2次计数count值为:4优先级为3
线程2第3次计数count值为:5优先级为7
线程1第3次计数count值为:6优先级为3
线程2第4次计数count值为:7优先级为7
线程1第4次计数count值为:8优先级为3
线程2第5次计数count值为:9优先级为7
线程1第5次计数count值为:10优先级为3
线程2第6次计数count值为:11优先级为7
线程1第6次计数count值为:12优先级为3
线程2第7次计数count值为:13优先级为7
线程1第7次计数count值为:14优先级为3
线程2第8次计数count值为:15优先级为7
线程1第8次计数count值为:16优先级为3
线程2第9次计数count值为:17优先级为7
线程1第9次计数count值为:18优先级为3
线程2第10次计数count值为:19优先级为7
线程1第10次计数count值为:20优先级为3
线程2第11次计数count值为:21优先级为7
线程1第11次计数count值为:22优先级为3
线程2第12次计数count值为:23优先级为7
线程1第12次计数count值为:24优先级为3
线程2第13次计数count值为:25优先级为7
线程1第13次计数count值为:26优先级为3
线程2第14次计数count值为:27优先级为7
线程1第14次计数count值为:28优先级为3
线程2第15次计数count值为:29优先级为7
```

```
输出 - JavaThreadStudy (run)
线程2第87次计数count值为:170优先级为7
线程1第87次计数count值为:171优先级为3
线程2第88次计数count值为:172优先级为7
线程1第88次计数count值为:173优先级为3
线程2第89次计数count值为:174优先级为7
线程1第89次计数count值为:175优先级为3
线程2第90次计数count值为:176优先级为7
线程1第90次计数count值为:177优先级为3
线程2第91次计数count值为:178优先级为7
线程1第91次计数count值为:179优先级为3
线程2第92次计数count值为:180优先级为7
线程1第92次计数count值为:181优先级为3
线程2第93次计数count值为:182优先级为7
线程1第93次计数count值为:183优先级为3
线程2第94次计数count值为:184优先级为7
线程1第94次计数count值为:185优先级为3
线程2第95次计数count值为:186优先级为7
线程1第95次计数count值为:187优先级为3
线程2第96次计数count值为:188优先级为7
线程1第96次计数count值为:189优先级为3
线程2第97次计数count值为:190优先级为7
线程1第97次计数count值为:191优先级为3
线程2第98次计数count值为:192优先级为7
线程1第98次计数count值为:193优先级为3
线程2第99次计数count值为:194优先级为7
线程1第99次计数count值为:195优先级为3
线程2第100次计数count值为:196优先级为7
线程1第100次计数count值为:197优先级为3
计数器count值为:197
```

图 8.5　线程优先级

程序说明：从图 8.5 左可以看出虽然线程 1 先加入到等待队列，但是线程 2 的优先级高，它有较大概率优先获得 CPU 资源开始运行。如果多次运行程序会发现有时候线程 1 也会先于线程 2 运行，说明优先级高的线程只是在获取资源的概率上多余优先级低的资源，并不是绝对优先。又由图 8.5 右发现经过两个线程计数各 100 次以后 count 值竟然小于 200。读者可能觉得不可思议，但是这的确有可能发生。下面来分析下发生这种情况的原因。

count=count+1 这条语句其实是有 3 条指令组成(从 count 变量中取得整型值，将值加 1，再将值赋给变量 count)。

当线程 1 执行完取值的操作时(假设此时 count 为 100)，还没开始执行加法操作，此时由于某种原因线程 2 取得 CPU 资源。线程 2 从 count 中取值，此时 count 中的值仍为 100，线程 2 取得值后进行加法操作并将值 101 赋给 count。

线程 1 有获得 CPU 资源开始执行，此时线程 1 开始执行加法操作，由于此前取得值为 100，所以执行完加法操作后将 101 赋给 count。线程 1 睡眠线程 2 获得 CPU 资源。

具体可以用图 8.6 来表示上述过程。

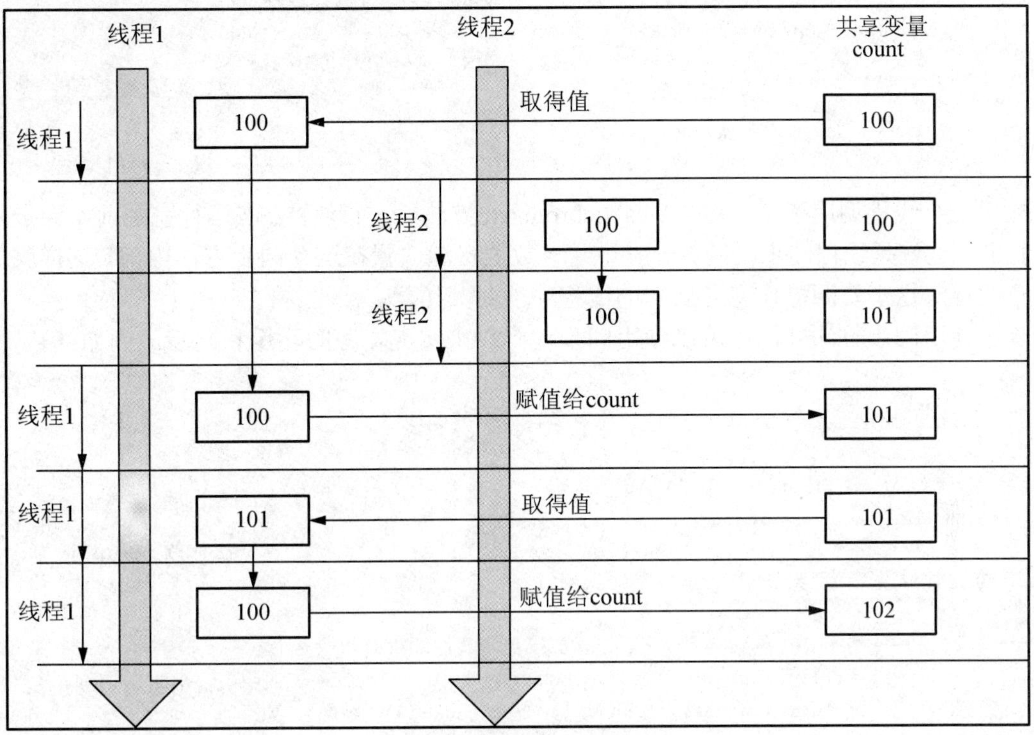

图 8.6　线程优先级分析

以上分析的两个线程运行的情况完全符合逻辑，但是运行得到的结果并不符合要求，所以在线程共享变量和资源时一定要做好资源的保护工作。这在后面章节中将介绍。

8.4　线程的同步与互斥

一些多线程程序，两个或者多个线程可能需要访问同一个数据资源。这时就必须考虑数据安全的问题，需要线程互斥或者同步。例如上一节例 8-4 中，经过线程 1 和线程 2 的 100 次加法运算，计数器 count 最终并没有成为 200，这就是没有考虑线程间的互斥问题。

8.4.1　线程的互斥

当多个线程需要访问同一资源，如果线程 A 读取变量 count，线程 B 要给 count 赋值。这时就要求在一个时间段只能允许一个线程操作共享资源，操作完毕后别的线程才能读取该资源，这叫线程的互斥。要解决这个问题要使用关键字 synchronized 来给共享区域加锁，来确保共享资源安全。

synchronized 关键字可以放在方法声明中，定义同步方法，如：

```
public synchronized void run() {
        for(int i = 1;i<=100;i++){
            nc.count = nc.count + 1;
            System.out.println(this.getName() + "第" + I + "次计数 count 值为:"
 + nc.count + "优先级为"+this.getPriority());
```

```
            try {
                Thread.sleep(5);//睡眠 5ms 使其他线程有机会运行
            }catch(InterruptedException e){
                System.out.println(this.getName()+"中断…");
            }
        }
    }
```

如果一个线程调用了某个对象的 synchronized 方法，它在这个方法运行完之前不会被别的线程打断，这就是线程同步机制。一般将共享数据资源放置在这个同步方法内部，这样就保证在一个线程对这个资源操作完之后别的线程才能对其访问。

除了使用同步方法外，还可以使用同步代码块来实现资源的互斥和同步。例如：

```
public void run() {
        synchronized(this)//锁定当前对象，同步代码块
        {
        for(int i = 1;i<=100;i++){
            nc.count = nc.count + 1;
            System.out.println(this.getName() + "第" + I + "次计数 count 值为:"
+ nc.count+"优先级为"+this.getPriority());
            try {
                Thread.sleep(5);//睡眠 5ms 使其他线程有机会运行
            }catch(InterruptedException e) {
                System.out.println(this.getName()+"中断…");
            }
        }
    }
}
```

将共享资源放置在同步方法或者同步代码块中操作这样可以保证一个线程对共享资源操作时不会被打断。凡是被 synchronized 修饰的资源，在运行的时候系统都要给它们分配一个管程(管理程序)，这需要消耗一些资源。

下面通过对例 8-4 改写来实现线程间互斥。

【例 8-5】

```
class NumCount{
    public int count = 0;
    public synchronized void run(){
        for(int i = 1;i<=100;i++){
            Thread t = Thread.currentThread();
            count = count + 1;
            System.out.println(t.getName()+"第"+i+"次计数 count 值为:"+count);
            try {
                Thread.sleep(5);//睡眠 5ms 使其他线程有机会运行
            }catch(InterruptedException e){
                System.out.println(t.getName()+"中断…");
            }
        }
    }
}
class SynchThread extends Thread{
```

```
    private NumCount nc = null;
    public SynchThread(String name,NumCount nc) {
        super(name);
        this.nc = nc;
    }
    public void run(){
      nc.run();
    }
}
public class SynchThreadTest{
    public static void main(String[] args) {
        NumCount nc = new NumCount();
        SynchThread st1 = new SynchThread("线程 1",nc);
        SynchThread st2 = new SynchThread("线程 2",nc);
        SynchThread st3 = new SynchThread("线程 3",nc);
        st1.start();
        st2.start();
        st3.start();
        try {
            st1.join();
            st2.join();
            st3.join();
        }
        catch(InterruptedException e) {
            System.out.println("主线程异常中断…");
        }
        System.out.println("计数器数值为: "+nc.count);
    }
}
```

运行程序后控制台效果如图 8.7 所示。

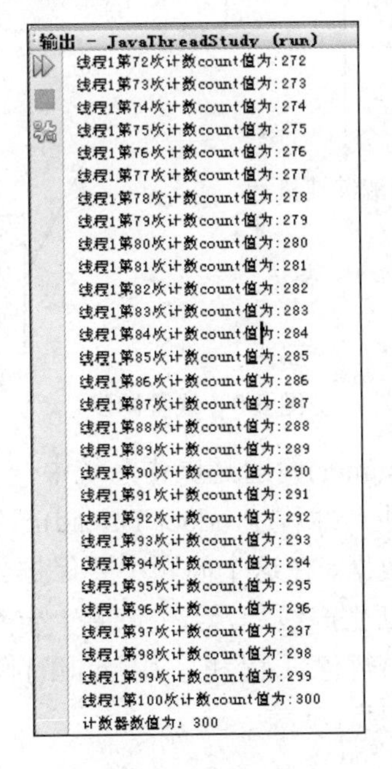

图 8.7　线程互斥

由图 8.7 可以看出当一个线程执行同步方法时候别的线程不能打断，3 个线程对计数器 count 进行加法运算，最后结果是所希望的 300。这说明将共享资源放置到同步方法中操作可以很好地保护共享资源安全。

8.4.2 线程的同步

在某些情况下，线程需要交替执行。比如一个线程向一个存储单元执行存放操作，而另一个操作执行取值操作，线程间同步完成这个存取任务，需要将这些线程同步。要解决线程交替执行但是又要保证共享资源安全，这需要使用到 Java 提供的 3 个方法：wait()、notify()和 notifyAll()。这 3 个方法是 Object 类的成员方法，所以在任何类中都可以使用这 3 个方法。

```
public final void wait() //使当前线程睡眠，直到其他线程进入管程并唤醒(notify())它。
public final void notify()//唤醒此对象等待池中第一个调用 wait()方法的线程
public final void notifyAll()//唤醒此对象等待池中所有相同对象的线程通过图 8.8 可以增加对上述 3 个方法的理解。
```

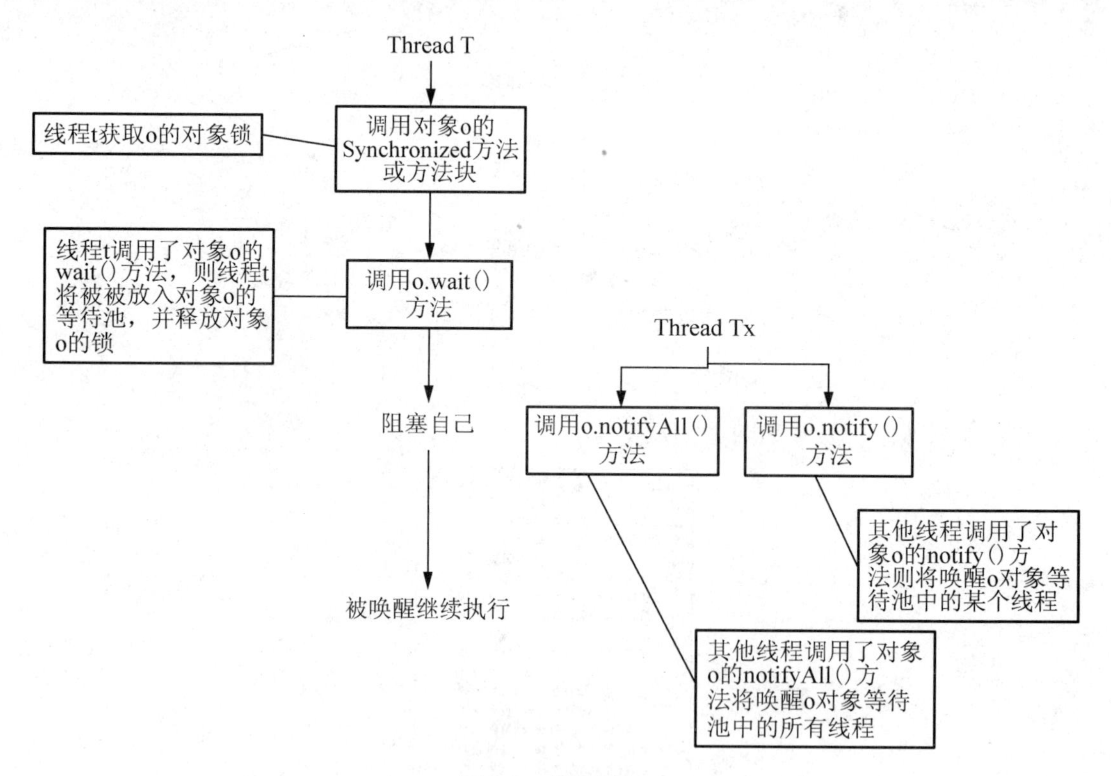

图 8.8 线程同步

生产者-消费者(producer_consumer)问题是操作系统中一个著名进程同步问题。这个问题用线程思想表达出来就是说有一些生产线程(Product Thread)产生数据放置在公共区，一些消费线程(Consumer Thread)去提取消费数据。在这个问题中要保护公共资源的安全性，在生产者生产物资时消费线程必须等待不能打断生产线程，当生产到一定数量时，生产线程暂停让消费线程提取数据。这里就要用到 wait()暂停线程和使用 notif()唤醒等待池中的线程。下面通过 Produc_Consum.java 来演示线程同步。

import java.util.Vector;

【例 8-6】

```
class factory{
    private Vector<String> Goods;
    private int GoodsFlag = 5;//设定标志—货物上限
    public factory() {
        Goods = new Vector<String>();
    }
    public synchronized void production()  {
        if(Goods.size() < GoodsFlag) {
            Goods.addElement("货物"+(Goods.size()+1));
            System.out.println(Thread.currentThread().getName()+"生产货物:"+"货物
"+(Goods.size()+1)+" 现有货物数量:"+Goods.size());
            notifyAll(); //唤醒消费线程
        }
        else{
            System.out.println("货物已满可以取货");
            try{
                wait();//货物满等待消费
            } catch(InterruptedException e) {
                System.out.println("生产事故…");
            }
        }
    }
    public synchronized void getProdution() {
        if(Goods.size()<1) {
            try {
                System.out.println("货物取完…");
                wait(); //货物取光等待生产
            }catch(InterruptedException e) {
                System.out.println("账户余额不足…");
            }
        }
        else {
            System.out.println(Thread.currentThread().getName()+"取走货物:"
+Goods.elementAt(Goods.size()-1)+"还有货物数量:"+(Goods.size()));
            Goods.remove(Goods.size()-1);
            notifyAll(); //唤醒生产线程
        }
    }
}
class productThread extends Thread{
    private factory f = null;
    public productThread(String name,factory f){
        super(name);
        this.f = f;
    }
    public void run() {
        while(true)  {
            f.production();
            try {
                sleep(10);
            }catch(InterruptedException e) {
                System.out.println("生产事故…");
            }
```

```
        }
    }
}
class consumThread extends Thread{
    private factory f = null;
    public consumThread(String name,factory f)  {
        super(name);
        this.f= f;
    }
    public void run() {
        while(true){
            f.getProdution();
            try{
                sleep(10);
            }
            catch(InterruptedException e){
                System.out.println("账户余额不足…");
            }
        }
    }
}
public class Produc_Consum{
    public static void main(String[] args) {
        factory f = new factory();
        productThread pt = new productThread("生产工厂",f);
        consumThread ct = new consumThread("消费者",f);
        pt.start();
        ct.start();
    }
}
```

程序运行后控制台输出效果如图 8.9 所示。

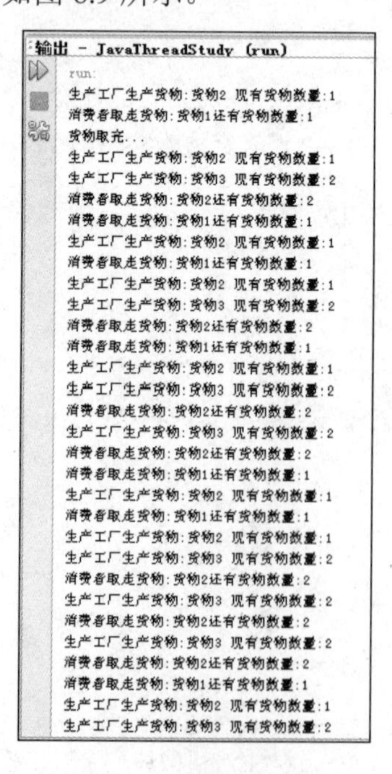

图 8.9　线程同步效果

由此可看出同步方法配合 wait()和 notifyAll()方法可以很好地完成生产消费任务。

8.4.3　工作任务：创建游戏欢迎界面

【任 务 8.2】 创建游戏欢迎界面

【任务描述】 大多数的游戏都有欢迎界面，这样使得程序显得更加友好，而且可以在欢迎界面加载系统资源。在欢迎界面中画进度条，进度条每次前进时对系统资源进行加载(棋盘、五子棋游戏窗口等)，在结束时显示游戏窗口。

【任务分析】 编写欢迎界面类 WelcomeFrame 在该类源文件中还编写了非公共类面板类 BackBoard，该类的作用相当于“画布”所有的图像、进度条以及文字等均在上面画出，该类重写了 paintComponent( )方法。当实例化该“画布”同时也启动一个绘画线程每隔 30 毫秒重绘画布。

【任务实现】 创建欢迎界面

```
import java.awt.Color;
import java.awt.Dimension;
import java.awt.Graphics;
import java.awt.Image;
import java.util.Date;
import javax.swing.ImageIcon;
import javax.swing.JDialog;
import javax.swing.JPanel;
/**
 *
 * @author Administrator
 */
class BackBoard extends JPanel{
    private Image five = null;
    private String info="";//提示信息
    private int length = 0;//进度前进长度
    private int totalLength = 340;//进度条总长度
    public BackBoard() {
        super();
        this.setBackground(new Color(0x9999CC));//F75000 设置背景颜色
        five = new ImageIcon("images/fiveImage.png").getImage();//初始化图片
        new Thread(new Runnable(){
            public void run(){
                while(true){
                    long startTime = new Date().getTime();//每帧图像开始时间
                    BackBoard.this.repaint();
                    long finishTime = new Date().getTime();//每帧图像结束时间
                    try{
                   Thread.sleep(30-(finishTime-startTime));//控制每帧刷新时间 30ms
                    }catch(Exception e){
                        e.printStackTrace();
                    }
                }
            }
        }).start();
    }
```

```
@Override
public void paintComponent(Graphics g) {
    super.paintComponent(g);//调用超类的paintComponent(Graphics g)方法
    g.drawImage(five, (500-five.getWidth(null))/2, 50, null);//在面板上画图片
    g.fillRoundRect(80, 200, totalLength, 30, 5, 5);//进度条
    g.drawString("单机版五子棋", 220, 180);
    g.drawString(getInfo(), 220, 243);
    g.setColor(new Color(0xF75000));
    g.fillRoundRect(80, 200,getLength(), 30, 5, 5);
}
@Override
/**重写该方法在JFrame中调用pack()方法自适应大小
 * 设置面板默认大小
 */
public Dimension getPreferredSize() {
    return new Dimension(500,300);
}
/**
 * @return the info
 */
public String getInfo() {
    return info;
}
/**
 * @param info the info to set
 */
public void setInfo(String info) {
    this.info = info;
}
/**
 * @return the length
 */
public int getLength() {
    return length;
}
/**
 * @param length the length to set
 */
public void setLength(int length) {
    this.length = length;
}
/**
 * @return the totalLength
 */
public int getTotalLength() {
    return totalLength;
}
/**
 * @param totalLength the totalLength to set
 */
public void setTotalLength(int totalLength) {
    this.totalLength = totalLength;
```

```
    }
}
public class WelcomeFrame extends JDialog{
    private BackBoard board = null;
    public WelcomeFrame() {
        super();
        board = new BackBoard();
        this.setUndecorated(true);
        this.add(board);
        this.pack();
        this.setLocation(410,200);
        this.setDefaultCloseOperation(JDialog.DISPOSE_ON_CLOSE);
    }
    /**
     * @return the board
     */
    public BackBoard getBoard() {
        return board;
    }
    /**
     * @param board the board to set
     */
    public void setBoard(BackBoard board) {
        this.board = board;
}

public static void main(String[] args)
    {
        new WelcomeFrame().setVisible(true);
    }
}
```

通过 FiveMain 启动程序效果如图 8.10 所示。

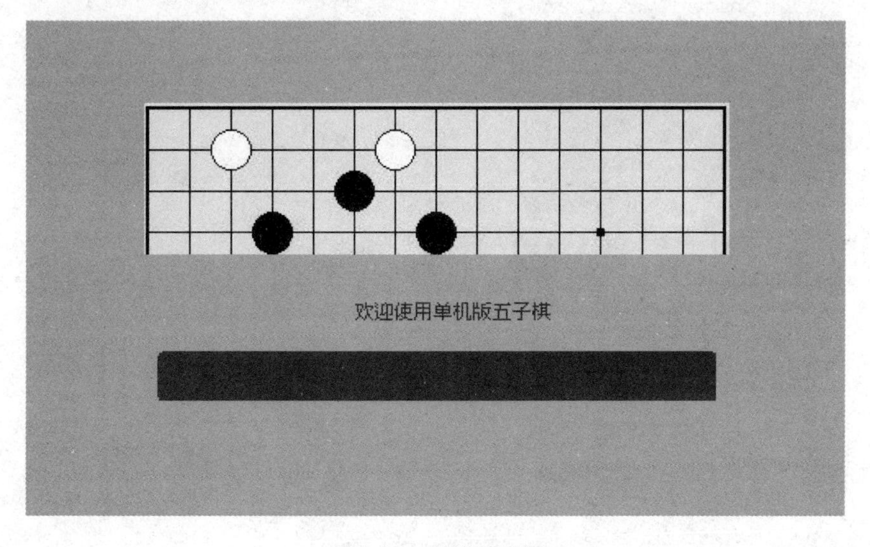

图 8.10　程序效果图

8.5 线程的暂停、恢复和停止

在 JDK1.2 以前的版本中如果要实现线程的暂停、恢复和停止的方法分别是 suspend( )、resume( )、stop( )。但是从 JDK1.2 以后这些方法已经被废弃。因为它们可能会引起严重的系统错误和异常。

首先 suspend( )方法不会释放线程所占用资源。如果使用该方法将某个线程挂起，则可能会使其他等待该资源的线程死锁。而 resume( )方法本身并无问题，但是不能独立 suspend 方法存在。

其次调用 stop( )可能会导致严重的系统故障。因为该方法会使线程立刻中断指令执行，不管这段方法是否执行完毕。如果这个线程正在进行重要操作，对本程序的运行起着支撑作用，这是如果突然中断其执行则会导致系统崩溃。

在 JDK1.5 中已不适用上述 3 种方法来挂起和终止线程了，但是可以在 run( )方法中设置一些“标志(flag)”通过在线程内部检测标志判断并调用 wait( )方法和 notify( )方法操作线程的挂起、恢复和正常终止。

下面通过 ThreadCtrl.java 来演示线程的暂停、恢复和终止。

【例 8-7】

```
class ThreadCtrl extends Thread{
    private int STOP = -1;
    private int SUSPEND = 0;
    private int RUNNING = 1;
    private int status = 1;
    private long count = 0;
    public ThreadCtrl(String name){
        super(name);
    }
    public synchronized void run() {
        while(status != STOP)//判断当前是否是终止状态
        {
            //判断状态是否是挂起
            if(status == SUSPEND)  {
                try {
                    wait();//若状态为挂起则阻塞自己
                } catch(InterruptedException ie){
                    System.out.println("线程异常终止…");
                }
            }
            else{
                count++;
                System.out.println(this.getName()+"第"+count+"次运行…");
                try {
                    sleep(100);
                }catch(InterruptedException e) {
                    System.out.println("线程异常终止…");
                }
```

```
            }
        }
    }
    //定义新的恢复方法
    public synchronized void resume_new()   {
        status = RUNNING;//修改状态
        notifyAll();//唤醒
    }
    //定义新的挂起方法
    public void suspend_new()  {
        //修改状态为挂起
        status = SUSPEND;
    }
    //定义新的终止方法，状态为 STOP 时线程直接跳过循环，结束方法正常终止线程
    public void stop_new() {
        status = STOP;
    }
}
public class ThreadCtrlTest{
    public static void main(String[] args)  {
        ThreadCtrl tc = new ThreadCtrl("测试线程");
        tc.start();
        try{
            Thread.sleep(2000);
        } catch(InterruptedException e){
            System.out.println("主线程异常终止…");
        }
        System.out.println("测试线程即将被挂起…");
        tc.suspend_new();
        try {
            Thread.sleep(1000);
        } catch(InterruptedException e) {
            System.out.println("主线程异常终止…");
        }
        System.out.println("测试线程即将被唤醒…");
        tc.resume_new();
        try  {
            Thread.sleep(1000);
        } catch(InterruptedException e){
            System.out.println("主线程线程异常终止…");
        }
        System.out.println("终止测试线程");
        tc.stop_new();
        System.out.println("主线程终止…");
    }
}
```

程序运行后控制台输出如图 8.11 所示。

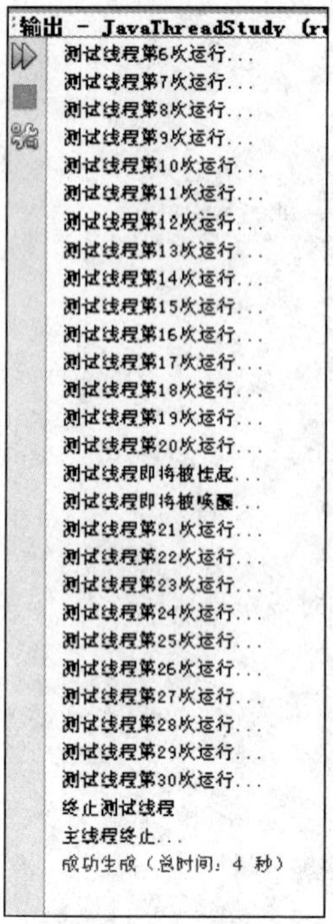

```
输出 - JavaThreadStudy (r
测试线程第6次运行...
测试线程第7次运行...
测试线程第8次运行...
测试线程第9次运行...
测试线程第10次运行...
测试线程第11次运行...
测试线程第12次运行...
测试线程第13次运行...
测试线程第14次运行...
测试线程第15次运行...
测试线程第16次运行...
测试线程第17次运行...
测试线程第18次运行...
测试线程第19次运行...
测试线程第20次运行...
测试线程即将被挂起...
测试线程即将被唤醒...
测试线程第21次运行...
测试线程第22次运行...
测试线程第23次运行...
测试线程第24次运行...
测试线程第25次运行...
测试线程第26次运行...
测试线程第27次运行...
测试线程第28次运行...
测试线程第29次运行...
测试线程第30次运行...
终止测试线程
主线程终止...
成功生成（总时间：4 秒）
```

图 8.11　线程的控制

由图可以看出通过检测标志(flag)调用 wait( )和 notify( )方法可以很好地达到暂停终止线程的目的。

8.6　死　　锁

同步特性使用起来很方便，功能很强大。但是有时候考虑不周的话有可能出现线程死锁。死锁主要是由于多个线程争抢资源造成的。

下面通过 DeadLock.java 来演示死锁产生的原因。

```
class Resource{
    private int resource1 = 0;
    public int getR() {
        return resource1;
    }
    public void setR(int res) {
        this.resource1 = res;
    }
}
class DeadLock_test1 extends Thread{
    Resource r1 = null;
    Resource r2 = null;
    public DeadLock_test1(String name,Resource r1,Resource r2) {
        super(name);
        this.r1 = r1;
        this.r2 = r2;
    }
```

```
    public void run() {
            synchronized(r1)//获取资源 r1 的锁从而锁住 r1
            {
                for(int i = 0;i<10;i++) {
                    int r = r1.getR();
                    r++;
                    r1.setR(r);
                }
                System.out.println(this.getName()+":资源 1 处理完毕等待资源 2…");
                try {
                    sleep(1000);//睡眠 1000ms 让其他线程有机会运行
                } catch(InterruptedException ie){
                    System.out.println(this.getName()+"异常中断…");
                }
                //此时资源 r1 并未释放
                synchronized(r2)//尝试获取资源 r2 的锁从而锁住 r2
                {
                    for(int i = 0;i<10;i++) {
                        int r = r2.getR();
                        r++;
                        r2.setR(r);
                    }
                    System.out.println(this.getName()+":资源 2 处理完毕任务完成");
                }
            }
        }
    }

class DeadLock_test2 extends Thread{
    Resource r1 = null;
    Resource r2 = null;
    public DeadLock_test2(String name,Resource r1,Resource r2) {
        super(name);
        this.r1 = r1;
        this.r2 = r2;
    }
    public void run() {
            synchronized(r2)//获取资源 r2 的锁，锁住 r2
            {
                for(int i = 0;i<10;i++) {
                    int r = r2.getR();
                    r++;
                    r2.setR(r);
                }
                System.out.println(this.getName()+":资源 2 处理完毕等待资源 1…");
                try{
                    sleep(1000);//睡眠 1000ms 让其他线程有机会运行
                }
                catch(InterruptedException ie){
                    System.out.println(this.getName()+"异常中断…");
                }
                //此时资源 r2 并未释放
```

```
                synchronized(r1)//尝试获取资源 r1 的锁从而锁住 r1
                {
                    for(int i = 0;i<10;i++) {
                        int r = r1.getR();
                        r++;
                        r1.setR(r);
                    }
                    System.out.println(this.getName()+":资源 1 处理完毕任务完成");
                }
            }
        }
    }
public class DeadLock{
    public static void main(String[] args){
        //新建共享资源 r1、r2
        Resource r1 = new Resource();
        Resource r2 = new Resource();
        DeadLock_test1 dl = new DeadLock_test1("线程 1",r1,r2);
        DeadLock_test2 dl2 = new DeadLock_test2("线程 2",r1,r2);
        dl.start();
        dl2.start();
    }
}
```

运行程序，控制台输出如图 8.12 所示。

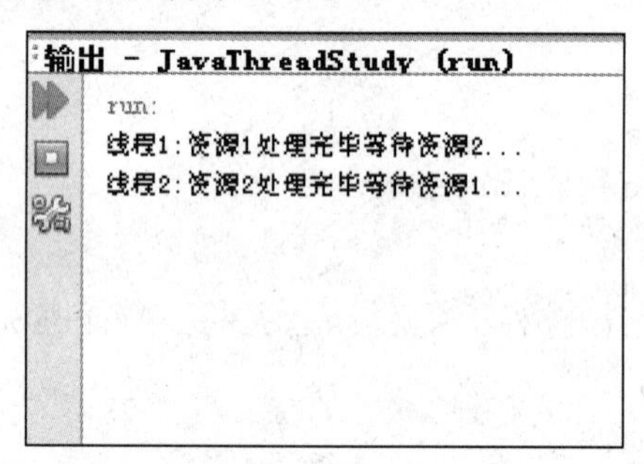

图 8.12　线程死锁

程序说明：线程 1 和线程 2 共享资源 r1 和 r2，当线程 1 首先运行获取资源 r1 的锁从而锁住 r1，调用 sleep( )使线程 2 得以运行，此时资源 r1 还未释放。线程 2 锁住资源 r2，调用 sleep()线程 1 运行此时资源 r2 还未释放，线程 1 尝试获取资源 r2 的锁但是已经被线程 2 锁住，线程 2 睡眠过后开始运行尝试获取资源 r1 的锁但是已经被线程 1 锁住。此时线程 1 和线程 2 处于死锁状态。

8.7　使用 Timer 类进行任务调度

8.7.1　Timer 类

从 JDK1.3 开始，Java 提供了 java.util.Timer 类来执行定时任务。Timer 类代表一个计时器，每个 Timer 对象对应一个后台线程，用于完成定时任务。定时器的任务用 java.util.TimerTask

对象作为参数导入进 Timer 类。

TimerTask 是抽象类，需要自己创建类继承 TimerTask 并覆盖重写 run()方法，再利用定义好的子类和 Timer 类配合来执行定时任务。Timer 类中执行定时任务常用方法如下。

```
void schedule(TimerTask task, Date firstTime, long period) //安排指定的任务在指定的时间开始进行重复的固定延迟执行。
void schedule(TimerTask task, long delay, long period)// 安排指定的任务从指定的延迟后开始进行重复的固定延迟执行。
void scheduleAtFixedRate(TimerTask task, long delay, long period)// 安排指定的任务在指定的延迟后开始进行重复的固定速率执行。
void cancel() //终止此计时器，丢弃所有当前已安排的任务。
```

下面通过 TimerTest.java 来演示 Timer 类的使用。

```
import java.util.Date;
import java.util.Timer;
import java.util.TimerTask;
class TaskTest extends TimerTask{
    public void run(){
        System.out.println("现在时间："+new Date());
    }
}
public class TimerTest{
    public static void main(String[] args) {
        Timer ter = new Timer();
        System.out.println("2 秒后开始报时");
        ter.schedule(new TaskTest(), 2000,1000);//两秒后执行，每隔一秒执行一次
        while(true){
            try{
                System.out.print("输入命令:");
                int i = System.in.read();
                if(i == 'q'){
                    System.out.println("任务停止");
                    ter.cancel();
                }
                if(i == 's') {
                    System.out.println("2 秒后开始报时");
                    ter = new Timer();
                    ter.schedule(new TaskTest(), 2000,1000);
                }
            } catch(Exception e){
                e.printStackTrace();
            }
        }
    }
}
```

程序运行后控制台输出效果如图 8.13 所示。

程序说明：首先新建一个类 TaskTest 继承 TimerTask 类并实现 run()方法，在实例一个 Timer 对象调用 scheduleAtFixedRate(new TaskTest()，2000,1000)方法来执行定时任务。在主线程里建立一个循环用来对该任务发送命令，当输入‘q’任务结束，当输入‘s’启动新的计时任务。

```
输出 - JavaThreadStudy (run)
run:
2秒后开始报时
输入命令:现在时间: Sun May 09 23:53:37 CST 2010
现在时间: Sun May 09 23:53:38 CST 2010
现在时间: Sun May 09 23:53:39 CST 2010
现在时间: Sun May 09 23:53:40 CST 2010
现在时间: Sun May 09 23:53:41 CST 2010
现在时间: Sun May 09 23:53:42 CST 2010
现在时间: Sun May 09 23:53:43 CST 2010
现在时间: Sun May 09 23:53:44 CST 2010
现在时间: Sun May 09 23:53:45 CST 2010
现在时间: Sun May 09 23:53:46 CST 2010
现在时间: Sun May 09 23:53:47 CST 2010
现在时间: Sun May 09 23:53:48 CST 2010
现在时间: Sun May 09 23:53:49 CST 2010
```

图 8.13　Timer 类的使用

8.7.2　工作任务：在欢迎界面中加载游戏资源

【任 务 8.3】 在欢迎界面中加载游戏资源

【任务描述】 欢迎界面除了展示功能外，还可以在启动欢迎界面过程中加载游戏资源。

【任务分析】 编写启动类 FiveMain 在启动类中启动欢迎界面，采用 Timer 类创建一个每隔 800 毫秒使进度条前进一次的线程，每次前进加载棋盘、窗口等系统资源。这里采用 scheduleAtFixedRate()方法启动 Timer 任务，该方法能安排指定的任务在指定的时间开始进行重复的固定速率执行，以近似固定的时间间隔(由指定的周期分隔)进行后续执行。

【任务分析】

```
import java.util.Timer;
import java.util.TimerTask;
import javax.swing.JDialog;
import javax.swing.JFrame;
import javax.swing.UIManager;
/**
 *
 * @author Administrator
 */
public class FiveMain{
    public static void main(String[] args){
        new Timer().scheduleAtFixedRate(new TimerTask(){
            private int count = 0;
            private ChessBoard chessBoard= null;
            private WelcomeFrame wf= null;
            Five_in_a_row fiar = null;
            public void run(){
                switch(count){
                    case 0:{
                        wf = new WelcomeFrame();
                        wf.setVisible(true);
                    }
                    case 1:{//设置进度条前进长度
                    wf.getBoard().setLength(wf.getBoard().getTotalLength()/4);
                        wf.getBoard().setInfo("设置观感器…");
                        //设置外观感觉
```

```
                        JFrame.setDefaultLookAndFeelDecorated(true);
                        JDialog.setDefaultLookAndFeelDecorated(true);
                        try {
                            UIManager.setLookAndFeel(UIManager.
getCrossPlatformLookAndFeelClassName());
                        } catch (Exception e) {
                            e.printStackTrace();
                        }
                    }break;
                    case 2:{
                    wf.getBoard().setLength(wf.getBoard().getTotalLength()/2);
                        wf.getBoard().setInfo("正在加载棋盘…");
                        chessBoard = new ChessBoard();
                    }break;
                    case 3:{

    wf.getBoard().setLength(wf.getBoard().getTotalLength()/4*3);
                        wf.getBoard().setInfo("正在加载窗体…");
                        fiar = new Five_in_a_row("单机版五子棋",chessBoard);
                    }break;
                    case 4:{
                    wf.getBoard().setLength(wf.getBoard().getTotalLength());
                        wf.getBoard().setInfo("正在启动游戏…");
                    }break;
                    case 5:{
                        fiar.setVisible(true);
                        wf.dispose();
                    }break;
                }
                count++;
            }
        }, 0, 800);
    }
}
```

程序运行图如图 8.14 所示。

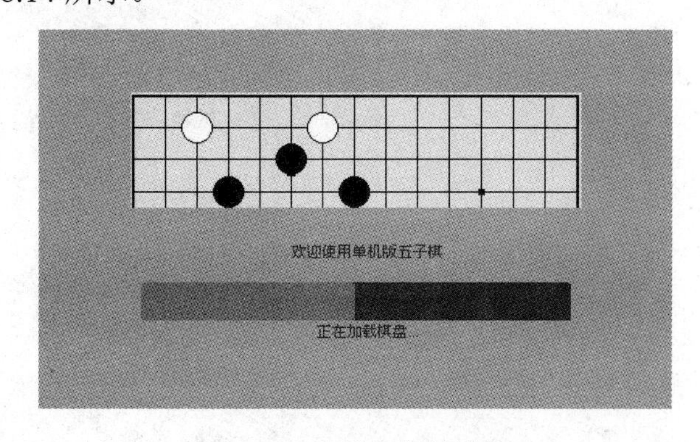

图 8.14　程序运行结果图

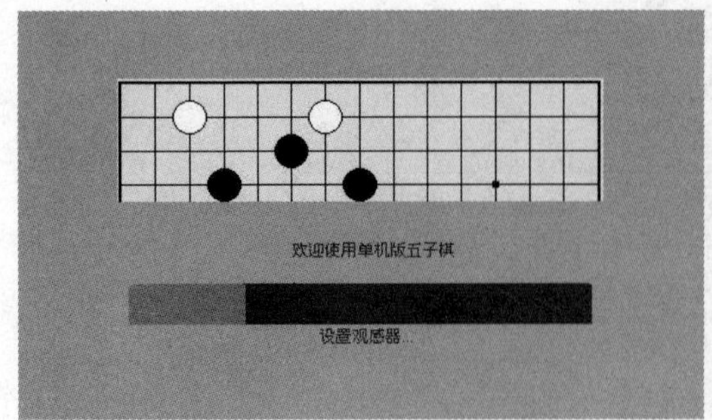

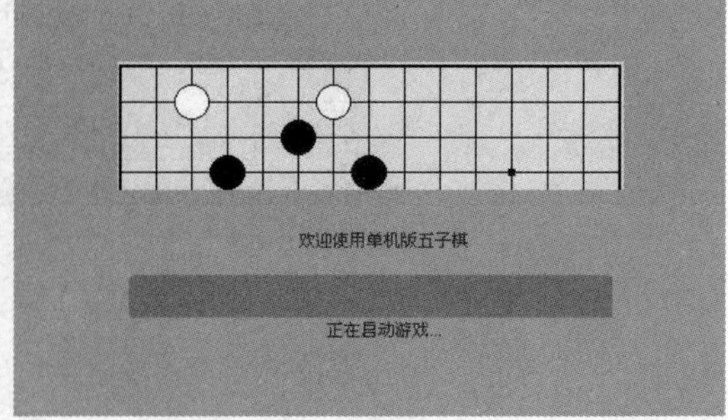

图 8.14　程序运行结果图(续)

课 后 作 业

1. 简述程序、进程和线程之间的关系。

2. 线程有哪 5 个基本状态？它们之间如何转化？简述线程的生命周期。

3. 什么是线程调度？Java 的线程调度采用什么方法？

4. 如何在 Java 程序中实现多线程？试简述使用 Thread 子类和实现 Runnable 接口两种方法的异同。

5. 编写一个 Java 小程序，在屏幕上显示时间，每隔一秒钟刷新一次，用多线程实现该程序。

第9章 访问数据库

本章要点

- JDBC 简介
- JDBC 驱动
- JDBC 中的常用接口
- 连接数据库
- JDBC 访问 SQL Server 2005 数据库

任务描述

任务编号	任务名称	任务描述
任务9.1	使用Statement对象	向Student数据库中的Studentinfo表中插入一条学生的数据信息；从Studentinfo表中检索出所有学生的信息，并在命令行中输出
任务9.2	使用 PerparedStatement 对象	使用PerparedStatement对象对任务一中描述的学生的基本信息进行管理，包括对学生的基本信息进行增删改查操作。所有学生的基本信息以表格的形式显示，当选中表格中某一条学生信息记录时，相关的字段信息在相应的文本框中显示，通过对文本框中数据的修改实现对数据库信息的修改，同时也可以添加或者删除学生信息

Java 类库中包含一组用于访问数据库的接口和类，作为开发数据库应用程序的 API。这些接口和类统称为 JDBC(Java DataBase Connectivity)，JDBC 是访问数据库的类和接口的结合，Java 程序可以使用这些类和接口访问和操纵关系数据库。通过这些接口，Java 程序能够执行 SQL 语句并处理返回的结果。

9.1 JDBC 简介

JDBC 提供了连接各种常用数据库的能力。Java 程序通过 JDBC 访问数据库的过程如图 9.1 所示。有了 JDBC，访问各种数据库就是一件很容易的事情。有了 JDBC，就不必为访问 Sybase 数据库和 Oracle 数据库专门写一个程序。程序员只需用 JDBC API 写一个程序就够了，它可以向相应的数据库发送 SQL 调用。同时，将 Java 语言和 JDBC 结合起来使程序员不必为不同的平台编写不同的应用程序，只需写一遍程序就可以让它在任何平台上运行，这显示了 Java 语言“编写一次，处处运行”的优势。

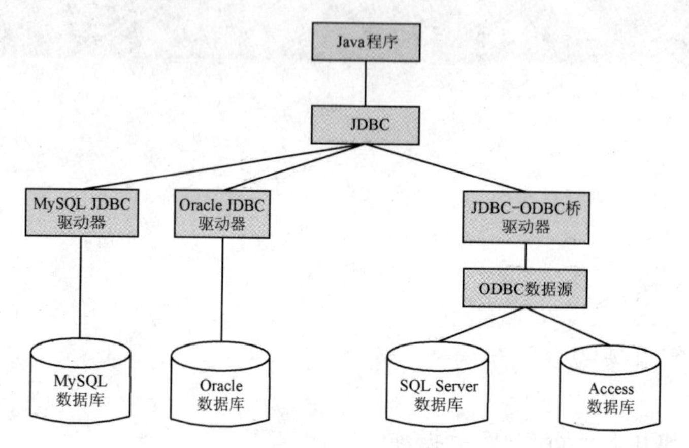

图 9.1 Java 程序通过 JDBC 访问数据库

9.2 JDBC 驱动

JDBC 驱动由数据库厂商提供，在实际编程过程中，有两种较为常用的驱动方式。第一种是 JDBC-ODBC 桥连，通过 ODBC 与数据库进行连接；另一种是纯 Java 驱动方式，它直接与数据库进行连接。

1. JDBC-ODBC 桥连

JDBC-ODBC 桥连可以把 JDBC API 调用转换成 ODBC API 调用，然后 ODBC API 调用针对供应商的 ODBC 驱动程序来访问数据库，即利用 JDBC-ODBC 桥通过 ODBC 来存储数据源。

JDBC-ODBC 桥作为包 sun.jdbc.odbc 与 JDK 一起安装，无需特殊配置。但是客户机需要通过生成数据源名来配置 ODBC 管理器。

假设已经配置了一个叫 Student 的 ODBC 数据源，登录数据库的读者名为 sa，口令为 sa，只需下面的两行代码就可以建立一个数据库连接。

```
Class.forName("sun.jdbc.odbc.JdbcOdbcDriver");
Connection  conn=DriverManager.getConnection("jdbc:odbc:Student", "sa", "sa");
```

需要注意的是：虽然通过 JDBC-ODBC 桥连的方式可以访问所有 ODBC 可以访问的数据库，但是 JDBC-ODBC 桥连不能提供非常好的性能，一般不适合在实际系统中使用。

2. 纯 Java 驱动方式

纯 Java 驱动方式由 JDBC 驱动直接访问数据库，驱动程序完全由 Java 语言编写，运行速度快，而且具备了跨平台的特点。但由于这类 JDBC 驱动只对应一种数据库，因此访问不同的数据库需要下载专用的 JDBC 驱动。

在使用 SQL Server 2005 数据库时，首先必须下载驱动程序 jar 包，查看相关帮助文档，获得驱动类的名称以及数据库连接字符串。接下来就可以进行编程，与数据库建立连接。

假设在 SQL Server 2005 中已经建立了名为 Student 的数据库，数据库读者名为 sa，密码为 sa，驱动程序包为 sqljdbc.jar，则建立数据库连接的代码如下：

```
Class.forName("com.microsoft.sqlserver.jdbc.SQLServerDriver");
Connection conn=DriverManager.getConnection("jdbc:sqlserver://localhost;
database=Student","sa","sa");
```

9.3　JDBC 中的常用接口

JDBC 提供了众多的接口和类，通过这些接口和类，可以实现与数据库的通信。

1. Driver 接口

每种数据库的驱动程序都提供一个实现 java.sql.Driver 接口的类，简称 Driver 类来实现与数据库服务器的连接。在加载某一驱动程序的 Driver 类时，应该创建自己的实例并向 java.sql.DriverManager 类注册该实例。

通过 java.lang.Class 类的静态方法 forName(String className)可以加载欲连接的数据库的 Driver 类。成功加载后，会将 Driver 类的示例注册到 DriverManager 类中。

2. DriverManager 类

java.sql.DriverManager 类负责管理 JDBC 驱动程序的基本服务，是 JDBC 的管理层，作用于读者和驱动程序之间，负责跟踪可用的驱动程序，并在数据库和驱动程序之间建立连接。成功加载 Driver 类并在 DriverManager 类中注册后，DriverManager 类即可用来建立数据库连接。

通过 DriverManager 类的 getConnection()方法可以请求建立数据库连接。

3. Connection 接口

java.sql.Connection 接口代表与特定数据库的连接，在连接的上下文中可以执行 SQL 语句并返回结果。在默认情况下，Connection 对象处于自动提交模式下，这意味着它在执行每个语句后都会自动提交更改。如果禁用自动提交模式，为了提交更改，必须显示调用 commit 方法，否则无法保存数据库更改。

4. Statement 接口

java.sql.Statement 接口用来执行静态 SQL 语句，并返回执行结果。例如对于 insert、delete 和 update 语句，调用 executeUpdate(String sql)方法；而对于 select 语句则调用 executeQuery(String sql)方法，并返回一个永远不能为 null 的 ResultSet 对象。

5. PreparedStatement 接口

java.sql.PreparedStatement 接口继承并扩展了 Statement 接口，用来执行动态的 SQL 语句，

即包含参数的 SQL 语句。通过 PreparedStatement 实例执行的动态 SQL 语句，将被预编译并保存到 PreparedStatement 实例中，从而可以反复并且高效地执行该 SQL 语句。

需要注意的是：在通过 setter 方法(setInt、setLong 等)为 SQL 语句中的参数赋值时，建议利用与输入参数的已定义 SQL 类型兼容的类型。例如，如果参数具有的 SQL 类型为 INTEGER，那么应该使用 setInt 方法为参数赋值,也可以利用 setObject 方法为各种类型的参数赋值。

6. ResultSet 接口

java.sql.Resultset 接口类似于一个数据表，通过该接口的实例可以获得检索结果以及对应数据表的相关信息。ResultSet 实例通过执行查询数据库的语句生成。

ResultSet 实例具有指向当前数据行的指针，最初，指针被置于第一行记录之前；通过 next()方法可以将指针移动到下一行；如果存在下一行记录返回 true，否则返回 false。所以可以在 while 循环中来迭代结果集。默认的 ResultSet 对象不可更新，仅有一个向前移动的指针。因此只能迭代一次，并且只能按从第一行到最后一行的顺序进行。如果需要，可以生成可滚动和可更新的 ResultSet 实例。

ResultSet 接口提供了从当前行检索列值的获取方法。可以使用列的索引编号或列的名称来检索值。一般情况下，使用列索引较为高效。列索引从 1 开始编号。按照从左到右的顺序读取每行中的结果集列，而且每列只能读取一次；使用列名称调用获取方法时列名称不区分大小写，如果多个列具有这一名称，则返回第一个匹配列的值。对于没有在查询中显式命名的列，最好使用列编号。

9.4　连接数据库

开发一个访问数据库的应用程序，首先要加载数据库的驱动程序，只需要在第一次访问数据库时加载一次，然后在每次访问数据库时创建一个 Connection 实例，紧接着执行操作数据库的 SQL 语句，并处理返回的结果集，最后在完成此次操作时销毁前面创建的 Connection 实例，释放与数据库的连接。

1. 加载 JDBC 驱动程序

在连接数据库之前，首先要把 JDBC 驱动类加载到 Java 虚拟机中，可以使用 java.lang.Class 类的静态方法 forName(String className)，成功加载后会将加载的驱动类注册给 DriverManager 类，加载失败将抛出 ClassNotFoundException 异常，即未找到指定的驱动类。以 SQL Server 2005 为例，具体代码如下。

```
try {
    Class.forName("com.microsoft.sqlserver.jdbc.SQLServerDriver");
} catch (ClassNotFoundException ex) {
    System.out.println(ex.getMessage());
}
```

2. 创建数据库连接

DriverManager 类跟踪已注册的驱动程序，通过调用 DriverManager 类的静态方法 getConnection(String url,String user,String password)可以建立与数据库的连接。3 个参数依次为欲连接的数据库的路径、读者名和密码，方法返回值类型为 java.sql.Connection。当调用该方法时，它会搜索整个驱动程序列表，直到找到一个能够连接至数据连接字符串中指定的数据库的驱动程序为止。

以 SQL Server 2005 为例，具体代码如下。

```
try {
    Connection conn=DriverManager.getConnection(
        "jdbc:sqlserver://localhost:1433;database=info","huang","123456");
    System.out.println("数据库连接成功!");
} catch (SQLException ex1) {
    System.out.println(ex1.getMessage());
}
```

3. 执行 SQL 语句，得到结果集

当数据库连接建立以后，就可以使用该连接创建 Statement 实例，并将 SQL 语句传递给它所连接的数据库，并返回类型为 ResultSet 的对象。Statement 实例分为 3 种类型。

(1) Statement 实例：该类型的实例只能用来执行静态的 SQL 语句。

(2) PreparedStatement 实例：该类型的实例可以执行动态的 SQL 语句。

(3) CallableStatement 实例：该类型的实例可以执行数据库的存储过程。

这 3 种不同类型的 Statement，其中 Statement 是最基础的，PrepaerdStatement 继承了 Statement 并做了相应的扩展，而 CallableStatement 继承了 PrepaerdStatement 又做了相应的扩展。

创建 Statement 实例来执行 SQL 语句的具体代码如下。

```
String sqlselect="select sex from operator where name=hlp";
Statement stm = conn.createStatement();
ResultSet rs = stm.executeQuery(sqlselect);
```

创建 PerparedStatement 实例来执行 SQL 语句的具体代码如下。

```
String sqlselect="select sex from operator where name=? ";
PreparedStatement pstm= conn.prepareStatement(sqlselect);
pstm.setString(1, "hlp");
ResultSet rs=pstm.executeQuery();
```

4. 处理查询结果

对于返回的结果集，使用 ResultSet 对象的 next( )方法将光标指向下一行。最初光标位于第一行之前，因此第一次调用 next( )方法时将光标置于第一行上，如果到达结果集的末尾，则 ResultSet 的 next( )方法会返回 false。方法 getXXX 提供了获取当前行中某一列的值的途径，列名或列号可用于标识要从中获取数据的列。

采用列名做参数处理结果集的具体代码如下。

```
while(rs.next()){
    int x = rs.getString("sex");
}
```

采用列号做参数处理结果集的具体代码如下。

```
while(rs.next()){
    int x = rs.getString(1);
}
```

5. 关闭连接

在建立 Connection、Statement 和 ResultSet 实例时，都需要占用一定的数据库和 JDBC 资源，所以每次访问数据库结束时，应该通过各个实例的 close( )方法及时地销毁这些实例，释放它们占用的所有资源。关闭时建议按照如下顺序。

```
rs.close();
statement.close();
connection.close();
```

9.5 JDBC 访问 SQL Server 2005 数据库案例

访问数据库的目的就是操作数据库，包括从数据库中查询符合一定条件的记录；向数据库中插入、修改和删除记录。这些既可以通过静态的 SQL 语句实现，也可以通过动态的 SQL 语句实现，还可以通过存储过程实现，具体采用的实现方式要根据实际情况而定。

9.5.1 工作任务：使用 Statement 对象

【任 务 9.1】 使用 Statement 对象

【任务描述】 ①向 Student 数据库中的 Studentinfo 表中插入一条学生的数据信息；②从 Studentinfo 表中检索出所有学生的信息，并在命令行中输出。

【任务实现】 首先，需要在 SQL Server 2005 中建立数据库，此处命名为 Student，在 Student 数据库中建立表 Studentinfo，表结构见表 9-1。

表 9-1 数据表 Studentinfo

字段名称	字段含义	数据类型	长度
Stud_id	学生学号	char	8
Stud_name	学生姓名	varchar	8
Stud_sex	性别	char	2
Birth	出生日期	datetime	
Tel	联系电话	varchar	20
Identity_id	身份证号	varchar	18
Class_id	班级编号	char	10

第一步：使用 Statement 语句插入数据。使用纯 Java 方式与数据库建立连接，首先必须在 MyEclipse 环境中配置 sqljdbc.jar 包的过程如图 9.2 所示。

(1) 右击工程名称，选择 BuildPath|Configure Build Path 命令。

第二步：在弹出的窗口中选择 Add JARs 按钮，选择 sqljdbc.jar 文件所在的路径，将其添加到工程中，如图 9.3 所示。

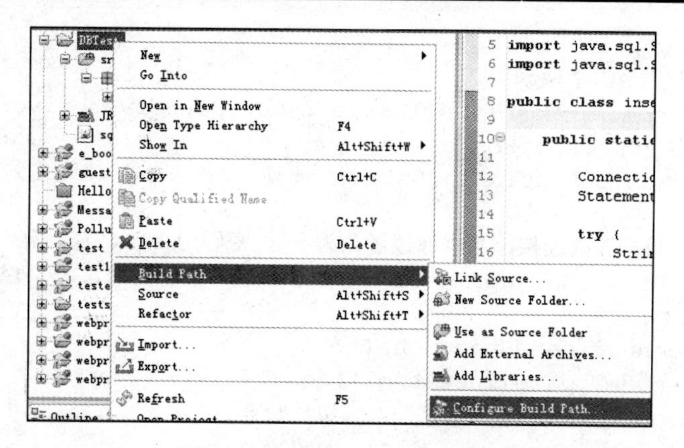

图 9.2　配置 sqljdbc.jar 包

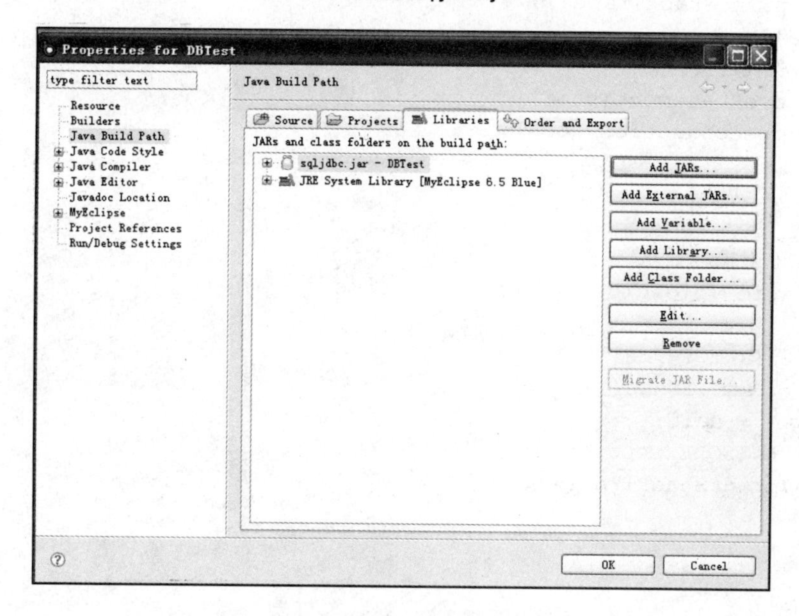

图 9.3　添加 sqljdbc.jar 包

接下来使用 Statement 的 executeupdate 方法执行插入操作，具体实现代码如下。

```
package com.dbtest;
import java.sql.Connection;
import java.sql.DriverManager;
import java.sql.SQLException;
import java.sql.Statement;
public class insertData {
    public static void main(String[] args) {
        Connection conn = null;
        Statement stm = null;
        try {
            //插入语句 insertsql
            String insertsql = "insert into Studentinfo values"+"(31091003,'王五
','男', '1988-06-20',13156788978,"+"320887198806201232,310910)";

            //连接数据库的 url，本地数据库服务器，数据库名为 Student
            String url = "jdbc:sqlserver://localhost;database=Student";
```

```
            try {
                //加载 JDBC 驱动类
    Class.forName("com.microsoft.sqlserver.jdbc.SQLServerDriver");
            } catch (ClassNotFoundException e) {
                System.out.println("无法找到驱动类！");
            }
            //建立与数据库的连接，数据库读者名为 sa，密码为 123456
            conn = DriverManager.getConnection(url, "sa", "123456");
            //执行 SQL 语句
            stm = conn.createStatement();
            stm.executeUpdate(insertsql);
            System.out.println("记录插入成功！");
        } catch (SQLException e) {
            e.printStackTrace();
        } finally {
            //关闭连接
            closeStatement(stm);
            closeConnection(conn);
        }
    }

//关闭 Statement 对象
    public static void closeStatement(Statement stm) {
        try {
            if (stm != null)
                stm.close();
            stm = null;
        } catch (SQLException e) {
            e.printStackTrace();
        }
    }

//关闭数据库连接
    public static void closeConnection(Connection conn) {
        try {
            if (conn != null && (!conn.isClosed()))
                conn.close();
        } catch (SQLException e) {
            e.printStackTrace();
        }
    }
}
```

程序运行结果：

记录插入成功！

程序运行以后数据库中表格记录如图 9.4 所示。

	Stud_id	Stud_name	Stud_sex	Birth	Tel	Identity_id	Class_id
1	1	张三	男	1987-05-12 00:00:00.000	13156788978	320887198705121232	310910
2	2	李四	男	1989-05-20 00:00:00.000	13156788978	320887198905201232	310910
3	31091003	王五	男	1988-06-20 00:00:00.000	13156788978	320887198806201232	310910

图 9.4　程序执行后表 Studentinfo 中的记录情况

第二步：使用 Statement 语句查询数据。使用 Statement 的 executeQuery 方法执行查询操作，具体实现代码如下。

```
package com.dbtest;
import java.sql.Connection;
import java.sql.DriverManager;
import java.sql.ResultSet;
import java.sql.SQLException;
import java.sql.Statement;
public class selectData {
    public static void main(String[] args) {
        Connection conn = null;
        Statement stm = null;
        ResultSet rs = null;
        try {
            // 插入语句 insertsql
            String selectsql = "select * from Studentinfo";
            // 连接数据库的 url，本地数据库服务器，数据库名为 Student
            String url = "jdbc:sqlserver://localhost;database=Student";
            try {
                // 加载 JDBC 驱动类
    Class.forName("com.microsoft.sqlserver.jdbc.SQLServerDriver");
            } catch (ClassNotFoundException e) {
                System.out.println("无法找到驱动类！");
            }
            // 建立与数据库的连接，数据库读者名为 sa，密码为 123456
            conn = DriverManager.getConnection(url, "sa", "123456");
            // 执行 SQL 语句,获得结果集
            stm = conn.createStatement();
            rs = stm.executeQuery(selectsql);

            System.out.println("学号\t\t 姓名\t 性别\t 出生日期\t\t"+"联系电话"\t\t 身
份证号\t\t\t 班级号");
                //处理结果集
                while (rs.next()) {
                String Stud_id = rs.getString(1);
                String name = rs.getString(2);
                String sex = rs.getString(3);
                String birth = rs.getString(4).substring(0,11);
                String tel = rs.getString(5);
                String identity_id = rs.getString(6);
                String class_id = rs.getString(7);
                System.out.println(Stud_id + "\t" + name + "\t" + sex + "\t"
                        + birth + "\t" + tel + "\t" + identity_id + "\t"
                        + class_id);
            }
        } catch (SQLException e) {
            e.printStackTrace();
        } finally {
            // 关闭连接
            closeResultSet(rs);
            closeStatement(stm);
```

```
            closeConnection(conn);
        }
    }
    //关闭 ResultSet 实例
    public static void closeResultSet(ResultSet rs) {
        try {
            if (rs != null)
                rs.close();
                rs = null;
        } catch (SQLException e) {
            e.printStackTrace();
        }
    }
    // 关闭 Statement 实例
    public static void closeStatement(Statement stm) {
        try {
            if (stm != null)
                stm.close();
            stm = null;
        } catch (SQLException e) {
            e.printStackTrace();
        }
    }
    // 关闭 Connection 实例
    public static void closeConnection(Connection conn) {
        try {
            if (conn != null && (!conn.isClosed()))
                conn.close();
        } catch (SQLException e) {
            e.printStackTrace();
        }
    }
}
```

程序的执行结果如图 9.5 所示。

Console

```
<terminated> insertData [Java Application] C:\Program Files\MyEclipse 6.5 Blue\jre\bin\javaw.exe (May 9, 2010 1:13:24 AM)
```

学号	姓名	性别	出生日期	联系电话	身份证号	班级号
1	张三	男	1987-05-12	13156788978	320887198705121232	310910
2	李四	男	1989-05-20	13156788978	320887198905201232	310910
31091003	王五	男	1988-06-20	13156788978	320887198806201232	310910

图 9.5 查询数据的执行结果

在前面的两个例题中，closeConnection 方法和 closeStatement 方法是完全相同的，而且在每个示例中都需要建立数据库连接。为了便于管理，提高代码的复用性，可以单独建立一个类 ConnectionManager，专门负责建立数据库的连接以及执行关闭操作，具体代码如下。

```
package com.dbtest;
import java.sql.Connection;
import java.sql.DriverManager;
import java.sql.ResultSet;
import java.sql.SQLException;
import java.sql.Statement;
```

```
public class ConnectionManager {
    private static final String Driver_Class = "com.microsoft.sqlserver.jdbc.
SQLServerDriver";
    private static final String DB_URL = "jdbc:sqlserver://localhost;database=
Student";
    private static final String DB_user = "sa";
    private static final String DB_pwd = "123456";

    //建立数据库连接
    public static Connection getConnection() {
        Connection conn = null;
        try {
            Class.forName(Driver_Class);
            conn = DriverManager.getConnection(DB_URL, DB_user, DB_pwd);
        } catch (Exception e) {
            System.out.println("数据库连接错误！");
        }
        return conn;
    }

    //关闭结果集
    public static void closeResultSet(ResultSet rs) {
        try {
            if (rs != null)
                rs.close();
                rs = null;
        } catch (SQLException e) {
            e.printStackTrace();
        }
    }

    // 关闭 Statement 实例
    public static void closeStatement(Statement stm) {
        try {
            if (stm != null)
                stm.close();
            stm = null;
        } catch (SQLException e) {
            e.printStackTrace();
        }
    }
    // 关闭 Connection 实例
    public static void closeConnection(Connection conn) {
        try {
            if (conn != null && (!conn.isClosed()))
                conn.close();
        } catch (SQLException e) {
            e.printStackTrace();
        }
    }
}
```

9.5.2 工作任务：使用 PreparedStatement 对象

【任 务 9.2】 使用 PreparedStatement 对象

【任务描述】 使用 PreparedStatement 对象对任务一中描述的学生的基本信息进行管理，包括对学生的基本信息进行增删改查操作，应用程序界面如图 9.6 所示。所有学生的基本信息以表格的形式显示，当选中表格中某一条学生信息记录时，相关的字段信息在相应的文本框中显示，通过对文本框中数据的修改实现对数据库信息的修改，同时也可以添加或者删除学生信息。

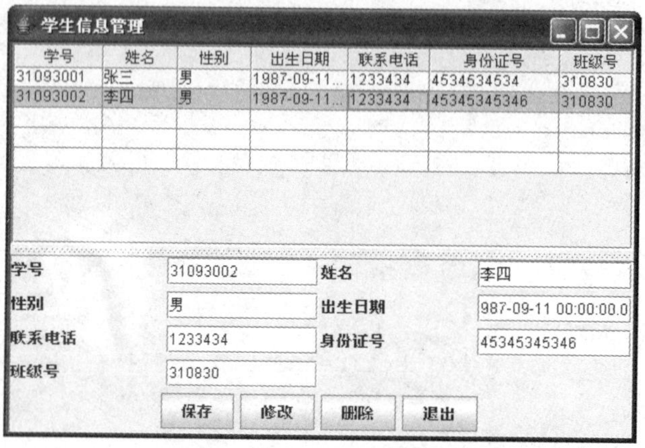

图 9.6 学生信息管理界面

【任务实现】

第一步：用 PreparedStatement 插入数据。insert 方法通过使用 PreparedStatement 来插入数据，通过参数将文本框中输入的各个字段的值传入 insert 方法中，获得数据库连接直接调用之前定义的 ConnectionManager 类的 getConnection( )方法。

```
public boolean insert(String Stud_id, String name, String sex,
            String birth, String tel, String identity_ID, String class_id) {
        //调用 ConnectionManager 类的 getConnection()方法建立连接
        Connection conn = ConnectionManager.getConnection();
        PreparedStatement pstm = null;
        try {
            pstm    =    conn.prepareStatement("insert    into    Studentinfo
values(?,?,?,?,?,?,?)");
            pstm.setString(1, Stud_id);
            pstm.setString(2, name);
            pstm.setString(3, sex);
            pstm.setString(4, birth);
            pstm.setString(5, tel);
            pstm.setString(6, identity_ID);
            pstm.setString(7, class_id);
            pstm.executeUpdate();
        } catch (SQLException ex) {
            System.out.println(ex.getMessage());
            return false;
        } finally {
```

```
            ConnectionManager.closePreparedStatement(pstm);
            ConnectionManager.closeConnection(conn);
        }
        return true;
    }
```

通过定义【保存】按钮的单击事件来将文本框中的各个字段的内容存入数据库中，调用 insert 方法来实现数据的插入，根据返回的布尔值来判断操作是否成功，并给出相应的提示信息。

```
private void jButton1ActionPerformed(java.awt.event.ActionEvent evt) {

        String Stud_id = this.jTextField1.getText().trim();
        String name = this.jTextField2.getText().trim();
        String sex = this.jTextField3.getText().trim();
        String birth = this.jTextField4.getText().trim();
        String tel = this.jTextField5.getText().trim();
        String identity_id = this.jTextField6.getText().trim();
        String class_id = this.jTextField7.getText().trim();
        boolean flag = sm.insert(Stud_id, name, sex, birth, tel, identity_id,
class_id);
        buildTable();  //更新表格数据
        if (flag) {
            JOptionPane.showMessageDialog(this, "数据保存成功！", "提示",
                    JOptionPane.INFORMATION_MESSAGE);
        } else
            JOptionPane.showMessageDialog(this, "数据保存失败！", "警告",
                    JOptionPane.WARNING_MESSAGE);
    }
```

程序的运行结果如图 9.7 所示。

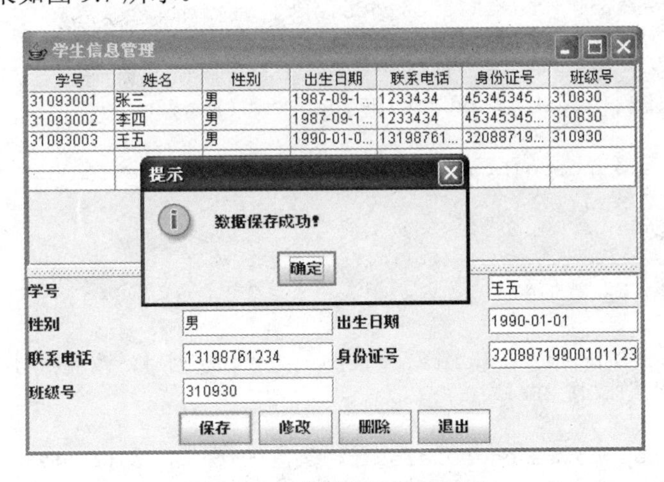

图 9.7　保存数据执行效果图

第二步：用 PreparedStatement 修改数据。update 方法通过使用 prepareStatement 来更新数据，通过参数将文本框中设置的修改后的数据传入 update 方法中，返回一个 boolean 类型的值来标识更新是否成功。

```
public boolean update(String Stud_id, String name, String sex,
            String birth, String tel, String identity_ID, String class_id) {
```

```
    try {
            pstm = conn.prepareStatement("update Studentinfo set " + "Stud_name=?,
stud_sex=?,birth=?,Tel=?,identity_id=?,class_id=? " + "where Stud_id=?");
            pstm.setString(1, name);
            pstm.setString(2, sex);
            pstm.setString(3, birth);
            pstm.setString(4, tel);
            pstm.setString(5, identity_ID);
            pstm.setString(6, class_id);
            pstm.setString(7, Stud_id);
            pstm.executeUpdate();
        } catch (SQLException ex) {
            System.out.println(ex.getMessage());
            return false;
        } finally {
            ConnectionManager.closePreparedStatement(pstm);
            ConnectionManager.closeConnection(conn);
        }
        return true;
    }
```

通过定义“修改”按钮的单击事件来根据文本框中的各个字段的内容修改数据库中的相应的值，调用 update 方法来实现数据的更新，根据返回的布尔值来判断操作是否成功，并给出相应的提示信息。

```
private void jButton2ActionPerformed(java.awt.event.ActionEvent evt) {
    String Stud_id = this.jTextField1.getText().trim();
    String name = this.jTextField2.getText().trim();
    String sex = this.jTextField3.getText().trim();
    String birth = this.jTextField4.getText().trim();
    String tel = this.jTextField5.getText().trim();
    String identity_id = this.jTextField6.getText().trim();
    String class_id = this.jTextField7.getText().trim();

    boolean flag = sm.update(Stud_id, name, sex, birth, tel, identity_id, class_id);

    //更新表格中的数据
    buildTable();

    if (flag) {
        JOptionPane.showMessageDialog(this, "数据修改成功！", "提示",
JOptionPane.INFORMATION_MESSAGE);
    } else
        JOptionPane.showMessageDialog(this, "数据修改失败！", "警告",
JOptionPane.WARNING_MESSAGE);

}
```

程序的运行结果如图 9.8 所示。

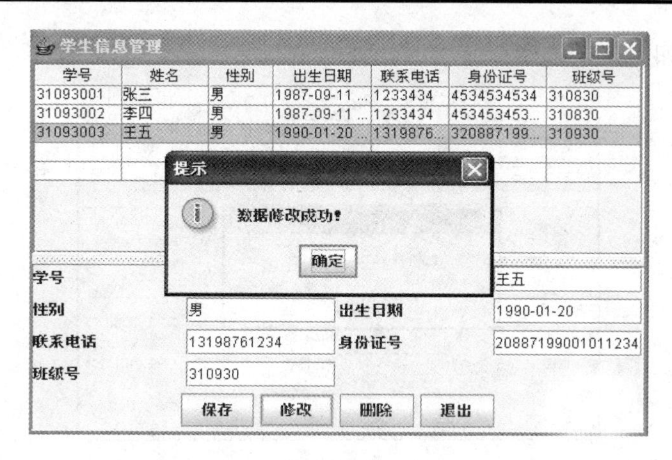

图 9.8 修改数据执行效果图

第三步：PreparedStatement 删除数据。delete 方法通过使用 prepareStatement 来删除数据，通过参数将要删除的学生的学号传入 delete 方法中，返回一个 boolean 类型的值来标识删除是否成功。

```
public boolean delete(String Stud_id) {
        try {
            pstm = conn
                    .prepareStatement("delete from Studentinfo where Stud_id=?");
            pstm.setString(1, Stud_id);
            pstm.executeUpdate();

        } catch (SQLException ex) {
            System.out.println(ex.getMessage());
            return false;
        } finally {
            ConnectionManager.closePreparedStatement(pstm);
            ConnectionManager.closeConnection(conn);
        }
        return true;
    }
```

通过定义“删除”按钮的单击事件来删除数据库中相应的记录，调用 update 方法来实现数据的更新，根据返回的布尔值来判断操作是否成功，并给出相应的提示信息。

```
private void jButton3ActionPerformed(java.awt.event.ActionEvent evt) {
        String Stud_id = this.jTextField1.getText().trim();
        boolean flag = sm.delete(Stud_id);

        buildTable();//更新表格中的数据
        if (flag) {
            JOptionPane.showMessageDialog(this, "数据删除成功！", "提示",
                    JOptionPane.INFORMATION_MESSAGE);
        } else
            JOptionPane.showMessageDialog(this, "数据删除失败！", "警告",
                    JOptionPane.WARNING_MESSAGE);
    }
```

程序运行结果如图 9.9 所示。

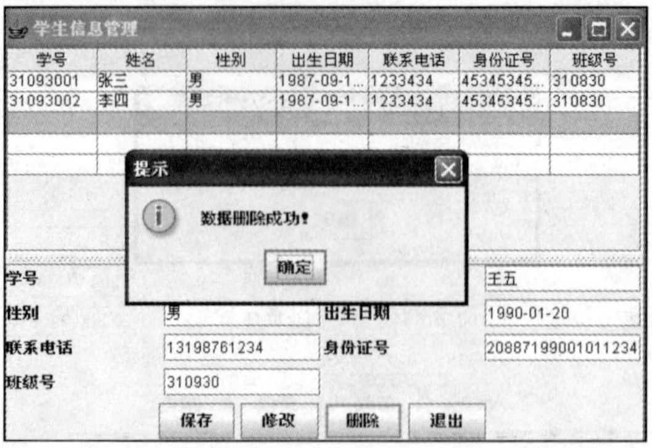

图 9.9　删除数据执行效果图

第四步：PreparedStatement 查询数据。定义 select 方法来查询数据库表格中的学生信息的相关数据，在查询过程中会得到表格中的所有记录，因此将查询得到的数据依次存入一个二维的数组中，将数组作为返回值返回。

```
public Object[][] select() {
        Object[][] data = new Object[10][7];
        try {
            pstm = conn.prepareStatement("select * from studentinfo");
            rs = pstm.executeQuery();
            int i = 0;
            //处理结果集，依次存入一个二维数组中
            while (rs.next()) {
                data[i][0] = rs.getString(1);
                data[i][1] = rs.getString(2);
                data[i][2] = rs.getString(3);
                data[i][3] = rs.getString(4);
                data[i][4] = rs.getString(5);
                data[i][5] = rs.getString(6);
                data[i][6] = rs.getString(7);
                i++;
            }
        } catch (SQLException e) {
            e.printStackTrace();
        } finally {
            ConnectionManager.closeResultSet(rs);
            ConnectionManager.closePreparedStatement(pstm);
            ConnectionManager.closeConnection(conn);
        }
        //将二维数组返回
        return data;
    }
```

在通过二维数组设置表格中数据的过程中，需要知道数据库表格中记录的条数，通过 getcount 方法访问数据库，得到表格中记录的条数。

```
public int getcount() {
        int count = 0;
```

```
        String sql = "select count(*) from Studentinfo";
        try {
            PreparedStatement pstm = conn.prepareStatement(sql);
            ResultSet rs = pstm.executeQuery();

            while (rs.next()) {
                count = rs.getInt(1);
            }
        } catch (SQLException ex) {
        } finally {
            ConnectionManager.closeResultSet(rs);
            ConnectionManager.closePreparedStatement(pstm);
            ConnectionManager.closeConnection(conn);
        }
        return count;
    }
```

buildTable 方法通过调用 getcount 方法得到数据库中的记录条数，通过 select 方法得到表格中的所有数据，通过 jTable 对象的 setValueAt 方法来设置具体的某一行、某一列的值。在数据表中的记录删除、修改和增加的过程中都调用了 buildTable 方法来更新表格数据，buildTable 方法首先将表格中的所有数据清空，然后再根据查询得到的数据来设置相应单元格的值。

```
private void buildTable() {
        int count = sm.getcount();
        Object[][] date = sm.select();
        for (int i = 0; i <5; i++) {
            for (int j = 0; j < 7; j++) {
                jTable1.setValueAt(" ", i, j);
            }
        }
        for (int i = 0; i < count; i++) {
            for (int j = 0; j < 7; j++) {
                jTable1.setValueAt(date[i][j], i, j);
            }
        }
    }
```

通过定义在表格中鼠标按下时的事件，来获得鼠标按下时所选中的某一行的行号，通过 getValueAt 方法得到这一行所有单元格的值，并在相应的文本框中显示。

```
private void jTable1MouseClicked(java.awt.event.MouseEvent evt) {

            int row = jTable1.getSelectedRow();
        String Stud_id = (String) jTable1.getValueAt(row, 0);
        String name = (String) jTable1.getValueAt(row, 1);
        String sex = (String) jTable1.getValueAt(row, 2);
        String birth = (String) jTable1.getValueAt(row, 3);
        String tel = (String) jTable1.getValueAt(row, 4);
        String identity_id = (String) jTable1.getValueAt(row, 5);
        String class_id = (String) jTable1.getValueAt(row, 6);
```

```
        jTextField1.setText(Stud_id);
        jTextField2.setText(name);
        jTextField3.setText(sex);
        jTextField4.setText(birth.substring(0,10));
        jTextField5.setText(tel);
        jTextField6.setText(identity_id);
        jTextField7.setText(class_id);
    }
```

程序执行效果如图 9.10 所示。

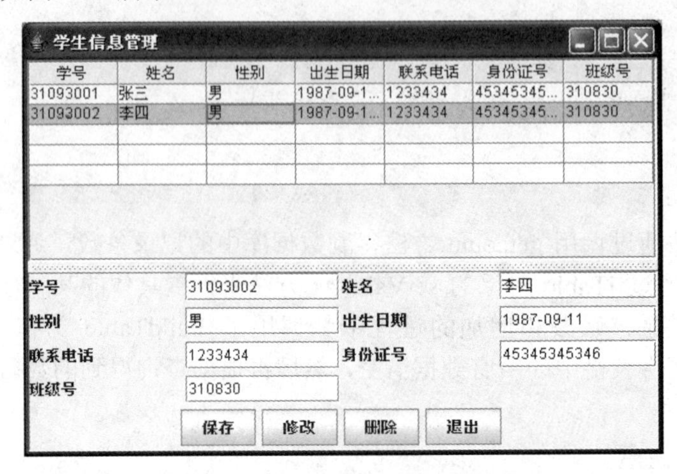

图 9.10　查询数据执行效果图

课 后 作 业

1. 简述 JDBC API 的主要作用。

2. 简述用 JDBC 来实现访问数据库记录的几个步骤。

3. JDBC 桥连与纯 Java 驱动两种方式的优缺点分别是什么？

4. 创建数据库：test；数据库里有一个表 customer，该表有 3 个字段 id(读者 ID)，name(姓名)，address(地址)。

(1) 使用 Statement 实现对数据表 customer 的访问并输出。

(2) 使用 PreparedStatement 语句执行如下操作：删除表 Customer 表中指定 ID 的记录，并在控制台输出操作是否成功。

(3) 使用 PreparedStatement 语句执行如下操作：修改表 Customer 表中指定的 ID 的记录，并在控制台输出操作是否成功。

第 10 章 阶段项目三：淮信超市进销存系统设计与实现

本章要点

- 掌握软件开发流程
- 掌握进销存系统功能
- 实现数据库的连接及对数据库表的增、删、改、查操作
- 实现参数化查询语句

前面章节讲述了 Java 语言的基本知识点，从本部分开始，将通过一个完整项目的实现，来学习 Java 的桌面应用程序开发知识。应用软件的开发流程一般按照需求分析、系统设计(包括数据库设计、系统类库设计、核心算法设计、接口设计、界面设计等多个方面)、编码实现、测试、运行和维护等步骤进行。

10.1　淮信 POS 进销存系统需求分析

淮信 POS 进销存管理系统是一个典型的数据库应用程序，是根据企业的需求，为方便超市卖场管理、库存管理、信息查询与决策，采用先进的计算机技术而开发的，集进货、销售、存储多个环节于一体的信息系统。

本系统由前台收款系统和后台管理系统组成，后台管理功能主要划分为基础资料设置、日常业务处理、查询统计等子模块，如图 10.1 所示。在实际应用时，还可以添加系统初始设置、读者管理、密码修改、信息提示、系统帮助等辅助功能模块。

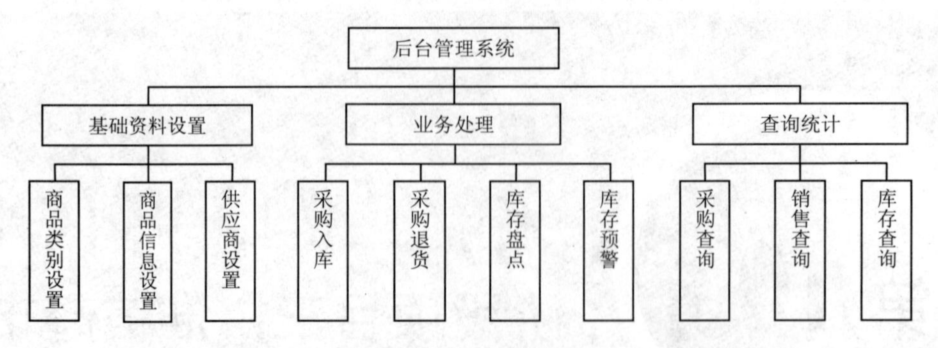

图 10.1　淮信 POS 进销存后台管理系统结构图

前台收款系统则包括收款、退货、锁屏、操作帮助、挂单、取单、交班等功能。前台收款系统界面如图 10.2 所示。注意前台收款系统是一个全屏软件，在实际应用中，前台客户端除了本软件，是不允许其他程序运行的，而且全键盘操作，客户端机器一般不配置鼠标。

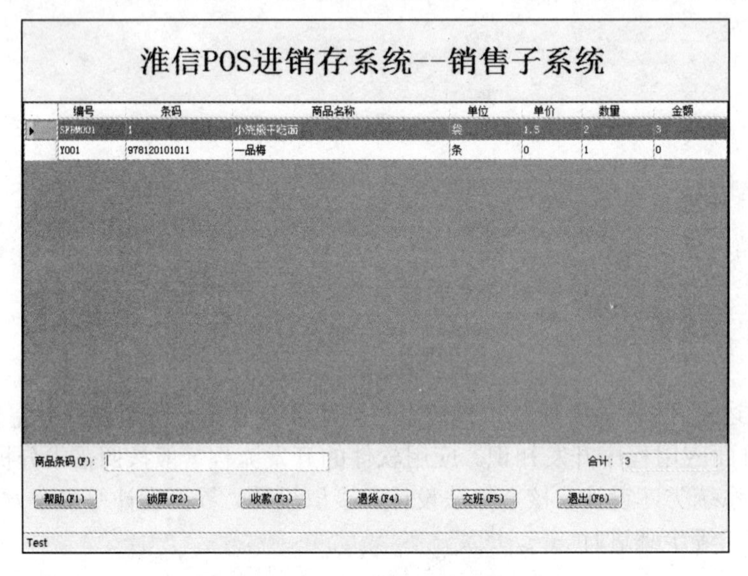

图 10.2　前台收款系统

整个系统拓扑结构如图 10.3 所示。整个系统架设在局域网内，数据库服务器一般单独存放，前后台软件系统通过局域网访问数据库服务器，在前台，可以同时设置多个收款机，也可采用 PC 替代，每个机器称为一个信息点，同理，可以同时部署多个后台管理服务器。这种系统架构也成为客户端/服务器(C/S)架构。

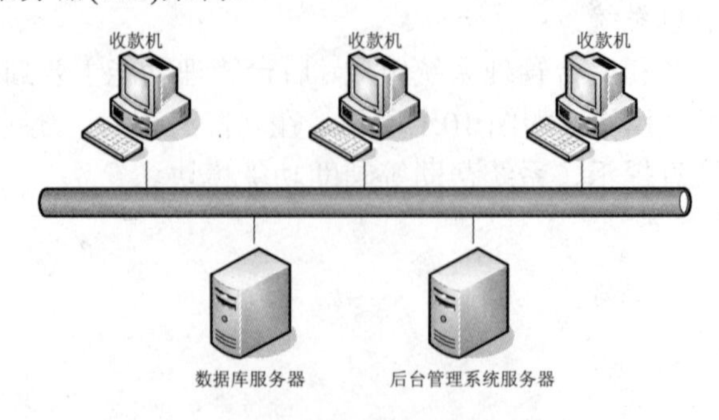

图 10.3　系统拓扑结构

10.2 数据库表设计与实现

针对任务一的需求分析，初步可以确定数据库表的组成部分应包括基础资料信息、供应商信息、进货信息、销售信息、库存信息、读者信息等，数据库表关系如图 10.4 所示，其中虚线代表表表与表的关联关系，这种关联主要通过外键来体现(读者权限表除外)。

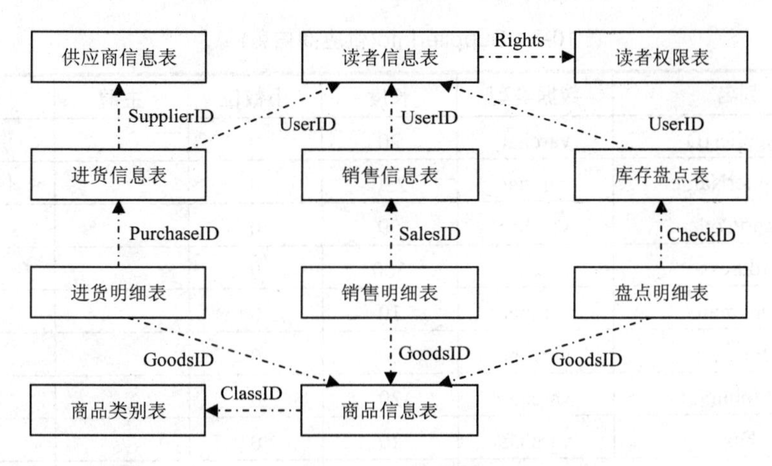

图 10.4 数据表间关系

整个数据库表结构见表 10-1～表 10-11。

表 10-1 GoodsClass(商品类别)

序号	列名	数据类型	长度	小数位	主键	说明
1	ClassID	varchar	10	0	√	编号
2	ClassName	varchar	50	0		类别名称
3	ClassUnit	varchar	50	0		参考单位

表 10-2 GoodsInfo(商品信息)

序号	列名	数据类型	长度	小数位	主键	说明
1	GoodsID	varchar	50	0	√	商品编号
2	ClassID	int	4	0		商品类别
3	GoodsName	varchar	250	0		商品名称
4	ShortCode	varchar	50	0		拼音简码
5	BarCode	varchar	20	0		条码
6	GoodsUnit	varchar	50	0		单位
7	StoreLimit	int	4	0		库存上限
8	StoreBaseline	int	4	0		库存下限

续表

序号	列名	数据类型	长度	小数位	主键	说明
9	Price	money	8	4		单价
10	Available	bit	1	0		是否可用
11	StoreNum	int	4	0		库存数量
12	LastPurchasePrice	money	8	4		上次进价

表 10-3 SupplierInfo(供应商信息)

序号	列名	数据类型	长度	小数位	主键	说明
1	SupplierID	varchar	20	0	√	供应商编号
2	SupplierName	varchar	250	0		供应商名称
3	ShortCode	varchar	50	0		助记码
4	Address	varchar	500	0		地址
5	Linkman	varchar	10	0		联系人
6	Phone	varchar	20	0		电话
7	Mobile	varchar	20	0		手机
8	Fax	varchar	20	0		传真
9	Postcode	varchar	6	0		邮编
10	EMail	varchar	50	0		电子邮件
11	Homepage	varchar	50	0		主页
12	BankName	varchar	50	0		开户行
13	BankAccount	varbinary	50	0		银行账号
14	TaxID	varchar	50	0		税号
15	Notes	varchar	MAX	0		备注

表 10-4 PurchaseInfo(进货信息)

序号	列名	数据类型	长度	小数位	主键	说明
1	PurchaseID	varchar	50	0	√	进货单号
2	PurchaseDate	datetime	8	3		进货日期
3	SupplierID	varchar	20	0		供应商编号
4	UserID	varchar	20	0		操作员
5	PurchaseMoney	money	8	4		进货金额
6	PurchaseType	int	4	0		进货类型 正常 退货

表 10-5　PurchaseDetails(进货明细)

序号	列名	数据类型	长度	小数位	主键	说明
1	id	uniqueidentifier	16	0	√	编号
2	PurchaseID	varchar	50	0		进货单号
3	GoodsID	varchar	50	0		商品编号
4	UnitPrice	money	8	4		单价
5	PurchaseCount	int	4	0		数量
6	GoodsUnit	varchar	50	0		单位

表 10-6　SalesType(销售类型—字典表)

序号	列名	数据类型	长度	小数位	标识	主键	说明
1	id	int	4	0	√	√	编号
2	Name	varchar	50	0			名称

表 10-7　SalesInfo(销售信息)

序号	列名	数据类型	长度	小数位	主键	说明
1	SalesID	varchar	50	0	√	销售单号
2	SalesType	int	4	0		销售类型
3	SalesMoney	money	8	4		销售金额
4	UserID	varchar	10	0		操作员
5	SalesTime	datetime	8	3		销售时间

表 10-8　SalesDetails(销售明细)

序号	列名	数据类型	长度	小数位	主键	说明
1	id	uniqueidentifier	16	0	√	编号
2	SalesID	varchar	50	0		销售单号
3	GoodsID	varchar	50	0		商品编号
4	SalesCount	int	4	0		数量
5	UnitPrice	money	8	4		单价
6	GoodsUnit	varchar	50	0		单位

表 10-9　CheckInfo(库存信息)

序号	列名	数据类型	长度	小数位	主键	说明
1	CheckID	varchar	50	0	√	盘点单号
2	CheckDate	datetime	8	3		盘点日期
3	UserID	varchar	10	0		操作员

表 10-10　CheckDetails(库存明细)

序号	列名	数据类型	长度	小数位	主键	说明
1	id	uniqueidentifier	16	0	√	编号
2	CheckID	varchar	50	0		盘点单号
3	GoodsID	varchar	20	0		商品编号
4	StoreNum	int	4	0		库存数量
5	CheckNum	int	4	0		盘点数量

表 10-11　Tips(提示)

序号	列名	数据类型	长度	小数位	主键	说明
1	id	uniqueidentifier	16	0	√	编号
2	Contents	varchar	MAX	0		内容
3	TipsType	int	4	0		提示类型 0–一次性 1–每周 2–每月 3–每年
4	TipsMethod	varchar	250	0		提示方式

读者在学习了本书内容和完成前面两个阶段案例的基础上，应能在老师的指导下完成该系统的开发，以达到“放开手”的目的。本书会提供系统实现的源代码，可以登录出版社的网站www.pup6.com，免费下载。

参 考 文 献

[1] 陈文兰，刘红霞．Java基础案例教程[M]．北京：北京大学出版社，2009．

[2] 钱银中．Java程序设计案例教程[M]．北京：机械工业出版社，2008．

[3] 张效祥．Java就业培训教程[M]．北京：清华大学出版社，2003．

[4] 邵鹏鸣．Java 面向对象程序设计——基础、设计、实现与应用程序开发(5.0版)[M]．北京：清华大学出版社，2006．

[5] 吴仁群．Java基础教程[M]．北京：清华大学出版社，2009．

[6] 陈国君，陈磊，陈锡祯，刘洋．Java 2程序设计基础[M]．北京：清华大学出版社，2006．

全国高职高专计算机、电子商务系列教材推荐书目

【语言编程与算法类】

序号	书号	书名	作者	定价	出版日期	配套情况
1	978-7-301-13632-4	单片机 C 语言程序设计教程与实训	张秀国	25	2011	课件
2	978-7-301-15476-2	C 语言程序设计(第 2 版)(2010 年度高职高专计算机类专业优秀教材)	刘迎春	32	2011	课件、代码
3	978-7-301-14463-3	C 语言程序设计案例教程	徐翠霞	28	2008	课件、代码、答案
4	978-7-301-16878-3	C 语言程序设计上机指导与同步训练(第 2 版)	刘迎春	30	2010	课件、代码
5	978-7-301-17337-4	C 语言程序设计经典案例教程	韦良芬	28	2010	课件、代码、答案
6	978-7-301-09598-0	Java 程序设计教程与实训	许文宪	23	2010	课件、答案
7	978-7-301-13570-9	Java 程序设计案例教程	徐翠霞	33	2008	课件、代码、习题答案
8	978-7-301-13997-4	Java 程序设计与应用开发案例教程	汪志达	28	2008	课件、代码、答案
9	978-7-301-10440-8	Visual Basic 程序设计教程与实训	康丽军	28	2010	课件、代码、答案
10	978-7-301-15618-6	Visual Basic 2005 程序设计案例教程	靳广斌	33	2009	课件、代码、答案
11	978-7-301-17437-1	Visual Basic 程序设计案例教程	严学道	27	2010	课件、代码、答案
12	978-7-301-09698-7	Visual C++ 6.0 程序设计教程与实训(第 2 版)	王　丰	23	2009	课件、代码、答案
13	978-7-301-15669-8	Visual C++程序设计技能教程与实训——OOP、GUI 与 Web 开发	聂　明	36	2009	课件
14	978-7-301-13319-4	C#程序设计基础教程与实训	陈　广	36	2011	课件、代码、视频、答案
15	978-7-301-14672-9	C#面向对象程序设计案例教程	陈向东	28	2011	课件、代码、答案
16	978-7-301-16935-3	C#程序设计项目教程	宋桂岭	26	2010	课件
17	978-7-301-15519-6	软件工程与项目管理案例教程	刘新航	28	2011	课件、答案
18	978-7-301-12409-3	数据结构(C 语言版)	夏　燕	28	2011	课件、代码、答案
19	978-7-301-14475-6	数据结构(C#语言描述)	陈　广	28	2009	课件、代码、答案
20	978-7-301-14463-3	数据结构案例教程(C 语言版)	徐翠霞	28	2009	课件、代码、答案
21	978-7-301-18800-2	Java 面向对象项目化教程	张雪松	33	2011	课件、代码、答案
22	978-7-301-18947-4	JSP 应用开发项目化教程	王志勃	26	2011	课件、代码、答案
23	978-7-301-19348-8	Java 程序设计项目化教程	徐义晗	36	2011	课件、代码、答案

【网络技术与硬件及操作系统类】

序号	书号	书名	作者	定价	出版日期	配套情况
1	978-7-301-14084-0	计算机网络安全案例教程	陈　昶	30	2008	课件
2	978-7-301-16877-6	网络安全基础教程与实训(第 2 版)	尹少平	30	2011	课件、素材、答案
3	978-7-301-13641-6	计算机网络技术案例教程	赵艳玲	28	2008	课件
4	978-7-301-18564-3	计算机网络技术案例教程	宁芳露	35	2011	课件、习题答案
5	978-7-301-10226-8	计算机网络技术基础	杨瑞良	28	2011	课件
6	978-7-301-10290-9	计算机网络技术基础教程与实训	桂海进	28	2010	课件、答案
7	978-7-301-10887-1	计算机网络安全技术	王其良	28	2011	课件、答案
8	978-7-301-12325-6	网络维护与安全技术教程与实训	韩最蛟	32	2010	课件、习题答案
9	978-7-301-09635-2	网络互联及路由器技术教程与实训(第 2 版)	宁芳露	27	2010	课件、答案
10	978-7-301-15466-3	综合布线技术教程与实训(第 2 版)	刘省贤	36	2011	课件、习题答案
11	978-7-301-15432-8	计算机组装与维护(第 2 版)	肖玉朝	26	2009	课件、习题答案
12	978-7-301-14673-6	计算机组装与维护案例教程	谭　宁	33	2010	课件、习题答案
13	978-7-301-13320-0	计算机硬件组装和评测及数码产品评测教程	周　奇	36	2008	课件
14	978-7-301-12345-4	微型计算机组成原理教程与实训	刘辉珞	22	2010	课件、习题答案
15	978-7-301-16736-6	Linux 系统管理与维护(江苏省省级精品课程)	王秀平	29	2010	课件、习题答案
16	978-7-301-10175-9	计算机操作系统原理教程与实训	周　峰	22	2010	课件、答案
17	978-7-301-16047-3	Windows 服务器维护与管理教程与实训(第 2 版)	鞠光明	33	2010	课件、答案
18	978-7-301-14476-3	Windows2003 维护与管理技能教程	王　伟	29	2009	课件、习题答案
19	978-7-301-18472-1	Windows Server 2003 服务器配置与管理情境教程	顾红燕	24	2011	课件、习题答案

【网页设计与网站建设类】

序号	书号	书名	作者	定价	出版日期	配套情况
1	978-7-301-15725-1	网页设计与制作案例教程	杨森香	34	2011	课件、素材、答案
2	978-7-301-15086-3	网页设计与制作教程与实训(第 2 版)	于巧娥	30	2011	课件、素材、答案
3	978-7-301-13472-0	网页设计案例教程	张兴科	30	2009	课件

序号	书号	书名	作者	定价	出版日期	配套情况
4	978-7-301-17091-5	网页设计与制作综合实例教程	姜春莲	38	2010	课件、素材、答案
5	978-7-301-16854-7	Dreamweaver 网页设计与制作案例教程(2010 年度高职高专计算机类专业优秀教材)	吴　鹏	41	2010	课件、素材、答案
6	978-7-301-11522-0	ASP.net 程序设计教程与实训(C#版)	方明清	29	2009	课件、素材、答案
7	978-7-301-13679-9	ASP.NET 动态网页设计案例教程(C#版)	冯　涛	30	2010	课件、素材、答案
8	978-7-301-10226-8	ASP 程序设计教程与实训	吴　鹏	27	2011	课件、素材、答案
9	978-7-301-13571-6	网站色彩与构图案例教程	唐一鹏	40	2008	课件、素材、答案
10	978-7-301-16706-9	网站规划建设与管理维护教程与实训(第 2 版)	王春红	32	2011	课件、答案
11	978-7-301-17175-2	网站建设与管理案例教程(山东省精品课程)	徐洪祥	28	2010	课件、素材、答案
12	978-7-301-17736-5	.NET 桌面应用程序开发教程	黄　河	30	2010	课件、素材、答案

【图形图像与多媒体类】

序号	书号	书名	作者	定价	出版日期	配套情况
1	978-7-301-09592-8	图像处理技术教程与实训(Photoshop 版)	夏　燕	28	2010	课件、素材、答案
2	978-7-301-14670-5	Photoshop CS3 图形图像处理案例教程	洪　光	32	2010	课件、素材、答案
3	978-7-301-12589-2	Flash 8.0 动画设计案例教程	伍福军	29	2009	课件
4	978-7-301-13119-0	Flash CS 3 平面动画案例教程与实训	田启明	36	2008	课件
5	978-7-301-13568-6	Flash CS3 动画制作案例教程	俞　欣	25	2011	课件、素材、答案
6	978-7-301-15368-0	3ds max 三维动画设计技能教程	王艳芳	28	2009	课件
7	978-7-301-14473-2	CorelDRAW X4 实用教程与实训	张祝强	35	2011	课件
8	978-7-301-10444-6	多媒体技术与应用教程与实训	周承芳	32	2011	课件
9	978-7-301-17136-3	Photoshop 案例教程	沈道云	25	2011	课件、素材、视频

【数据库类】

序号	书号	书名	作者	定价	出版日期	配套情况
1	978-7-301-10289-3	数据库原理与应用教程(Visual FoxPro 版)	罗　毅	30	2010	课件
2	978-7-301-13321-7	数据库原理及应用 SQL Server 版	武洪萍	30	2010	课件、素材、答案
3	978-7-301-13663-8	数据库原理及应用案例教程(SQL Server 版)	胡锦丽	40	2010	课件、素材、答案
4	978-7-301-16900-1	数据库原理及应用(SQL Server 2008 版)	马桂婷	31	2011	课件、素材、答案
5	978-7-301-15533-2	SQL Server 数据库管理与开发教程与实训(第 2 版)	杜兆将	32	2010	课件、素材、答案
6	978-7-301-13315-6	SQL Server 2005 数据库基础及应用技术教程与实训	周　奇	34	2011	课件
7	978-7-301-15588-2	SQL Server 2005 数据库原理与应用案例教程	李　军	27	2009	课件
8	978-7-301-16901-8	SQL Server 2005 数据库系统应用开发技能教程	王　伟	28	2010	课件
9	978-7-301-17174-5	SQL Server 数据库实例教程	汤承林	38	2010	课件、习题答案
10	978-7-301-17196-7	SQL Server 数据库基础与应用	贾艳宇	39	2010	课件、习题答案
11	978-7-301-17605-4	SQL Server 2005 应用教程	梁庆枫	25	2010	课件、习题答案

【电子商务类】

序号	书号	书名	作者	定价	出版日期	配套情况
1	978-7-301-10880-2	电子商务网站设计与管理	沈凤池	32	2011	课件
2	978-7-301-12344-7	电子商务物流基础与实务	邓之宏	38	2010	课件、习题答案
3	978-7-301-12474-1	电子商务原理	王　震	34	2008	课件
4	978-7-301-12346-1	电子商务案例教程	龚　民	24	2010	课件、习题答案
5	978-7-301-12320-1	网络营销基础与应用	张冠凤	28	2008	课件、习题答案

【专业基础课与应用技术类】

序号	书号	书名	作者	定价	出版日期	配套情况
1	978-7-301-13569-3	新编计算机应用基础案例教程	郭丽春	30	2009	课件、习题答案
2	978-7-301-18511-7	计算机应用基础案例教程(第 2 版)	孙文力	32	2011	课件、习题答案
3	978-7-301-16046-6	计算机专业英语教程(第 2 版)	李　莉	26	2010	课件、答案

电子书(PDF 版)、电子课件和相关教学资源下载地址：http://www.pup6.com，免费下载。

免费赠送样书，欢迎订购，欢迎投稿。

联系方式：010-62750667，liyanhong1999@126.com，linzhangbo@126.com。